普通高等教育卓越工程能力培养系列教材

复变函数与积分变换

第 2 版

主　编　孙　妍
参　编　刘向丽　解文龙　黄静静

机 械 工 业 出 版 社

本书是根据国家教育部最新制定的高等学校《工科数学课程教学基本要求》，在历年主讲该课程时使用的自编讲义的基础上编写而成的. 本书内容包括：复数与复变函数、解析函数、复变函数的积分、级数、留数、共形映射、傅里叶变换和拉普拉斯变换. 本书系统地介绍了复变函数与积分变换的基本理论、方法及其应用.

本书可供高等工科院校的师生作为教材使用，也可作为工程技术人员的参考用书.

图书在版编目（CIP）数据

复变函数与积分变换/孙妍主编. —2 版. —北京：机械工业出版社，2016.1（2025.6 重印）

普通高等教育卓越工程能力培养系列教材

ISBN 978-7-111-52635-3

Ⅰ. ①复… Ⅱ. ①孙… Ⅲ. ①复变函数-高等学校-教材②积分变换-高等学校-教材Ⅳ. ①O174.5②O177.6

中国版本图书馆 CIP 数据核字（2016）第 001656 号

机械工业出版社（北京市百万庄大街 22 号　邮政编码 100037）

策划编辑：韩效杰　责任编辑：韩效杰　孟令磊

版式设计：霍永明　责任校对：纪　敬

封面设计：路恩中　责任印制：常天培

河北虎彩印刷有限公司印刷

2025 年 6 月第 2 版第 10 次印刷

190mm×215mm · 13.5 印张 · 299 千字

标准书号：ISBN 978-7-111-52635-3

定价：39.00 元

电话服务	网络服务
客服电话：010-88361066	机　工　官　网：www.cmpbook.com
010-88379833	机　工　官　博：weibo.com/cmp1952
010-68326294	金　　书　　网：www.golden-book.com
封底无防伪标均为盗版	机工教育服务网：www.cmpedu.com

第 2 版前言

本书第 1 版自 2009 年 6 月出版以来，一直作为北京信息科技大学的本科生教材使用，也有不少高校将其作为教材或参考书．在本书的使用过程中，有不少读者向我们提出了宝贵的修改意见，作为编者，我们有责任继续完善这本教材，使之更加严谨周密，符合学习规律，对读者更有帮助．

第 2 版在内容上没有做大的变动，保留了第 1 版深入浅出，通俗易懂，论证严谨的特点，除了纠正一些不妥之处外，我们根据在教学实践当中学生的反馈意见以及编辑同志宝贵的建议，做了如下增补和修改：

(1) 在每一章的最后增加了内容小结，对本章的主要内容进行提纲挈领的概括和总结，以期让读者在学习过程中迅速抓住重点，理清脉络．

(2) 在重要的定理、定义、图示以及例题的旁边增加了“旁注”．这些旁注有的是对定理、定义的解释，有的是思考题，提醒读者对该定理、定义做进一步的思考．这是我们在第 2 版修订中的一次重要尝试，希望这种编写方式能够更好地帮助读者理解书本内容，也希望对使用这本教材的教师在教学思路上有进一步的启发．

(3) 本书的习题提示将作为移动学习平台的一部分．这部分修订的目的是希望读者尤其是高校学生在做课后练习时能够尽可能地根据提示独立完成练习并自行检验，以期达到理想的学习效果．

(4) 第 7、8 两章中修改了一些符号，增加、修改了若干定理和例题．

第 2 版中第 1 至 4 章的修订及小结的编写由孙妍完成，第 5、6 章的修订及小结的编写由黄静静完成，第 7、8 章的修订及小结的编写由解文龙完成．中央财经大学的刘向丽老师也参与了第 2 版的编写和修订工作．由于编者能力有限，如有疏漏，欢迎广大读者批评指正．

最后，我们要感谢编者所在单位北京信息科技大学理学院对本书出版的大力支持．

编　者

第 1 版前言

复变函数与积分变换是数学专业的一门重要基础课，也是高等院校工科专业的一门专业基础课，更是自然科学与工程技术中常用的数学工具. 复变函数与积分变换涵盖的知识面广，不仅是数学分析的理论推广，也是微分方程、积分方程、计算数学等数学分支的主要解析方法，而且作为一种强有力的工具，具有非常强的实际应用背景，已经被广泛地应用于自然科学的众多领域，如理论物理、电磁学、空气动力学、流体力学、弹性力学以及自动控制学等领域. 其中，共形映射、留数、傅里叶变换、拉普拉斯变换等尤其在信号处理、电子电路、电子工程等领域被广泛应用. 因此，复变函数和积分变换的基本理论与方法，对于高等理工科院校学生、工程技术人员是必不可少的数学基础知识，有着重要的学习意义和应用价值.

由于大多数教材比较注重数学理论的推导，对复变函数和积分变换具体的应用比较缺乏，容易导致学生在学习中目的性不明确，造成学生学习时忽视应用，对培养应用型人才不利.

本书编写组各成员多年给工科院校讲授该课程，理论基础扎实，教学经验丰富，对其理论、应用和发展有很好的理解和把握. 我们根据多年的教学实践与体会，参照教育部制定的高等学校《工科数学课程教学基本要求》，编写了这本教材，系统介绍了复变函数与积分变换的基本理论、方法与应用.

本书编写力求突出以下几点：

（1）内容安排上注重与实变函数的比较和分析. “实、复变函数打通”，通过和数学分析进行类比，从方法上引导学生掌握一套全新的学习方法. 复变函数的许多概念，如函数、极限、连续、导数、积分等在形式上与微积分中几乎相同，但却有本质的深化. 本书既指出其相似之处，更强调其不同之处，注重它们之间的联系与变化.

（2）内容体系编排与高等数学相适应与一致，并注意与高等数学的紧密联系.

（3）内容丰富、论述严谨，文字阐述深入浅出、通俗易懂、言简意赅. 配备大量的典型例题及习题，并于书末附有答案. 通过对大量例题的剖析，帮助理解抽象的概念，掌握方法，熟悉技巧，注重各种方法的具体运用. 对于一些工科不要求的证明过程则略去. 本书适合普通工科院校学生使用.

(4) 贯彻理论联系实际的原则，强化概念，注重应用，加强应用思想的引入. 在解析函数、留数、共形映射及积分变换等章节中对解决实际问题方面作了具体介绍. 如除介绍了留数计算在数学分析中应用之外，也介绍了留数计算在研究运动的稳定性时的应用；不仅介绍了如何求积分变换，也介绍了傅里叶变换在现代信号处理中的应用.

本书的编写顺应了教育部关于高等学校工科专业基础教学改革方向，对促进高校工科专业基础教学的改革、推进课程建设、深化教学内容、培养应用型人才、加强学生综合实践能力和创新能力的培养具有重要的现实意义和较高的实用价值.

本书可供高等工科院校的师生作为教材使用，也可作为从事实际工作的工程技术人员的参考读物.

讲完全书基本内容约需50学时，有“*”的部分可针对不同专业酌情取舍，书后附有积分变换简表可供读者后续学习时查用.

在本书出版之际，感谢编者单位中央财经大学和北京信息科技大学的大力支持，并对机械工业出版社的编辑同志们表示衷心感谢.

本书第1、2章由孙妍编写，第3、4章由刘向丽编写，第5、6章由黄静静编写，第7、8章由解文龙编写. 全书由刘向丽统稿.

由于编者水平有限，书中不妥或谬误之处在所难免，恳请广大读者批评指正.

编　者

目 录

第 2 版前言
第 1 版前言

第 1 章 复数与复变函数 …… 1
1.1 复数的概念 …… 1
1.1.1 复数 …… 1
1.1.2 复数的运算 …… 2
1.2 复数的几何表示 …… 3
1.3 复球面与平面区域 …… 9
1.3.1 复球面 …… 9
1.3.2 复平面区域 …… 10
1.3.3 曲线与连通域 …… 10
1.4 复变函数的极限与连续性 …… 12
1.4.1 复变函数的概念 …… 12
1.4.2 复变函数的极限 …… 13
1.4.3 复变函数的连续性 …… 15
习题一 …… 16
小结一 …… 17

第 2 章 解析函数 …… 18
2.1 解析函数的概念 …… 18
2.1.1 复变函数的导数与微分 …… 18
2.1.2 解析函数 …… 20
2.2 函数解析的充要条件 …… 21
2.3 初等函数 …… 25
2.3.1 指数函数 …… 25
2.3.2 对数函数 …… 27
2.3.3 幂函数 …… 29
2.3.4 三角函数与双曲函数 …… 30
2.3.5 反三角函数与反双曲函数 …… 32
习题二 …… 33
小结二 …… 34

第 3 章 复变函数的积分 …… 35
3.1 复变函数积分的概念 …… 35
3.1.1 复积分的概念 …… 35
3.1.2 复积分的性质 …… 36
3.1.3 复积分的计算 …… 37
3.2 柯西-古萨（Cauchy-Goursat）定理与复合闭路定理 …… 40
3.2.1 柯西-古萨定理 …… 40
3.2.2 复合闭路定理 …… 43
3.3 柯西积分公式与高阶导数公式 …… 46
3.3.1 柯西积分公式 …… 46
3.3.2 高阶导数公式 …… 48
3.4 原函数与不定积分 …… 50

目录

3.4.1 原函数与不定积分 ………… 50
3.4.2 牛顿–莱布尼茨公式 ……… 51
3.5 解析函数与调和函数的关系 …………………………… 52
3.5.1 调和函数与共轭调和函数 ………………………… 52
3.5.2 共轭调和函数的求法 ……… 54
习题三 ……………………………………… 57
小结三 ……………………………………… 58

第4章 级数 …………………………… 60
4.1 复数项级数 ……………………… 60
4.1.1 复数列 ……………………… 60
4.1.2 复数项级数 ………………… 62
4.2 复变函数项级数与幂级数 ……… 65
4.2.1 复变函数项级数 …………… 65
4.2.2 幂级数 ……………………… 65
4.2.3 收敛半径的求法 …………… 68
4.2.4 幂级数的运算和性质 ……… 69
4.3 泰勒级数 ………………………… 71
4.3.1 泰勒定理 …………………… 71
4.3.2 常用函数的泰勒展开式 …… 74
4.4 洛朗级数 ………………………… 77
4.4.1 洛朗级数的概念及收敛域 ………………………… 77
4.4.2 圆环域内解析函数的洛朗展开 ……………………… 79
习题四 ……………………………………… 87
小结四 ……………………………………… 88

第5章 留数 …………………………… 89
5.1 孤立奇点 ………………………… 89
5.1.1 孤立奇点的分类 …………… 89
5.1.2 函数的零点与极点的关系 …………………………… 91
5.1.3 函数在无穷远点的性态 …… 93
5.2 留数 ……………………………… 94
5.2.1 留数的定义及留数定理 …… 94
5.2.2 留数的计算 ………………… 96
5.2.3 在无穷远点的留数 ………… 98
5.3 留数在定积分计算上的应用 … 100
5.3.1 形如 $\int_0^{2\pi} R(\cos\theta, \sin\theta)\,d\theta$ 的积分 ……………………… 100
5.3.2 形如 $\int_{-\infty}^{\infty} R(x)\,dx$ 的积分 … 101
5.4* 对数留数与辐角原理 ………… 103
5.4.1 对数留数 …………………… 103
5.4.2 辐角原理 …………………… 103

5.4.3 路西（Rouché）定理 …… 104
习题五 …… 106
小结五 …… 106

第6章* 共形映射 …… 109
6.1 共形映射的概念 …… 109
6.1.1 解析函数的导数的几何意义 …… 109
6.1.2 共形映射的概念 …… 111
6.2 分式线性映射 …… 112
6.2.1 分式线性映射的定义 …… 112
6.2.2 分式线性函数的分解 …… 112
6.2.3 分式线性映射的性质 …… 114
6.3 几个初等函数所构成的映射 …… 116
6.3.1 幂函数 …… 116
6.3.2 指数函数 …… 118
习题六 …… 120
小结六 …… 120

第7章 傅里叶变换 …… 122
7.1 傅氏积分 …… 122
7.1.1 周期函数的傅里叶展开式 …… 123
7.1.2 非周期函数的傅里叶级数展开 …… 125
7.1.3 傅氏积分定理及傅氏积分公式的三角形式 …… 127
7.2 傅氏变换 …… 129
7.2.1 傅氏变换的概念 …… 129
7.2.2 单位脉冲函数及其傅氏变换 …… 131
7.3 傅氏变换的性质 …… 137
7.3.1 傅氏变换的基本性质 …… 137
7.3.2 卷积 …… 144
7.4 傅氏变换的应用 …… 148
7.4.1 频谱 …… 148
7.4.2 傅氏变换在求解方程中的应用 …… 151
习题七 …… 152
小结七 …… 153

第8章 拉普拉斯变换 …… 155
8.1 拉氏变换的概念 …… 155
8.1.1 问题的提出 …… 155
8.1.2 拉氏变换的存在定理 …… 157
8.1.3 广义拉氏变换 …… 159
8.2 拉氏变换的性质 …… 161

8.2.1 拉氏变换的基本性质 …… 161
8.2.2 卷积 …… 170
8.3 拉氏逆变换 …… 174
8.3.1 引言 …… 174
8.3.2 反演定理和赫维赛德(Heaviside)展开式 …… 175
8.4 拉氏变换的应用 …… 179
习题八 …… 183
小结八 …… 184

附录 …… 186
附录Ⅰ 部分习题答案 …… 186
附录Ⅱ 傅氏变换简表 …… 195
附录Ⅲ 拉氏变换简表 …… 198

参考文献 …… 204

第 1 章 复数与复变函数

在高中数学课程中我们已经学习过复数的基本概念和运算法则，然而这些基本知识对于本书的学习来说是远远不够的. 本章将在重新阐述复数的有关性质和运算的基础上，进一步介绍复变函数的概念及其极限和连续性.

1.1 复数的概念

1.1.1 复数

历史上，人们在求解二次方程 $x^2+1=0$ 时遇到了困难：这个方程在实数域中显然无根. 为此，人们想象有一种新的数能够满足这一方程，并将这种假想中的数称为“虚数”. 18 世纪时，数学家 Euler 首先引入虚数记号 i，使得 $\mathrm{i}^2=-1$，或记为 $\mathrm{i}=\sqrt{-1}$. 这样，方程 $x^2+1=0$ 就有两个根 i 和 $-\mathrm{i}$. 下面，我们将根据这一虚数单位来定义复数，并给出相关记号.

定义 1.1 设 x 和 y 是两个任意实数，$x+y\mathrm{i}$ 称为**复数**，记为

$$z=x+y\mathrm{i},$$

形如 $z=x+y\mathrm{i}$ 的数称为复数.

其中，x 和 y 分别称为 z 的**实部**和**虚部**. 记为

$$x=\mathrm{Re}(z),\ y=\mathrm{Im}(z).$$

当 $x=0$ 时，$z=\mathrm{i}y$ 称为**纯虚数**，当 $y=0$ 时，z 就是实数 x；0 既是纯虚数，又是实数. 对于两个复数 $z_1=x_1+y_1\mathrm{i}$，$z_2=x_2+y_2\mathrm{i}$ 而言，当且仅当 $x_1=x_2$ 且 $y_1=y_2$ 时，称 z_1 和 z_2 相等.

$x-y\mathrm{i}$ 称为 $z=x+y\mathrm{i}$ 的**共轭复数**，记作 $\bar{z}$. 共轭的概念是相互的，即 $\bar{\bar{z}}=z$.

1.1.2 复数的运算

根据复数的定义，我们知道复数的四则运算可完全遵循实数的类似运算进行. 设 $z_1=x_1+y_1\mathrm{i}$，$z_2=x_2+y_2\mathrm{i}$，则有：

1. 复数的加（减）法

$$z_1\pm z_2=(x_1\pm x_2)+\mathrm{i}(y_1\pm y_2), \tag{1.1}$$

即复数的相加（减）就是它们的实部和虚部分别相加（减）.

由式（1.1）可知，共轭复数 $z=x+y\mathrm{i}$ 和 $\bar{z}=x-y\mathrm{i}$ 有以下结论成立

$$\mathrm{Re}(z)=\frac{z+\bar{z}}{2},\ \mathrm{Im}(z)=\frac{z-\bar{z}}{2\mathrm{i}},\ \overline{z_1\pm z_2}=\overline{z_1}\pm\overline{z_2}. \tag{1.2}$$

我们也容易验证复数的加法满足交换律和结合律，即

$$z_1+z_2=z_2+z_1,$$
$$(z_1+z_2)+z_3=z_1+(z_2+z_3).$$

减法是加法的逆运算，也满足交换律和结合律.

例 1.1 计算 $(3+2\mathrm{i})+(4-\mathrm{i})-(-2+4\mathrm{i})$.

解：原式 $=[(3+4)+(2-1)\mathrm{i}]-(-2+4\mathrm{i})=(7+\mathrm{i})-(-2+4\mathrm{i})$
$=(7+2)+(1-4)\mathrm{i}=9-3\mathrm{i}$,

或 原式 $=(3+4+2)+(2-1-4)\mathrm{i}=9-3\mathrm{i}$.

2. 复数的乘法

规定
$$\begin{aligned}z_1z_2&=(x_1+y_1\mathrm{i})(x_2+y_2\mathrm{i})\\&=(x_1x_2-y_1y_2)+\mathrm{i}(x_1y_2+x_2y_1).\end{aligned} \tag{1.3}$$

即复数的乘法可以比照两个二项式相乘的乘法法则进行，只需将 i^2 换为 -1 即可.

由式（1.3）可知，共轭复数 $z=x+y\mathrm{i}$ 和 $\bar{z}=x-y\mathrm{i}$ 有以下结论成立

$$z\cdot\bar{z}=[\mathrm{Re}(z)]^2+[\mathrm{Im}(z)]^2,\ \overline{z_1\cdot z_2}=\overline{z_1}\cdot\overline{z_2}. \tag{1.4}$$

证明过程留做练习.

不难验证复数的乘法满足交换律、结合律和分配律，即

$$z_1z_2=z_2z_1,$$
$$(z_1z_2)z_3=z_1(z_2z_3),$$
$$(z_1+z_2)z_3=z_1z_3+z_2z_3.$$

例 1.2 计算$(3+i)(4-2i)$.

解：$(3+i)(4-2i)=(12+2)+(-6+4)i=14-2i$.

3. 复数的除法

设 $z_2\neq 0$，规定
$$\frac{z_1}{z_2}=\frac{x_1x_2+y_1y_2}{x_2^{\ 2}+y_2^{\ 2}}+i\,\frac{x_2y_1-x_1y_2}{x_2^{\ 2}+y_2^{\ 2}}. \tag{1.5}$$

由共轭复数的性质（1.4）可知，复数的除法有简便记法$\frac{z_1}{z_2}=\frac{z_1\,\overline{z_2}}{z_2\,\overline{z_2}}$．也容易验证$\overline{\left(\frac{z_1}{z_2}\right)}=\frac{\overline{z_1}}{\overline{z_2}}$，证明过程留做练习.

例 1.3 计算（1）$\frac{3+2i}{2-i}$；（2）$\frac{4+i}{i}$.

解：（1）$\frac{3+2i}{2-i}=\frac{(3+2i)(2+i)}{(2-i)(2+i)}=\frac{(6-2)+(3+4)i}{4+1}=\frac{4}{5}+\frac{7}{5}i$；

（2）$\frac{4+i}{i}=\frac{(4+i)i}{i\cdot i}=\frac{-1+4i}{-1}=1-4i$.

例 1.4 求下列复数的实部和虚部.

（1）$z_1=\frac{2+i}{2-i}$；（2）$z_2=\left(\frac{1+i}{1-i}\right)^2$.

解：（1）因为 $z_1=\frac{2+i}{2-i}=\frac{(4-1)+(2+2)i}{4+1}=\frac{3}{5}+\frac{4}{5}i$，

所以 $\mathrm{Re}(z_1)=\frac{3}{5}$，$\mathrm{Im}(z_1)=\frac{4}{5}$.

（2）因为 $z_2=\left(\frac{1+i}{1-i}\right)^2=\frac{(1-1)+(1+1)i}{(1-1)-(1+1)i}=\frac{2i}{-2i}=-1$，

所以 $\mathrm{Re}(z_2)=-1$，$\mathrm{Im}(z_2)=0$.

所有复数的集合按照以上运算法则满足域的所有公理，构成**复数域**，并记为 **C**. 我们需要注意的是：实数间有大小的区别，而复数间却不能比较大小. 这是复数域和实数域的一个重要不同.

1.2 复数的几何表示

在平面解析几何中，取定一直角坐标系 Oxy 后，可用一有序实数对（x，y）表示平面中任何一点 P，并称（x，y）为 P 点的坐标，

复数的几何表示，其中 x 轴是实轴，y 轴是虚轴.

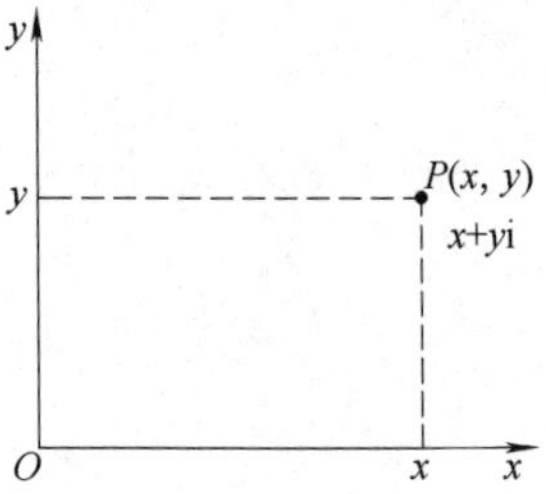

图 1.1

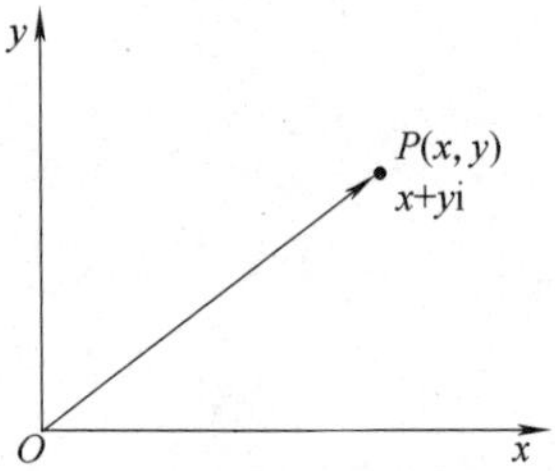

图 1.2

θ 是复数 z 的辐角，记作 Arg$z$.

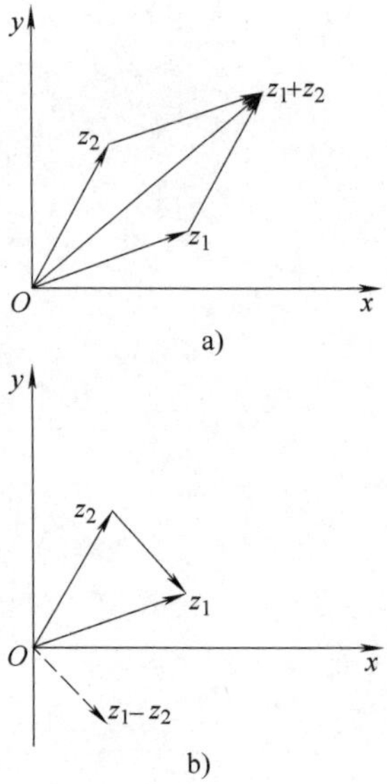

图 1.3

x 为横坐标，y 为纵坐标. 而当我们考察一复数 $z=x+y\mathrm{i}$ 时，可以看出它与坐标平面上的点 $P(x, y)$ 在表示上是一致的：都可由一有序实数对表示. 因此，在复数的全体和平面上点的全体之间形成了一一对应，这时，我们称坐标平面为**复数平面**，简称**复平面**或**Z 平面**. 因为横坐标轴上的点的复坐标是实数，所以 x 轴也称为**实轴**；而纵坐标上的点的复坐标是纯虚数，所以 y 轴也称为**虚轴**. 这是复数的一种**几何表示**（见图 1.1）.

复数还可以用平面向量表示，如图 1.2 所示.

任一复数 $z=x+y\mathrm{i}(z\neq 0)$，可以看做以 x 为水平分量，以 y 为垂直分量的平面向量 $\overrightarrow{OP}$；同样，复数 $z=x+y\mathrm{i}$ 的实部 x 和虚部 y 也可看做平面向量 $\overrightarrow{OP}$ 在两坐标轴上的投影.

向量 $\overrightarrow{OP}$ 的长度称为复数 $z=x+y\mathrm{i}$ 的**模**或**绝对值**，记作

$$|z|=r=\sqrt{x^2+y^2}, \tag{1.6}$$

显然有

$$|z|\leqslant|x|+|y|,\ z\bar{z}=|z|^2.$$

复数的加减法与向量的加减法是完全一致的，也可以用平行四边形法则求出. 从图 1.3a 中，我们不难得到

$$|z_1+z_2|\leqslant|z_1|+|z_2|.$$

从图 1.3b 中，不难得到

$$|z_1-z_2|\geqslant\big||z_1|-|z_2|\big|.$$

当 $z\neq 0$ 时，向量 $\overrightarrow{OP}$ 的方向角（即 $\overrightarrow{OP}$ 与 x 轴正方向的夹角）θ 称为复数 z 的**辐角**，记作 Arg$z$，如图 1.4 所示. 显然，$\tan(\mathrm{Arg}z)=\dfrac{y}{x}$.

Arg$z$ 可取无穷多个值，彼此相差 $2k\pi(k=0, \pm1, \pm2, \cdots)$. 如 θ_1 是辐角中的一个，则有 $\mathrm{Arg}z=\theta_1+2k\pi$，$k=0, \pm1, \pm2, \cdots$. 这时，任一复数 $z=x+y\mathrm{i}$ 可以表示为

$$|z|=\sqrt{x^2+y^2},\ \mathrm{Arg}z=\theta_1+2k\pi\quad(k=0, \pm1, \pm2, \cdots). \tag{1.7}$$

复数的这种表示法称为**极坐标表示**. 若有两个复数 z_1 和 z_2，且 z_1、$z_2\neq 0$，则 $z_1=z_2$ 的充分必要条件是 $|z_1|=|z_2|, \mathrm{Arg}z_1=\mathrm{Arg}z_2$.

在辐角的无穷多个值中，我们通常取绝对值最小的辐角作为**辐角的主值**，也称为**主辐角**. 记作

$$\theta_0=\arg z,$$

故 $-\pi<\arg z\leqslant\pi$，并且有

$$\operatorname{Arg} z=\arg z+2k\pi\quad(k=0,\ \pm1,\ \pm2,\ \cdots).$$

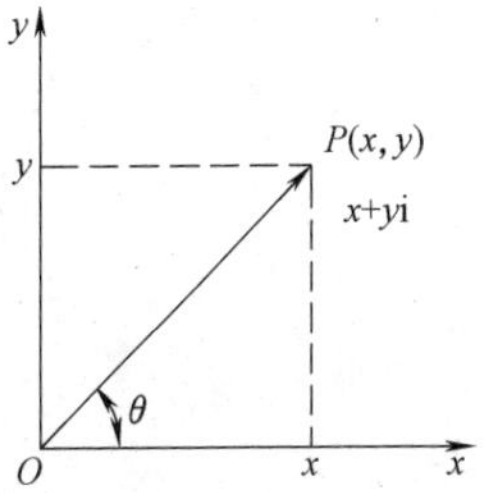

图 1.4

由复数的极坐标表示我们也可以看到 z 和 $\bar{z}$ 是关于实轴对称的. 当 $\arg z\neq\pi$ 时，$\arg\bar{z}=-\arg z$，$|z|=|\bar{z}|$.

当复数位于不同象限或坐标轴上时，我们可以求出主辐角的不同表达式

$$\theta_0=\arg z=\begin{cases}\arctan\dfrac{y}{x}, & x>0,\\[2mm] \dfrac{\pi}{2}, & x=0,\ y>0,\\[2mm] \arctan\dfrac{y}{x}+\pi, & x<0,\ y\geqslant0,\\[2mm] \arctan\dfrac{y}{x}-\pi, & x<0,\ y<0,\\[2mm] -\dfrac{\pi}{2}, & x=0,\ y<0.\end{cases}\tag{1.8}$$

复数0可以看做零向量，$|\mathbf{0}|=0$，其辐角不确定. 以后凡涉及复数的辐角都是就非零复数而言的.

例 1.5 求下列复数的模和辐角.

(1) $z=\dfrac{-3-2i}{1+i}$；(2) $z=\dfrac{1-2i}{3-4i}-\dfrac{2-i}{5i}$.

解：(1) $z=\dfrac{-3-2i}{1+i}=\dfrac{(-3-2i)(1-i)}{(1+i)(1-i)}=-\dfrac{1}{2}+\dfrac{1}{2}i$，

$$|z|=\sqrt{\left(-\frac{1}{2}\right)^2+\left(\frac{1}{2}\right)^2}=\frac{\sqrt{2}}{2}.$$

由于 z 位于第二象限，所以

$$\operatorname{Arg} z=\pi+\arctan(-1)+2k\pi=\frac{3\pi}{4}+2k\pi,\quad(k=0,\ \pm1,\ \pm2,\ \cdots)$$

(2) $z=\dfrac{1-2i}{3-4i}-\dfrac{2-i}{5i}=\dfrac{11-2i}{25}+\dfrac{5+10i}{25}=\dfrac{16}{25}+\dfrac{8}{25}i$，

$$|z|=\sqrt{\left(\frac{16}{25}\right)^2+\left(\frac{8}{25}\right)^2}=\frac{8\sqrt{5}}{25}.$$

由于 z 位于第一象限，所以

$$\operatorname{Arg} z=\arctan\left(\frac{1}{2}\right)+2k\pi,\qquad(k=0,\ \pm1,\ \pm2,\ \cdots).$$

一个复数 $z=x+y\mathrm{i}$ 的实部 x、虚部 y 与模 r、辐角 θ 之间有以下关系式成立

$$x=r\cos\theta,\ y=r\sin\theta,\ r=\sqrt{x^2+y^2}.$$

由以上关系式，$z=x+y\mathrm{i}$ 可表示为

$$\begin{aligned} z&=x+y\mathrm{i}=r\cos\theta+\mathrm{i}r\sin\theta=r(\cos\theta+\mathrm{i}\sin\theta)\\ &=|z|[\cos(\mathrm{Arg}z)+\mathrm{i}\sin(\mathrm{Arg}z)]. \end{aligned} \tag{1.9}$$

结合图1.4，对理解复数的三角表示会有帮助.

复数的这种表示法称为**三角表示**. 利用复数的三角表示可以讨论复数的积、商、幂和方根的运算法则：

（1）复数的乘积与商

设 $z_1=r_1(\cos\theta_1+\mathrm{i}\sin\theta_1)$，$z_2=r_2(\cos\theta_2+\mathrm{i}\sin\theta_2)$，则有

$$\begin{aligned} z_1z_2&=r_1r_2(\cos\theta_1+\mathrm{i}\sin\theta_1)(\cos\theta_2+\mathrm{i}\sin\theta_2)\\ &=r_1r_2[\cos(\theta_1+\theta_2)+\mathrm{i}\sin(\theta_1+\theta_2)], \end{aligned} \tag{1.10}$$

由此得

$$\begin{cases} |z_1z_2|=|z_1||z_2|,\\ \mathrm{Arg}(z_1z_2)=\mathrm{Arg}z_1+\mathrm{Arg}z_2, \end{cases} \tag{1.11}$$

即两复数乘积的模等于模的乘积，乘积的辐角等于辐角的和（可相差 2π 的整数倍）. 其几何意义是，复数 z_1z_2 对应的向量是由复数 z_1 对应的向量先旋转角度 $\mathrm{Arg}z_2$，再伸缩 $|z_2|$ 倍得到的.

同理，在求两复数的商时，设 $z_2\neq0$，考虑 $z_1=\dfrac{z_1}{z_2}z_2$，由式(1.11)得

$$\begin{cases} |z_1|=\left|\dfrac{z_1}{z_2}\right||z_2|,\\ \mathrm{Arg}z_1=\mathrm{Arg}\left(\dfrac{z_1}{z_2}\right)+\mathrm{Arg}z_2, \end{cases}$$

即

$$\begin{cases} \left|\dfrac{z_1}{z_2}\right|=\dfrac{|z_1|}{|z_2|},\\ \mathrm{Arg}\left(\dfrac{z_1}{z_2}\right)=\mathrm{Arg}z_1-\mathrm{Arg}z_2. \end{cases} \tag{1.12}$$

因此可知，两复数商的模等于模的商，商的辐角等于辐角的差（可相差 2π 的整数倍）.

（2）复数的幂与方根.

n 个相同复数 z 的乘积，称为 z 的 n **次幂**，记为 z^n. 若 $z=r(\cos\theta+\mathrm{i}\sin\theta)$，根据复数的乘法法则（1.10）可得

$$z^n=r^n(\cos n\theta+\mathrm{i}\sin n\theta). \tag{1.13}$$

特别地，当 $r=1$ 时，得到棣莫佛（De Moiver）公式

$$(\cos\theta+\mathrm{i}\sin\theta)^n=\cos n\theta+\mathrm{i}\sin n\theta. \tag{1.14}$$

而复数的开方作为求幂的逆运算，如果有 $z=w^n$，则称 w 为 z 的 n 次方根，记为 $w=\sqrt[n]{z}$.

设 $$z=r(\cos\theta+\mathrm{i}\sin\theta),\ w=\rho(\cos\varphi+\mathrm{i}\sin\varphi),$$

则 $$\rho^n=r,\ \cos n\varphi=\cos\theta,\ \sin n\varphi=\sin\theta$$

$$\Rightarrow\quad n\varphi=2k\pi+\theta,\ \rho=\sqrt[n]{r}\Rightarrow\quad \varphi=\frac{2k\pi+\theta}{n},\ \rho=\sqrt[n]{r},$$

即

$$w=\sqrt[n]{z}=\sqrt[n]{r}\left[\cos\left(\frac{\theta+2k\pi}{n}\right)+\mathrm{i}\sin\left(\frac{\theta+2k\pi}{n}\right)\right],\ (k=0,1,2,\cdots,n-1). \tag{1.15}$$

这里 $k=0,1,2,\cdots,n-1$ 时，得到 n 个不同的根 w_0，w_1，$\cdots$，w_{n-1}，当 k 取其他整数时将会重复出现这 n 个不同的值. 从几何意义上来说，这 n 个值是以原点为中心，$\sqrt[n]{r}$ 为半径的圆的内接正 n 边形的顶点.

例 1.6 计算（1）$z=(1+\sqrt{3}\mathrm{i})^{-3}$；（2）$z=\sqrt[4]{-2}$.

解：（1）$z=(1+\sqrt{3}\mathrm{i})^{-3}=\left[2\left(\cos\frac{\pi}{3}+\mathrm{i}\sin\frac{\pi}{3}\right)\right]^{-3}$

$$=\frac{1}{8}[\cos(-\pi)+\mathrm{i}\sin(-\pi)]=-\frac{1}{8}.$$

（2）$z=\sqrt[4]{-2}=[2(\cos\pi+\mathrm{i}\sin\pi)]^{\frac{1}{4}}$

$$=\sqrt[4]{2}\left(\cos\frac{\pi+2k\pi}{4}+\mathrm{i}\sin\frac{\pi+2k\pi}{4}\right),\quad (k=0,1,2,3),$$

即 $\sqrt[4]{-2}$ 有四个不同的值，分别为

$$\sqrt[4]{2}\left(\cos\frac{\pi}{4}+\mathrm{i}\sin\frac{\pi}{4}\right)=\sqrt[4]{2}\left(\frac{\sqrt{2}}{2}+\mathrm{i}\frac{\sqrt{2}}{2}\right),$$

$$\sqrt[4]{2}\left(\cos\frac{3\pi}{4}+\mathrm{i}\sin\frac{3\pi}{4}\right)=\sqrt[4]{2}\left(-\frac{\sqrt{2}}{2}+\mathrm{i}\frac{\sqrt{2}}{2}\right),$$

$$\sqrt[4]{2}\left(\cos\frac{5\pi}{4}+\mathrm{i}\sin\frac{5\pi}{4}\right)=\sqrt[4]{2}\left(-\frac{\sqrt{2}}{2}-\mathrm{i}\frac{\sqrt{2}}{2}\right),$$

$$\sqrt[4]{2}\left(\cos\frac{7\pi}{4}+\mathrm{i}\sin\frac{7\pi}{4}\right)=\sqrt[4]{2}\left(\frac{\sqrt{2}}{2}-\mathrm{i}\frac{\sqrt{2}}{2}\right).$$

复数除了有以上介绍的几种表示法以外，还可以利用 Euler 公式 $\mathrm{e}^{\mathrm{i}\theta}=\cos\theta+\mathrm{i}\sin\theta$ 将复数 $z=x+\mathrm{i}y=r(\cos\theta+\mathrm{i}\sin\theta)$ 表示为

$$z=r\mathrm{e}^{\mathrm{i}\theta}, \tag{1.16}$$

这种形式称为复数的**指数表示**.

根据讨论不同问题时的需要，我们可以把复数的各种表示法相互转化.

例 1.7 将 $z=-3-\sqrt{3}\mathrm{i}$ 转化为三角表示式和指数表示式.

解：$r=\sqrt{3^2+3}=\sqrt{12}$

由于 z 位于第三象限，所以

$$\theta_0=\arg z=\arctan\left(\frac{\sqrt{3}}{3}\right)-\pi=-\frac{5}{6}\pi,$$

则 z 的三角表示式为

$$z=\sqrt{12}\left[\cos\left(-\frac{5}{6}\pi\right)+\mathrm{i}\sin\left(-\frac{5}{6}\pi\right)\right]=\sqrt{12}\left(\cos\frac{5}{6}\pi-\mathrm{i}\sin\frac{5}{6}\pi\right).$$

z 的指数表示式为

$$z=\sqrt{12}\mathrm{e}^{-\frac{5}{6}\pi\mathrm{i}}.$$

例 1.8 试确定下列各方程所表示的曲线.

（1）$|z-\mathrm{i}|=1$;

（2）$z=a\cos t+\mathrm{i}b\sin t\quad(0\leqslant t\leqslant\pi,\ a>0,\ b>0)$.

解：（1）设 $z=x+\mathrm{i}y$，方程变为

$$|x+\mathrm{i}y-\mathrm{i}|=1,$$

即

$$x^2+(y-1)^2=1.$$

这是以（0，1）为圆心，半径为 1 的圆的直角坐标方程. 也可直观地从几何的角度解释：方程 $|z-\mathrm{i}|=1$ 表示所有与点 i 距离为 1 的点的轨迹，即复平面上中心为 i，半径为 1 的圆.

（2）由 $\begin{cases}x=a\cos t,\\ y=b\sin t,\end{cases}\quad(0\leqslant t\leqslant\pi,\ a>0,\ b>0)$

或 $$\frac{x^2}{a^2}+\frac{y^2}{b^2}=1 \quad (y\geqslant 0),$$

可知，该曲线是椭圆$\frac{x^2}{a^2}+\frac{y^2}{b^2}=1$在闭上半平面（即包括实轴）上的部分.

1.3 复球面与平面区域

1.3.1 复球面

为了绘制地图的需要，可以使用一种球极投影法，在球面上的点和平面上的点之间建立起一一对应的关系. 为了给出复数中的无穷大的定义，我们将利用这种球极投影法先引入复球面的概念.

在 $\mathbf{R}^3$ 中考虑一个半径为 1 的球面 S：

$$x^2+y^2+z^2=1.$$

点（0，0，1）称为北极，记作 N. 平面 Oxy 与复平面 Z 重合，所以复数 $z=x+y\mathrm{i}$ 可以看做 $\mathbf{R}^3$ 中的点 $z=(x,y,0)$（见图 1.5）.

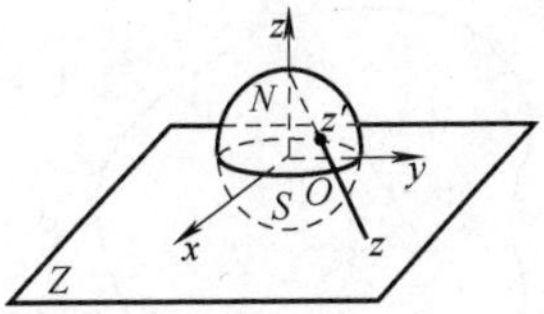

图 1.5

下面，我们来建立 Z 上的点和 S 上的点之间的一一对应. 先在复平面上任取一点 z，作过 z，N 的直线，它与 S 交于一点 $z'\neq N$. 若 $|z|<1$，那么 z' 在下半球面；若 $|z|>1$，那么 z' 在上半球面；若 $|z|=1$，则 $z'=z$. 反之，若 z' 为球面上的任一点，只要不是 N，则直线 Nz' 与复平面 z 交于一点 z. 这样，除 N 点外，复平面 Z 与球面 S 上的点是一一对应的，并且当 $|z|\to\infty$ 时，z 的对应点 z' 无限接近 N. 因此，我们在 Z 中引入一理想点，称为**无穷远点**，记作 $z=\infty$. 该点与 N 点相对应，因而球面 S 上的 N 点就是复数 ∞ 的几何表示. 这样球面上所有的点都有唯一的复数与之相对应，因此称球面 S 为**复球面**，而添加 ∞ 点的复平面 Z 称为**扩充复平面**，记作 $\overline{Z}=Z\cup\{\infty\}$.

复数 ∞ 与有限复数 α（即模 $|\alpha|<\infty$）之间的运算法则有如下规定：

（1）$\alpha+\infty=\infty+\alpha=\infty$，$\alpha-\infty=\infty-\alpha=\infty$；

（2）$\alpha\cdot\infty=\infty\cdot\alpha=\infty$，$(\alpha\neq 0)$；

（3）$\frac{\alpha}{\infty}=0$，$\frac{\infty}{\alpha}=\infty(\alpha\neq 0)$，$\frac{\alpha}{0}=\infty(\alpha\neq 0)$.

1.3.2 复平面区域

高等数学中讲过的开集、闭集、开区域、闭区域、邻域等定义在复平面 Z 中仍然成立. 下面，我们重新给出这些定义.

复平面上以 z_0 为中心，δ 为半径的圆的内部，称为 z_0 的 δ **邻域**，记作 $U(z_0, \delta)$：

$$U(z_0, \delta) = \{z \mid |z - z_0| < \delta\}.$$

$U(z_0, \delta)$ 中去掉 z_0 点，称为 z_0 的**空心邻域**，记作 $U^{\circ}(z_0, \delta)$：

$$U^{\circ}(z_0, \delta) = \{z \mid 0 < |z - z_0| < \delta\}.$$

有了邻域的概念，我们可以定义开集. 给定平面上的集合 E，z_0 称为 E 的一个**内点**，若存在 $\delta > 0$，使得 $U(z_0, \delta) \subset E$. 如果集合 E 中每一点都是内点，则称 E 为**开集**.

若在 z_0 的任何邻域内既含有属于 E 的点，又含有不属于 E 的点，则 z_0 称为 E 的**界点**. E 的全体界点构成 E 的**边界**，记作 ∂E.

若非空开集 E 具有连通性，即 E 中任意两点间都可用一条完全属于 E 的有限折线（由有限条直线段连接而成的折线）相连接，则称 E 为**开区域**.

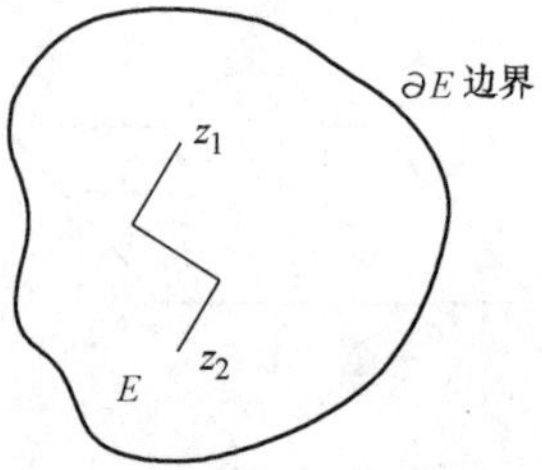

图 1.6

开区域 E 连同其边界所成的点集称为**闭区域**（见图 1.6），记作 $\overline{E}$.

开区域、闭区域或者开区域连同其一部分界点所成的点集统称**区域**.

如果区域 E 可以包含在一个以原点或其他固定点为中心，以有限值为半径的圆内，则称 E 为**有界区域**，否则称为**无界区域**.

1.3.3 曲线与连通域

连续曲线、光滑曲线等平面曲线以及单、复连通区域都是今后经常用到的概念，因此有必要在这里先给出它们的定义.

定义在区间 $[\alpha, \beta]$ 上的连续复值函数

$$\gamma(t) = x(t) + \mathrm{i}y(t), \ \alpha \leqslant t \leqslant \beta$$

（其中 $x(t)$，$y(t)$ 都是实连续函数）表示一条平面曲线，我们称之为**连续曲线**. $\gamma(\alpha)$，$\gamma(\beta)$ 分别称为曲线的起点和终点，曲线的方向就是参数 t 增加的方向. 如果 $\gamma(\alpha) = \gamma(\beta)$，即两端点重合，则称 γ 为**闭曲线**.

若 $\gamma'(t)=x'(t)+\mathrm{i}y'(t)$ 存在、连续（在端点处理解为左、右导数存在，若 γ 为闭曲线时，要求 $\gamma'(\alpha)=\gamma'(\beta)$），且 $\gamma'(t)\neq 0$，则称 $\gamma(t)$ 为**光滑曲线**. 若区间 $[\alpha,\beta]$ 可以分为有限个小区间，在每个小区间上 $\gamma(t)$ 为光滑曲线，则称 $\gamma(t)$ 为**逐段光滑曲线**.

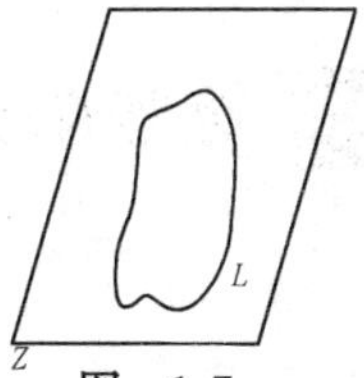

图 1.7

对于区间 $[\alpha,\beta]$ 上任意两点 t_1，t_2，若当 $t_1\neq t_2$ 时，有 $\gamma(t_1)\neq\gamma(t_2)$，即曲线没有重点，则称 γ 为**约当**（Jordan）**弧**或**简单曲线**. 若 γ 为闭曲线，在此种情况下称 γ 为**约当**（Jordan）**曲线**或**简单闭曲线**.

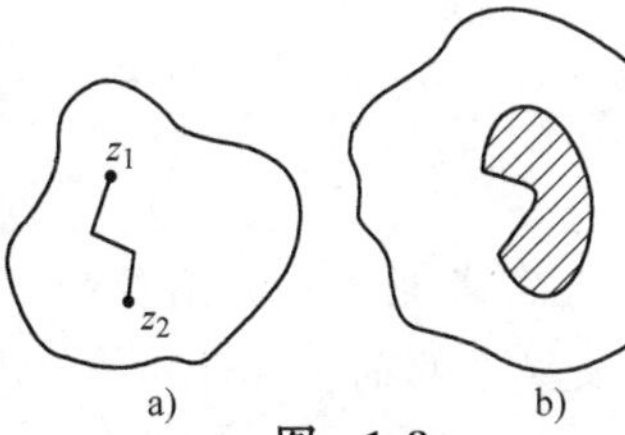

图 1.8

a）没有“洞”，b）有“洞”.

简单曲线自身不会相交. 任意一条简单闭曲线 L 把整个复平面分为三部分：有界的部分称为 L 的内部，无界的部分称为 L 的外部，L 是两部分的公共边界（见图 1.7）.

若对于复平面上的一个区域 D 内任一封闭曲线，皆可不经过 D 以外的点而连续收缩于属于 D 内的某一点，则称此区域为**单连通区域**；否则称为**多连通区域**. 更通俗地说，单连通区域是没有“洞”的区域，多连通区域是有“洞”的区域（见图 1.8）.

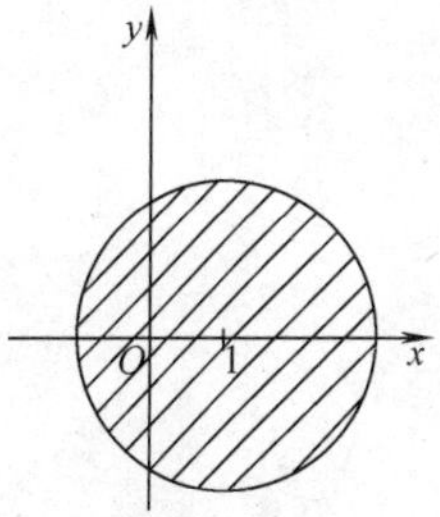

图 1.9

例 1.9 描述出下列不等式所确定的区域，并指出是有界的还是无界的，闭的还是开的，单连通的还是多连通的.

（1）$|z-1|\leqslant 4$；

（2）$1<\mathrm{Re}z<2$；

（3）$|z|<4|z+1|$.

解：（1）$|z-1|\leqslant 4\Leftrightarrow(x-1)^2+y^2\leqslant 16$

如图 1.9 所示，确定区域为圆 $(x-1)^2+y^2\leqslant 16$ 的内部（包括圆周），是有界的、闭的、单连通区域.

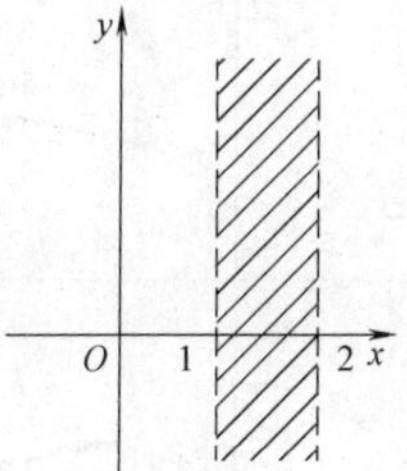

图 1.10

（2）如图 1.10 所示，确定区域是由直线 $x=1$ 和 $x=2$ 所围成的带形区域，不包括两直线在内，是无界的、开的、单连通区域.

（3）$|z|<4|z+1|\Leftrightarrow\left(x+\dfrac{16}{15}\right)^2+y^2>\left(\dfrac{4}{15}\right)^2$

如图 1.11 所示，确定区域为中心点在 $z=-\dfrac{16}{15}$，半径为 $\dfrac{4}{15}$ 的圆外部（不包括圆周），是无界的、开的、多连通区域.

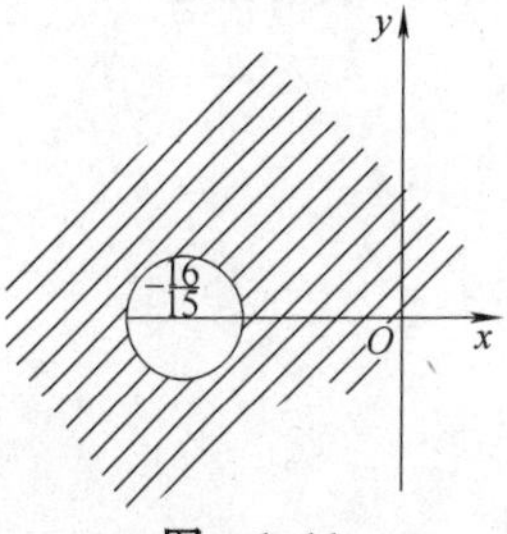

图 1.11

1.4 复变函数的极限与连续性

复变函数简单地说就是以复数为变量的函数，可以看做是实变函数的推广．因此，复变函数的基本概念、极限、连续以及可微等概念都与我们在高等数学中学习过的实变函数的相关概念类似．

1.4.1 复变函数的概念

思考题1：实函数的定义是怎样的？

定义1.2 设 D 为复数域上的一个集合，即 $D\subset \mathbf{C}$．若对每一个 $z=x+y\mathrm{i}\in D$，按照一定的法则 f，总能找到一个（或几个）复数 $w=u+v\mathrm{i}\in G$ 与之对应，则称 f 为定义在 D 上的复变函数，记作

$$w=f(z)\text{或}f: D\rightarrow G.$$

D 称为复变函数的定义域，$G=f(D)$ 称为**值域**，并把 z 称为函数的**自变量**，w 称为**因变量**．

关于复变函数的概念，我们作以下几点说明：

（1）如果把 W 看做另一复平面，则复变函数 f: $D\rightarrow G$ 可以看做 Z 平面上的点集到 W 平面的一个**映射（变换）**．G 中的点 w 称为 D 中的点 z 的**象**，而 D 中的点 z 称为 G 中的点 w 的**原象**．

例如，函数 $w=\dfrac{1}{z}$ 把 z 平面上的直线 $x=1$ 映射为 w 平面上的圆周 $\left|w-\dfrac{1}{2}\right|=\dfrac{1}{2}$（见例1.10（1））；而函数 $w=\bar{z}$ 是关于实轴的一个对称映射（见图1.12）．

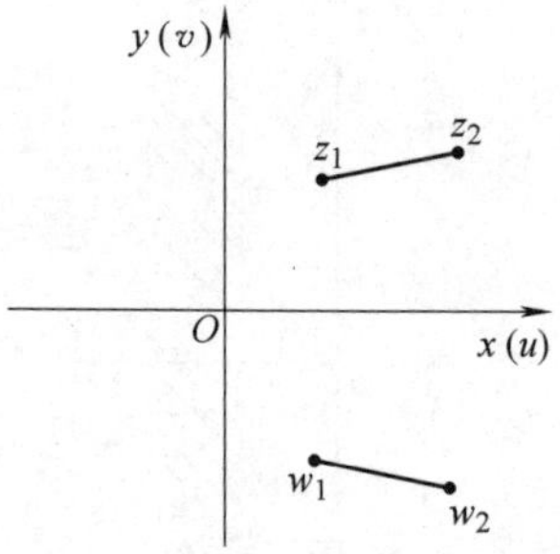

图 1.12

（2）若一个 z 值对应一个 w 值，则称函数是**单值函数**；若同一个 z 值可以与多个 w 值相对应，则称为**多值函数**．但在本书范围内，如无特殊说明，我们讨论的都是单值函数．

（3）由于复变量可用实部和虚部表示：$z=x+y\mathrm{i}$，$w=u+v\mathrm{i}$，所以 $w=f(z)$ 可表示为

$$u+v\mathrm{i}=f(x+y\mathrm{i})=u(x,\ y)+\mathrm{i}v(x,\ y).$$

实际上，我们得到的是两个二元实函数．例如，令 $w=z^2$，则

$$w=u+v\mathrm{i}=(x+y\mathrm{i})^2=(x^2-y^2)+2xy\mathrm{i},$$

即函数 $w=z^2$ 对应两个二元实函数

$$u=x^2-y^2,\ v=2xy.$$

因此从这个角度上来说，复变函数的理论就是一对二元实变函数的理论，似乎没有太大的意义. 但我们以后会看到复变函数的紧凑形式：$u+v\mathrm{i}=f(x+y\mathrm{i})$，即能单独用 z 表示的函数，在一定条件下有很大的优越性.

(4) 有关实函数的一些概念，只要不涉及函数值大小的比较，很多都可以推广到复变函数上来，例如奇（偶）函数、周期函数、反函数等. 而单调性、上（下）界这样的概念就不适用了.

例 1.10 函数 $w=\dfrac{1}{z}$将 z 平面上的下列曲线变成 w 平面上的什么曲线($w=u+v\mathrm{i}$, $z=x+y\mathrm{i}$)?

(1) $x=1$;　　(2) $x^2+y^2=4$;　　(3) $x=y$.

解： 因为 $w=\dfrac{1}{z}=\dfrac{1}{x+y\mathrm{i}}=\dfrac{x-y\mathrm{i}}{x^2+y^2}=\dfrac{x}{x^2+y^2}-\mathrm{i}\dfrac{y}{x^2+y^2}$,

所以
$$u=\frac{x}{x^2+y^2},\ v=\frac{-y}{x^2+y^2}.$$

(1) 由 $x=1$ 得 $u=\dfrac{1}{1+y^2}$, $v=\dfrac{-y}{1+y^2}$, 从而 $u^2+v^2=\dfrac{1}{1+y^2}=u$,

整理得$\left(u-\dfrac{1}{2}\right)^2+v^2=\left(\dfrac{1}{2}\right)^2$，是 w 平面上一圆周.

(2) $u^2+v^2=\dfrac{1}{x^2+y^2}=\dfrac{1}{4}$，是 w 平面上一圆周.

(3) $u=\dfrac{x}{x^2+y^2}=\dfrac{-(-y)}{x^2+y^2}=-v$，是 w 平面上一直线.

1.4.2 复变函数的极限

定义 1.3 设函数 $f(z)$ 定义于 z_0 点的去心邻域 $0<|z-z_0|<r$ 内，如果对任意 $\varepsilon>0$，存在 $\delta>0$ 及复数 A，使得当 $0<|z-z_0|<\delta$ 时，有
$$|f(z)-A|<\varepsilon$$
则称函数 $f(z)$ 当 $z\to z_0$ 时以 A 为极限. A 称为 $f(z)$ 当 $z\to z_0$ 时的**极限值**，记为
$$\lim_{z\to z_0}f(z)=A.$$

思考题 2：如果将复变函数看作由一对二元实变函数构成的，定义 1.3 又可以怎样叙述？

我们注意到定义 1.3 与实数域上一元函数的极限定义从形式上

是很相似的. 但是由于复数 $z=x+y\mathrm{i}$ 趋向于 $z_0=x_0+y_0\mathrm{i}$ 实际上相当于 $P(x,y)\to P(x_0,y_0)$，所以复数极限的概念从本质上来说类似于二元函数的二重极限定义，因此复数的极限与 $z\to z_0$ 的方式无关，即 z 以任何方式趋于 z_0 时，$f(z)$ 都无限接近于 A.

例 1.11 试证 $\lim\limits_{z\to 0}\dfrac{\mathrm{Im}(z)}{\bar{z}}$ 不存在.

证明： 令 $z=x+y\mathrm{i}$，则 $\bar{z}=x-y\mathrm{i}$，$\dfrac{\mathrm{Im}(z)}{\bar{z}}=\dfrac{y}{x-y\mathrm{i}}$. 当 z 沿直线 $y=kx$（k 是常数）趋于零时，极限

$$\lim_{z\to 0}\frac{\mathrm{Im}(z)}{\bar{z}}=\lim_{\substack{z\to 0\\ y=kx}}\frac{kx}{x-\mathrm{i}kx}=\frac{k}{1-\mathrm{i}k}.$$

显然，当 k 取不同值时，极限值不同，故所求极限值不存在.

定理 1.1 令 $f(z)=u(x,y)+\mathrm{i}v(x,y)$，$A=u_0+v_0\mathrm{i}$，$z_0=x_0+y_0\mathrm{i}$，则

$$\lim_{z\to z_0}f(z)=A\Leftrightarrow\lim_{\substack{x\to x_0\\ y\to y_0}}u(x,y)=u_0,\ \lim_{\substack{x\to x_0\\ y\to y_0}}v(x,y)=v_0.$$

证明： 先证明充分性. 已知 $\lim\limits_{\substack{x\to x_0\\ y\to y_0}}u(x,y)=u_0$，$\lim\limits_{\substack{x\to x_0\\ y\to y_0}}v(x,y)=v_0$，故 $\forall\varepsilon>0$，$\exists\delta>0$，使得当 $0<\sqrt{(x-x_0)^2+(y-y_0)^2}<\delta$ 时，恒有 $|u-u_0|<\dfrac{\varepsilon}{2}$，$|v-v_0|<\dfrac{\varepsilon}{2}$. 而 $|f(z)-A|=|(u+v\mathrm{i})-(u_0+v_0\mathrm{i})|=|(u-u_0)+\mathrm{i}(v-v_0)|<\varepsilon$. 即 $\lim\limits_{z\to z_0}f(z)=A$.

再证明必要性. 若已知 $\lim\limits_{z\to z_0}f(z)=A$，则 $\forall\varepsilon>0$，$\exists\delta>0$，使得当 $0<|z-z_0|<\delta$ 时，有 $|f(z)-A|<\dfrac{\varepsilon}{2}$. 即当 $0<\sqrt{(x-x_0)^2+(y-y_0)^2}<\delta$ 时，有 $|(u-u_0)+\mathrm{i}(v-v_0)|<\varepsilon$，由此可知 $|u-u_0|<\varepsilon$，$|v-v_0|<\varepsilon$. 因此 $\lim\limits_{\substack{x\to x_0\\ y\to y_0}}u(x,y)=u_0$，$\lim\limits_{\substack{x\to x_0\\ y\to y_0}}v(x,y)=v_0$.

由这个定理的证明过程我们可以清楚地看到复变函数极限的存在性等价于其实部和虚部这两个二元函数极限的存在性. 于是，我们就可以把实变函数中有关极限的一些性质推广到复变函数中来，例如极限的四则运算：

定理 1.2 如果 $\lim\limits_{z\to z_0}f(z)=A$，$\lim\limits_{z\to z_0}g(z)=B$，则

(1) $\lim\limits_{z \to z_0}[f(z) \pm g(z)] = A \pm B$;

(2) $\lim\limits_{z \to z_0}[f(z) \cdot g(z)] = A \cdot B$;

(3) $\lim\limits_{z \to z_0}\left[\dfrac{f(z)}{g(z)}\right] = \dfrac{A}{B}$, $(B \neq 0)$.

这个定理的证明留给大家作为练习.

例 1.12 求极限 $\lim\limits_{z \to 1+\mathrm{i}} \dfrac{z}{\bar{z}}$.

解: 解法一: $\dfrac{z}{\bar{z}} = \dfrac{x+y\mathrm{i}}{x-y\mathrm{i}} = \dfrac{x^2-y^2}{x^2+y^2} + \mathrm{i}\,\dfrac{2xy}{x^2+y^2}$,

$$\lim_{z \to 1+\mathrm{i}} \frac{z}{\bar{z}} = \lim_{\substack{x \to 1 \\ y \to 1}} \frac{x^2-y^2}{x^2+y^2} + \mathrm{i} \lim_{\substack{x \to 1 \\ y \to 1}} \frac{2xy}{x^2+y^2} = \mathrm{i}.$$

解法二: $\lim\limits_{z \to 1+\mathrm{i}} \dfrac{z}{\bar{z}} = \dfrac{\lim\limits_{z \to 1+\mathrm{i}} z}{\lim\limits_{z \to 1+\mathrm{i}} \bar{z}} = \dfrac{\lim\limits_{\substack{x \to 1 \\ y \to 1}} (x+y\mathrm{i})}{\lim\limits_{\substack{x \to 1 \\ y \to 1}} (x-y\mathrm{i})} = \dfrac{1+\mathrm{i}}{1-\mathrm{i}} = \mathrm{i}.$

1.4.3 复变函数的连续性

类似于复变函数的极限, 我们可以定义其连续性:

定义 1.4 设函数 $f(z)$ 定义于 z_0 点的邻域内, 如果 $\lim\limits_{z \to z_0} f(z) = f(z_0)$, 则称函数 $f(z)$ 在 z_0 点连续. 如果函数在区域 D 内的每一点都连续, 则称 $f(z)$ 在区域 D 上连续.

将定义 1.4 与高等数学中学过的函数连续性定义作比较.

由上述定义与定理 1.1, 可以得到以下结论:

定理 1.3 函数 $f(z) = u(x, y) + \mathrm{i}v(x, y)$ 在点 $z_0 = x_0 + y_0\mathrm{i}$ 处连续的充要条件是函数 $u(x, y)$ 和 $v(x, y)$ 在点 (x_0, y_0) 处连续.

例 1.13 设 $f(z) = x^2 + \mathrm{i}(x^2 + y^2)$, 证明 $f(z)$ 在复平面上处处连续.

证明: $f(z) = x^2 + \mathrm{i}(x^2 + y^2)$,

则
$$u(x, y) = x^2,\ v(x, y) = x^2 + y^2.$$

因为 $u(x, y)$ 和 $v(x, y)$ 在复平面上处处连续, 由定理 1.3 可知 $f(z)$ 在复平面上处处连续.

连续函数的很多性质如四则运算、复合函数的连续性、有界闭集上的连续函数的有界性以及一致连续性等都是成立的. 然而, 像介值性、最值性等需要比较大小的实连续函数的性质就不能推广到复变函数上来.

定理 1.4 函数 $f(z)$，$g(z)$ 在点 z_0 处连续，则 $f(z)\pm g(z)$，$f(z)g(z)$，$\dfrac{f(z)}{g(z)}(g(z)\neq 0)$ 在点 z_0 处仍连续.

定理 1.5 设 $h=g(z)$ 在点 z_0 处连续，$w=f(h)$ 在 $h_0=g(z_0)$ 连续，则复合函数 $w=f[g(z)]$ 在点 z_0 处连续.

由这些定理我们很容易得到以下结论：

（1）如果 $f(z)$ 在点 z_0 处连续，则 $\overline{f(z)}$ 和 $|f(z)|$ 在点 z_0 处也连续；

（2）多项式 $P(z)=a_0+a_1z+\cdots+a_nz^n$ 在复平面上处处连续；

（3）有理分式函数 $\omega=\dfrac{P(z)}{Q(z)}$（$P(z)$，$Q(z)$ 都是多项式）在复平面上使分母值不为零的点也连续.

习 题 一

1. 计算下列各式，并指出其实部、虚部、共轭复数、模和辐角：

（1）$\dfrac{2}{1-3\mathrm{i}}$；（2）$\dfrac{\mathrm{i}}{1-\mathrm{i}}+\dfrac{1-\mathrm{i}}{\mathrm{i}}$；（3）$\left(\dfrac{3+4\mathrm{i}}{1-2\mathrm{i}}\right)^2$；

（4）$\left(\dfrac{1-\mathrm{i}}{1+\mathrm{i}}\right)^8$.

2. 求下面根式的值：

（1）$\sqrt{-\mathrm{i}}$；（2）$\sqrt[3]{-1+\mathrm{i}}$；（3）$\sqrt[6]{8}$.

3. 将下列复数转化为三角表示式和指数表示式，并指出其辐角主值：

（1）$\dfrac{-2}{1+\sqrt{3}\mathrm{i}}$；（2）$\dfrac{\mathrm{i}}{-2-2\mathrm{i}}$；（3）$1-\cos\theta+\mathrm{i}\sin\theta$；

（4）$\tan\theta-\mathrm{i}\left(\dfrac{\pi}{2}<\theta<\pi\right)$.

4. 解下列方程：

（1）$z^2-4\mathrm{i}z-(4-9\mathrm{i})=0$；

（2）$(1+z)^5=(1-z)^5$.

5. 设 $z_1=x_1+y_1\mathrm{i}$，$z_2=x_2+y_2\mathrm{i}$，证明：

（1）$z\cdot\bar{z}=[\mathrm{Re}(z)]^2+[\mathrm{Im}(z)]^2$；

（2）$\overline{z_1\cdot z_2}=\overline{z_1}\cdot\overline{z_2}$；

（3）$\overline{\left(\dfrac{z_1}{z_2}\right)}=\dfrac{\overline{z_1}}{\overline{z_2}}$；（4）$|z_1-z_2|^2=|z_1|^2+|z_2|^2-2\mathrm{Re}(z_1\overline{z_2})$.

6. 求出方程 $\left|\dfrac{2z-1-\mathrm{i}}{2-(1-\mathrm{i})z}\right|=1$ 所表示曲线的直角坐标方程.

7. 描述下列各题中点 z 的轨迹或所在范围，并作图：

（1）$|z-2|+|z+2|=5$；（2）$|z|=\mathrm{Re}(z)+1$；

（3）$|z-2|-|z+2|>3$；（4）$\left|\dfrac{z-2}{z+2}\right|<3$.

8. 指出下列不等式所确定的区域，并说明其是有界还是无界的，单连通还是多连通的？

（1）$\mathrm{Re}(z)>1$；（2）$2\leqslant|z|\leqslant 3$；

（3）$0<\arg\dfrac{z-\mathrm{i}}{z+\mathrm{i}}<\dfrac{\pi}{4}$；

（4）$z\cdot\bar{z}-(2+\mathrm{i})z-(2-\mathrm{i})\bar{z}\leqslant 4$.

9. 证明复平面上的直线方程可写成：

$a\bar{z}+\bar{a}z=c$，$a\neq 0$ 为复常数，c 为实常数.

10. 证明复平面上的圆的方程可写成：

$az\bar{z}+\bar{a}z+a\bar{z}+c=0$，$a$ 为复常数，c 为实常数.

11. 对于映射 $w=\dfrac{1}{z}$，求出下列曲线在 w 平面上的像：

（1）$x=c$；（2）$y=c$；（3）$|z|=R$；（4）$|z-1|=1$.

12. 对于映射 $w=\dfrac{1}{2}\left(z+\dfrac{1}{z}\right)$，求出圆周 $|z|=4$ 的像.

13. 证明 $\lim\limits_{z\to 0}\dfrac{1}{2\mathrm{i}}\left(\dfrac{z}{\bar{z}}-\dfrac{\bar{z}}{z}\right)$ 不存在.

14. 证明定理 1.2.

15. 计算下列极限：

（1）$\lim\limits_{z\to 1+\mathrm{i}}(1+z^2+2z^4)$；（2）$\lim\limits_{z\to 1-\mathrm{i}}\dfrac{z\cdot\bar{z}-z+\bar{z}-1}{\bar{z}-1}$.

16. 证明连续函数 $f(z)$ 的模也是连续的.

17. 设 $z=x+y\mathrm{i}$，试讨论下列函数的连续性.

（1）$f(z)=\begin{cases}\dfrac{2xy}{x^2+y^2}, & z\neq 0\\ 0, & z=0\end{cases}$；

（2）$f(z)=\begin{cases}\dfrac{x^3y}{x^2+y^2}, & z\neq 0\\ 0, & z=0\end{cases}$.

小　结　一

本章的主要内容分为复数和复变函数两部分. 前者我们在中学已经学过，后者虽然是全新的内容，但读者仍然可以通过与实变函数相关知识的对比来尽快掌握.

复数的概念及运算我们不再赘述，需要读者在学习中注意的是复数的 4 种主要的表示法：①几何表示；②极坐标表示；③三角表示；④指数表示. 在用极坐标表示时，读者要正确理解辐角的多值性，掌握根据由给定的非零复数在复平面上的位置确定辐角主值的方法. 此外，复数还可以用球面上的点表示，并由此引入了无穷远点和扩充复平面的概念.

复变函数及其极限、连续等概念是实变函数相应概念的推广. 读者在学习这些概念时要经常将两者进行比较，分析其中的联系和区别. 例如复变函数的极限的定义在形式上虽然与实变函数的极限的定义相似，但是前者在要求上比后者严格得多. 实变函数的极限 $\lim\limits_{x\to x_0}f(x)$ 中 $x\to x_0$ 指的是 x 在 x_0 的邻域内从 x_0 的左右以任何方式趋于 x_0；而在讨论复变函数的极限 $\lim\limits_{z\to z_0}f(z)$ 时，$z\to z_0$ 不仅可以从 z_0 的左右以任何方式趋于 z_0，而且可以从 z_0 的“四面八方”以任何方式趋于 z_0，这就使得复变函数在函数可导性方面的要求要比实变函数高得多.

还有一个容易被读者忽视的重要方面就是平面曲线和平面区域的概念. 这两者是复变函数理论的几何基础，在今后的学习中非常重要，因此，读者应当熟悉并掌握用复数表示常见的平面曲线和区域的方法，还要学会根据给定的表达式画出其所表示的平面曲线或区域.

第2章 解析函数

复变函数研究的主要对象是解析函数. 本章将给出解析函数的基本定义、判定条件以及一些初等解析函数. 在讨论解析函数时, 我们会发现其中有些概念也是由实变函数中的概念推广得到的, 注意到这一点, 有利于我们的学习.

2.1 解析函数的概念

2.1.1 复变函数的导数与微分

复变函数的导数概念是解析函数概念的基础, 它是实变函数中导数概念的推广.

定义 2.1 与高等数学中的导数定义类似, 都是由极限定义的.

定义 2.1 设函数 $w=f(z)$ 在区域 D 内有定义, z_0 是 D 内一点, 如果极限

$$\lim_{\Delta z\to 0}\frac{f(z_0+\Delta z)-f(z_0)}{\Delta z} \tag{2.1}$$

存在, 则称函数 $f(z)$ 在 z_0 点处可导, 上式的极限值称为函数 $f(z)$ 在 z_0 点的**导数**, 记为

$$f'(z_0)=\left.\frac{\mathrm{d}w}{\mathrm{d}z}\right|_{z_0}=\lim_{\Delta z\to 0}\frac{f(z_0+\Delta z)-f(z_0)}{\Delta z}=\lim_{z\to z_0}\frac{f(z)-f(z_0)}{z-z_0}.$$

如果函数 $f(z)$ 在区域 D 内每一点都可导, 则称 $f(z)$ 在区域 D 内可导, 得到区域 D 内的导函数.

例 2.1 讨论 $f(z)=\bar{z}$ 在复平面上的可导性.

解: $\dfrac{f(z+\Delta z)-f(z)}{\Delta z}=\dfrac{\overline{z+\Delta z}-\bar{z}}{\Delta z}=\dfrac{\bar{z}+\overline{\Delta z}-\bar{z}}{\Delta z}=\dfrac{\overline{\Delta z}}{\Delta z}=\dfrac{\Delta x-\mathrm{i}\Delta y}{\Delta x+\mathrm{i}\Delta y}.$

设 $y=kx$, (k 为常数), 则 $\Delta y=k\Delta x$,

$$\lim_{\Delta z\to 0}\frac{f(z+\Delta z)-f(z)}{\Delta z}=\lim_{\substack{\Delta x\to 0\\ \Delta y\to 0}}\frac{\Delta x-\mathrm{i}\Delta y}{\Delta x+\mathrm{i}\Delta y}=\frac{1-\mathrm{i}k}{1+\mathrm{i}k}.$$

显然，当 k 取不同值时，极限值不同，故极限不存在，即 $f(z)=\bar{z}$在复平面上处处不可导.

例 2.2 函数 $f(z)=\bar{z}\cdot z^2$ 在何处可导？何处不可导？

解：(1)若 $z=0$，

$$\lim_{\Delta z\to 0}\frac{f(z+\Delta z)-f(z)}{\Delta z}=\lim_{\Delta z\to 0}\frac{f(\Delta z)-f(0)}{\Delta z}$$

$$=\lim_{\Delta z\to 0}\frac{\overline{\Delta z}\cdot\Delta z^2}{\Delta z}=\lim_{\Delta z\to 0}\overline{\Delta z}\cdot\Delta z=\lim_{\Delta z\to 0}|\Delta z|^2=0,$$

所以，$f(z)$在 $z=0$ 处可导且 $f'(0)=0$

(2) 若 $z\neq 0$，

$$\lim_{\Delta z\to 0}\frac{f(z+\Delta z)-f(z)}{\Delta z}=\lim_{\Delta z\to 0}\frac{\overline{z+\Delta z}\cdot(z+\Delta z)^2-\bar{z}\cdot z^2}{\Delta z}$$

$$=\lim_{\Delta z\to 0}\left(2|z|^2+\bar{z}\cdot\Delta z+\frac{\overline{\Delta z}}{\Delta z}\cdot z^2+2\,\overline{\Delta z}\cdot z+|\Delta z|^2\right).$$

当 Δz 沿实轴趋于零时，即 $\Delta y=0$，有

$$\lim_{\Delta z\to 0}\frac{f(z+\Delta z)-f(z)}{\Delta z}=\lim_{\Delta z\to 0}\left[2|z|^2+\bar{z}\cdot\Delta x+\frac{\Delta x}{\Delta x}\cdot z^2+2\Delta x\cdot z+(\Delta x)^2\right]$$

$$=2|z|^2+z^2=3x^2+y^2+2xy\mathrm{i}.$$

同理，当 Δz 沿虚轴趋于零时，即 $\Delta x=0$，有

$$\lim_{\Delta z\to 0}\frac{f(z+\Delta z)-f(z)}{\Delta z}=2|z|^2-z^2=x^2+3y^2-2xy\mathrm{i}.$$

所以，当 $z\neq 0$ 时，$f(z)$不可导.

由于式 (2.1) 和极限的运算法则都与实变函数中的相似，因此实变函数有关求导的一些运算法则在这里也成立，我们有：

(1) $(c)'=0$；

(2) $(z^n)'=nz^{n-1}$；

(3) $[f(z)\pm g(z)]'=f'(z)\pm g'(z)$；

(4) $[f(z)g(z)]'=f'(z)g(z)+f(z)g'(z)$；

(5) $\left[\frac{f(z)}{g(z)}\right]'=\frac{f'(z)g(z)-f(z)g'(z)}{g^2(z)},(g(z)\neq 0)$；

(6) $[f(g(z))]'=f'[g(z)]g'(z)$；

(7) $f'(z)=\dfrac{1}{\varphi'(w)}, (\varphi'(w)\neq 0)$.

这里，$w=f(z)$与$z=\varphi(w)$互为反函数，且均为单值.

同时，如同实变函数一样，函数的可导性与连续性有其内在的联系：由函数可导可推出函数连续，反之则不成立. 事实上，若设函数$f(z)$在z_0点可导，则$f'(z_0)=\lim\limits_{z\to z_0}\dfrac{f(z)-f(z_0)}{z-z_0}$，由极限的定义，$\forall\varepsilon>0$，$\exists\delta>0$，当$0<|z-z_0|<\delta$时，有

$$\left|\frac{f(z)-f(z_0)}{z-z_0}-f'(z_0)\right|<\varepsilon,$$

即
$$\rho(z)=\frac{f(z)-f(z_0)-f'(z_0)(z-z_0)}{z-z_0}\to 0, (z\to z_0),$$

从而
$$f(z)-f(z_0)=f'(z_0)(z-z_0)+\rho(z)(z-z_0)\to 0.$$

所以，$f(z)$在z_0处连续.

定义 2.2 设函数$w=f(z)$在点z_0的邻域内有定义，如果存在复数A，使得

$$f(z_0+\Delta z)-f(z_0)=A\Delta z+o(\Delta z), \tag{2.2}$$

则称$f(z)$在z_0点**可微**. 容易证明，$f(z)$在z_0点可微与可导是等价的.

如果$f(z)$在z_0点可微，则称表达式

$$\mathrm{d}f(z_0)=f'(z_0)\mathrm{d}z \tag{2.3}$$

为函数$f(z)$在点z_0处的微分. 如果$f(z)$在区域D内每一点都可微，则称$f(z)$在区域D内可微.

2.1.2 解析函数

比较解析与可导的不同之处，自己总结一下.

定义 2.3 如果函数$f(z)$在点z_0及z_0的某邻域内处处可导，则称$f(z)$在z_0点**解析**. 如果$f(z)$在区域D内每一点都解析，则称$f(z)$在区域D内解析，或称$f(z)$为区域D内的**解析函数**或**全纯函数**.

若函数$f(z)$在z_0点不解析，则称z_0为$f(z)$的**奇点**.

我们从解析函数的定义就可以看出，函数在某一点处解析和在该点处可导是不等价的. 解析要同时满足两个条件，因此我们在判断某个函数是否解析时要格外注意. 下面我们通过几个例子来更直观地说明这一点.

例 2.3 下列函数在何处可导？何处解析？

(1) $f(z)=\bar{z}\cdot z^2$；(2) $f(z)=\dfrac{1}{z}$.

解：(1) 由例 2.2 可知 $f(z)=\bar{z}\cdot z^2$ 在 $z=0$ 处可导，在 $z\neq 0$ 处不可导，所以 $f(z)$ 在整个复平面内不解析.

(2) 因为 $f(z)=\dfrac{1}{z}$ 在复平面内除点 $z=0$ 外都可导：$f'(z)=-\dfrac{1}{z^2}$，所以在除点 $z=0$ 外的复平面内，函数 $f(z)=\dfrac{1}{z}$ 处处解析.

在上面这个例子中，我们注意到 $z=0$ 都是 $f(z)$ 的奇点，但前者在 $z=0$ 处可导，后者则在 $z=0$ 处不可导.

同时，利用复变函数的求导法则，不难得到以下有关解析函数的定理：

定理 2.1 区域 D 内的两个解析函数的和、差、积、商（分母不为 0）仍解析.

定理 2.2 设函数 $h=g(z)$ 在区域 D 内解析，$w=f(h)$ 在区域 H 内解析，如果对每一点 $z\in D$，$g(z)\in H$，则 $w=f[g(z)]$ 在区域 D 内解析.

定理 2.3 设函数 $w=f(z)$ 在区域 D 内单值解析，且在每一个 $z_0\in D$ 上都有 $f'(z_0)\neq 0$，而函数 $w=f(z)$ 的反函数 $z=g(w)$ 在相应的区域 G 内连续，则函数 $z=g(w)$ 在 G 内解析，且 $g(w)=\dfrac{1}{f[g(w)]}$.

由以上这些定理我们也可得到以下结论：

(1) 多项式 $P(z)=a_0+a_1z+\cdots+a_nz^n$ 在整个复平面上解析；

(2) 有理分式函数 $\omega=\dfrac{P(z)}{Q(z)}$（$P(z)$，$Q(z)$ 都是多项式）在复平面上使分母值不为零的区域解析.

2.2 函数解析的充要条件

从上一节的例子我们知道，直接利用定义来验证一个函数是否解析是比较麻烦的. 在这一节中我们将给出一个更为简便的判定函数在某个区域内是否解析的方法.

熟练掌握函数解析的充要条件.

定理 2.4 函数 $f(z)=u(x, y)+\mathrm{i}v(x, y)$ 在其定义域 D 内解析的充分必要条件是 $u(x, y)$, $v(x, y)$ 在 D 内任一点 (x_0, y_0) 处可微，并在该点满足方程:

$$\frac{\partial u}{\partial x}=\frac{\partial v}{\partial y},\ \frac{\partial u}{\partial y}=-\frac{\partial v}{\partial x}. \tag{2.4}$$

方程（2.4）被称为**柯西-黎曼**（Cauchy-Riemann）**条件方程**，简记为 C. R. **条件**.

证明：首先证明充分性

设 $$f(z+\Delta z)-f(z)=\Delta u+\mathrm{i}\Delta v,$$

由于 $u(x, y)$, $v(x, y)$ 可微，则在任一点 $z=x+y\mathrm{i}$ 处有

$$\begin{cases}\Delta u=\dfrac{\partial u}{\partial x}\Delta x+\dfrac{\partial u}{\partial y}\Delta y+\rho_1\Delta x+\rho_2\Delta y,\\[2mm] \Delta v=\dfrac{\partial v}{\partial x}\Delta x+\dfrac{\partial v}{\partial y}\Delta y+\rho_3\Delta x+\rho_4\Delta y,\end{cases}$$

其中 $$\lim_{\substack{\Delta x\to 0\\ \Delta y\to 0}}\rho_k=0\quad(k=1, 2, 3, 4),$$

所以有

$$f(z+\Delta z)-f(z)=\left(\frac{\partial u}{\partial x}+\mathrm{i}\frac{\partial v}{\partial x}\right)\Delta x+\left(\frac{\partial u}{\partial y}+\mathrm{i}\frac{\partial v}{\partial y}\right)\Delta y+(\rho_1+\rho_3\mathrm{i})\Delta x+(\rho_2+\rho_4\mathrm{i})\Delta y.$$

根据方程（2.4）得到

$$f(z+\Delta z)-f(z)=\left(\frac{\partial u}{\partial x}+\mathrm{i}\frac{\partial v}{\partial x}\right)(\Delta x+\mathrm{i}\Delta y)+(\rho_1+\rho_3\mathrm{i})\Delta x+(\rho_2+\rho_4\mathrm{i})\Delta y,$$

所以

$$\frac{f(z+\Delta z)-f(z)}{\Delta z}=\frac{\partial u}{\partial x}+\mathrm{i}\frac{\partial v}{\partial x}+(\rho_1+\rho_3\mathrm{i})\frac{\Delta x}{\Delta z}+(\rho_2+\rho_4\mathrm{i})\frac{\Delta y}{\Delta z}.$$

但由于 $$\left|\frac{\Delta x}{\Delta z}\right|\leqslant 1,\ \left|\frac{\Delta y}{\Delta z}\right|\leqslant 1,$$

所以 $$\lim_{\Delta z\to 0}\frac{f(z+\Delta z)-f(z)}{\Delta z}=\frac{\partial u}{\partial x}+\mathrm{i}\frac{\partial v}{\partial x}. \tag{2.5}$$

即 $f(z)$ 在其定义域 D 内处处可导，即函数在 D 内解析.

再证明必要性

设 $f(z)$ 在 D 内解析，即在 D 内任一点 $z=x+y\mathrm{i}$ 处可导，则

令 $$f(z+\Delta z)-f(z)=f'(z)\Delta z+\rho(\Delta z)\Delta z,\ \rho(\Delta z)\to 0(\Delta z\to 0),$$
$$f(z+\Delta z)-f(z)=\Delta u+\mathrm{i}\Delta v,\ \rho(\Delta z)=(\rho_1+\rho_2\mathrm{i})(\Delta x+\mathrm{i}\Delta y),$$
$$f'(z)=a+b\mathrm{i},\ \Delta z=\Delta x+\mathrm{i}\Delta y,$$

所以 $\Delta u+\mathrm{i}\Delta v=a\Delta x-b\Delta y+\rho_1\Delta x-\rho_2\Delta y+\mathrm{i}(a\Delta y+b\Delta x+\rho_1\Delta y+\rho_2\Delta x)$,

$$\begin{cases}\Delta u=a\Delta x-b\Delta y+\rho_1\Delta x-\rho_2\Delta y,\\ \Delta v=b\Delta x+a\Delta y+\rho_2\Delta x+\rho_1\Delta y.\end{cases}$$

因为$\rho(\Delta z)\to 0(\Delta z\to 0)$, 所以$\rho_1\to 0$, $\rho_2\to 0$.

$u(x, y)$, $v(x, y)$在点(x, y)可微，且

$$\frac{\partial u}{\partial x}=\frac{\partial v}{\partial y}=a,\ \frac{\partial u}{\partial y}=-\frac{\partial v}{\partial x}=-b.$$

我们需要注意的是，将这个定理中的“D内任一点”改为“D内某一点”时，定理2.4就是函数在某点可导的充要条件，证明过程是一样的.

同时，在定理2.4的证明过程中我们得到了函数$f(z)$的导数式(2.5)，再根据柯西–黎曼方程，我们可以得到以下求导公式：

$$f'(z)=\frac{\partial u}{\partial x}+\mathrm{i}\frac{\partial v}{\partial x}=\frac{\partial v}{\partial y}-\mathrm{i}\frac{\partial u}{\partial y}=\frac{\partial u}{\partial x}-\mathrm{i}\frac{\partial u}{\partial y}=\frac{\partial v}{\partial y}+\mathrm{i}\frac{\partial v}{\partial x}. \tag{2.6}$$

很明显，我们利用柯西–黎曼方程可以更为简便地判断一个函数是否解析，只是在判断过程中不能忽视对实部$u(x, y)$和虚部$v(x, y)$的可微性的考察，即$u(x, y)$, $v(x, y)$的一阶偏导是否存在并连续.

例 2.4 判断下列函数是否解析：

(1) $f(z)=x^3-3xy^2+\mathrm{i}(3x^2y-y^3)$;

(2) $f(z)=\bar{z}\cdot z^2$;

(3) $f(z)=\mathrm{e}^x(\cos y+\mathrm{i}\sin y)$;

(4) $f(z)=x^2+2y\mathrm{i}$.

解：(1) $u(x, y)=x^3-3xy^2$, $v(x, y)=3x^2y-y^3$,

$$\frac{\partial u}{\partial x}=3x^2-3y^2,\ \frac{\partial v}{\partial x}=6xy,$$

$$\frac{\partial u}{\partial y}=-6xy,\ \frac{\partial v}{\partial y}=3x^2-3y^2.$$

四个偏导在复平面内处处连续，则$u(x, y)$, $v(x, y)$在复平面内可微，又$\frac{\partial u}{\partial x}=\frac{\partial v}{\partial y}$, $\frac{\partial u}{\partial y}=-\frac{\partial v}{\partial x}$满足C. R. 条件，所以$f(z)$在复平面内处处解析.

(2) $f(z)=\bar{z}\cdot z^2=(x-\mathrm{i}y)(x+\mathrm{i}y)^2=x^3+xy^2+\mathrm{i}(x^2y-y^3)$,

$u(x, y)=x^3+xy^2$, $v(x, y)=x^2y-y^3$,

$$\frac{\partial u}{\partial x}=3x^2+y^2,\ \frac{\partial v}{\partial x}=2xy,$$

$$\frac{\partial u}{\partial y}=2xy,\ \frac{\partial v}{\partial y}=x^2-3y^2.$$

四个偏导在复平面内处处连续，但只在 $z=0$ 点满足 C. R. 条件，所以 $f(z)$ 仅在 $z=0$ 点可导，在整个复平面内不解析.

（3）$u(x,\ y)=\mathrm{e}^x\cos y,\ v(x,\ y)=\mathrm{e}^x\sin y,$

$$\frac{\partial u}{\partial x}=\mathrm{e}^x\cos y,\ \frac{\partial v}{\partial x}=\mathrm{e}^x\sin y,$$

$$\frac{\partial u}{\partial y}=-\mathrm{e}^x\sin y,\ \frac{\partial v}{\partial y}=\mathrm{e}^x\cos y.$$

四个偏导在复平面内处处连续，且满足 C. R. 条件，所以 $f(z)$ 在复平面内处处解析.

（4）$u(x,\ y)=x^2,\ v(x,\ y)=2y,$

$$\frac{\partial u}{\partial x}=2x,\ \frac{\partial v}{\partial x}=0,$$

$$\frac{\partial u}{\partial y}=0,\ \frac{\partial v}{\partial y}=2.$$

四个偏导在复平面内处处连续，$\frac{\partial u}{\partial y}=-\frac{\partial v}{\partial x}$，但是仅当 $x=1$ 时才有 $\frac{\partial u}{\partial x}=\frac{\partial v}{\partial y}$，所以 $f(z)$ 仅在直线 $x=1$ 上可导，在复平面内不解析.

例 2.5 设 $f(z)$ 在区域 D 内解析，试证当满足下列条件之一时，$f(z)$ 在 D 内恒为常数.

（1）$f'(z)=0$；（2）$\mathrm{Re}[f(z)]$ 恒为常数；（3）$|f(z)|$ 恒为常数.

证明：（1）$f'(z)=\frac{\partial u}{\partial x}+\mathrm{i}\frac{\partial v}{\partial x}=\frac{\partial v}{\partial y}-\mathrm{i}\frac{\partial u}{\partial y}=\frac{\partial v}{\partial y}+\frac{1}{\mathrm{i}}\frac{\partial u}{\partial y}=0$，则

$$\frac{\partial u}{\partial x}=\frac{\partial v}{\partial x}=\frac{\partial v}{\partial y}=\frac{\partial u}{\partial y}=0,$$

所以 u，v 为常数，即 $f(z)=u+v\mathrm{i}$ 为常数.

（2）$\mathrm{Re}[f(z)]$ 恒为常数，即 u 为常数，则有

$$\frac{\partial u}{\partial x}=\frac{\partial u}{\partial y}=0.$$

由 C. R. 条件可知 $\frac{\partial v}{\partial x}=\frac{\partial v}{\partial y}=0$，即 v 为常数，从而 $f(z)=u+\mathrm{i}v$ 为

常数.

（3）$|f(z)|$恒为常数，即 u^2+v^2 为常数，则

$$2u\frac{\partial u}{\partial x}+2v\frac{\partial v}{\partial x}=0,\ 2v\frac{\partial v}{\partial y}+2u\frac{\partial u}{\partial y}=0.$$

再由 C. R. 条件 $\dfrac{\partial u}{\partial x}=\dfrac{\partial v}{\partial y},\ \dfrac{\partial u}{\partial y}=-\dfrac{\partial v}{\partial x},$

解得 $\dfrac{\partial u}{\partial x}=\dfrac{\partial v}{\partial x}=\dfrac{\partial v}{\partial y}=\dfrac{\partial u}{\partial y}=0.$

所以 u，v 为常数，即 $f(z)=u+v\mathrm{i}$ 为常数.

2.3 初等函数

如同我们在高等数学中学习过的实初等函数一样，复变量的初等函数也是由一些最基本的初等函数经过四则运算或复合而成的. 然而，复初等函数也有不同于实初等函数之处，尤其是多值的情况，我们运用时要特别注意. 下面我们就介绍一些初等函数并研究其解析性.

2.3.1 指数函数

实初等函数 e^x 是指数函数，其中 $x\in\mathbf{R}$，我们可以把它推广成复变量 z 的指数函数 e^z.

根据复数的指数表示和三角表示，我们可以得到以下等式：

$$\mathrm{e}^z=\mathrm{e}^{x+y\mathrm{i}}=\mathrm{e}^x(\cos y+\mathrm{i}\sin y). \tag{2.7}$$

e^z 是单值的周期函数，并在复平面内处处解析.

由式（2.7）很容易看出：

（1）当 $y=0$ 时，$\mathrm{e}^z=\mathrm{e}^x$，即实指数函数；当 $x=0$ 时，$\mathrm{e}^z=\cos y+\mathrm{i}\sin y$，即欧拉（Euler）公式；

（2）$|\mathrm{e}^z|=\mathrm{e}^x$，$\mathrm{Arg}(\mathrm{e}^z)=y+2k\pi$，$k=0,\ \pm1,\ \pm2,\ \cdots$.

复指数函数的性质有些与实指数函数的相似，但也有些不同，下面我们逐条进行说明：

（1）对任何 $z\in\mathbf{C}$，$\mathrm{e}^z\neq0$；

（2）e^z 在复平面处处有定义，且是单值的；

（3）对任意两个复数 z_1，z_2，有加法定理 $\mathrm{e}^{z_1}\cdot\mathrm{e}^{z_2}=\mathrm{e}^{z_1+z_2}$成立：

设 $z_1=x_1+\mathrm{i}y_1$，$z_2=x_2+\mathrm{i}y_2$，

$$\begin{aligned}e^{z_1}\cdot e^{z_2}&=e^{x_1}(\cos y_1+i\sin y_1)\cdot e^{x_2}(\cos y_2+i\sin y_2)\\&=e^{x_1+x_2}[(\cos y_1\cos y_2-\sin y_1\sin y_2)]+i[(\sin y_1\cos y_2+\cos y_1\sin y_2)]\\&=e^{x_1+x_2}[\cos(y_1+y_2)+i\sin(y_1+y_2)]\\&=e^{z_1+z_2}.\end{aligned}$$

（4）特别地，$\dfrac{e^{z_1}}{e^{z_2}}=e^{z_1-z_2}$，$(e^z)^n=e^{nz}$也成立.

（5）e^z 是以 $2k\pi i$ 为周期的周期函数，这是因为由性质（3）以及式（2.7）可知 $e^{z+2k\pi i}=e^z\cdot e^{2k\pi i}=e^z$.

（6）e^z 在复平面内处处解析，这是因为由式（2.7）可得 $u(x,y)=e^x\cos y$，$v(x,y)=e^x\sin y$. 此时四个偏导数 $\dfrac{\partial u}{\partial x}=e^x\cos y$，$\dfrac{\partial u}{\partial y}=-e^x\sin y$，$\dfrac{\partial v}{\partial x}=e^x\sin y$，$\dfrac{\partial v}{\partial y}=e^x\cos y$ 在整个复平面内处处连续，则 $u(x,y)$，$v(x,y)$在复平面内可微，同时$\dfrac{\partial u}{\partial x}=\dfrac{\partial v}{\partial y}$，$\dfrac{\partial u}{\partial y}=-\dfrac{\partial v}{\partial x}$满足 C. R. 条件，故 e^z 在复平面内处处解析.

（7）$(e^z)'=e^z$，证明如下：

$$e^z=e^x(\cos y+i\sin y),\ \frac{\partial u}{\partial x}=e^x\cos y,\ \frac{\partial v}{\partial x}=e^x\sin y,$$

$$(e^z)'=\frac{\partial u}{\partial x}+i\frac{\partial v}{\partial x}=e^x\cos y+ie^x\sin y=e^z.$$

用复合函数求导法则，还可得到$(e^{az})'=ae^{az}$.

例 2.6 求出 $e^{1+\frac{2}{3}\pi i}$的值.

解： $e^{1+\frac{2}{3}\pi i}=e\cdot e^{\frac{2}{3}\pi i}=e\left(\cos\dfrac{2}{3}\pi+i\sin\dfrac{2}{3}\pi\right)=e\left(-\dfrac{1}{2}+\dfrac{\sqrt{3}}{2}i\right)$.

例 2.7 设 $z=x+yi$，求（1）$|e^{2i-z}|$；（2）$|e^{\frac{1}{z}}|$；（3）$\mathrm{Im}(e^{z+i})$.

解： 由式（2.7）可知，$|e^z|=e^x$，$\mathrm{Im}(e^z)=e^x\sin y$，$\mathrm{Re}(e^z)=e^x\cos y$.

（1）$e^{2i-z}=e^{2i-x-yi}=e^{-x+i(2-y)}$，

$|e^{2i-z}|=e^{-x}$.

（2）$e^{\frac{1}{z}}=e^{\frac{1}{x+yi}}=e^{\frac{x-yi}{x^2+y^2}}=e^{\frac{x}{x^2+y^2}+i\frac{-y}{x^2+y^2}}$，

$|e^{\frac{1}{z}}|=e^{\frac{x}{x^2+y^2}}$.

(3) $e^{z+i}=e^{x+yi+i}=e^{x+i(y+1)}$,

$\mathrm{Im}(e^{z+i})=e^{x}\sin(y+1)$.

例 2.8 求出下列复数的辐角主值：(1) e^{2-i}；(2) e^{5-4i}；(3) e^{3+5i}.

解：因为 $\mathrm{Arg}(e^{z})=y+2k\pi$，$k=0$，$\pm1$，$\pm2$，…，其辐角主值 $\arg(e^{z})$ 为区间 $(-\pi, \pi]$ 内的一个辐角.

(1) $\mathrm{Arg}(e^{2-i})=-1+2k\pi$，$\arg(e^{2-i})=-1$.

(2) $\mathrm{Arg}(e^{5-4i})=-4+2k\pi$，$\arg(e^{5-4i}))=-4+2\pi$.

(3) $\mathrm{Arg}(e^{3+5i})=5+2k\pi$，$\arg(e^{3+5i})=5-2\pi$.

2.3.2 对数函数

类似于实变函数，定义指数函数的反函数为对数函数，即当 $z\neq0$ 时，方程 $z=e^{w}$ 所确定的 w，称为 z 的对数函数，记作 $w=\mathrm{Ln}z$. 根据这个定义，若令 $w=u+vi$，而 z 用指数表示，即 $z=re^{i\theta}$，则有

$$z=e^{w}\Rightarrow re^{i\theta}=e^{u+vi},$$

从而
$$r=e^{u}, \theta=v,$$

因此
$$u=\ln r=\ln|z|, v=\theta=\mathrm{Arg}z.$$

有了以上推导，我们很容易得到复数域中的对数的定义

$$\mathrm{Ln}z=w=\ln|z|+i\mathrm{Arg}z \tag{2.8}$$

其中，$\ln|z|$ 是实数域中的自然对数.

由式 (2.8) 可以看出，因为 $\mathrm{Arg}z$ 是多值函数，所以复对数 w 就是多值函数，并且两个值之间相差 $2\pi i$ 的整数倍. 如果式 (2.8) 中的 $\mathrm{Arg}z$ 取主值 $\arg z$，则 w 为一单值函数，记为 $\ln z$，称为 $\mathrm{Ln}z$ **的主值**，于是有

$$\ln z=\ln|z|+i\arg z, \tag{2.9}$$

而其他各分支可以表示为

$$\mathrm{Ln}z=\ln z+2k\pi i \quad (k=\pm1, \pm2, \cdots). \tag{2.10}$$

对于每一个固定的 k，式 (2.10) 为一单值函数，称为 $\mathrm{Ln}z$ 的一个**单值分支**.

$\mathrm{Ln}z=w=\ln|z|+i\mathrm{Arg}z$ 是指数函数的反函数，是多值函数，并在除去原点和负实轴的复平面内处处解析.

在给出复对数函数的定义后，我们首先来讨论它的解析性，就其主值 $\ln z=\ln|z|+i\arg z$ 而言，$\ln|z|$ 是实对数函数，因此除 $z=0$ 外处处连续，而 $\arg(z)$ 在 $z=0$ 及负实轴上均不连续 $(-\pi<\arg(z)<\pi)$，这是

因为首先在原点处 $\arg(z)$ 无定义，其次在负实轴上，设 $z=x+yi$，当 $x<0$ 时，$\lim\limits_{y\to0^-}\arg(z)=-\pi$，$\lim\limits_{y\to0^+}\arg(z)=\pi$，因此 $\lim\limits_{z\to x}\arg(z)$ 不存在，$\arg(z)$ 当然不连续.

根据以上分析，$\ln z$ 在除去原点和负实轴的复平面内处处连续，所以 $z=e^w$ 在 $-\pi<\arg(z)<\pi$ 内的反函数 $w=\ln z$ 是单值且连续的，并且由反函数的求导法则有

$$\frac{\mathrm{d}\ln z}{\mathrm{d}z}=\frac{1}{\frac{\mathrm{d}(e^w)}{\mathrm{d}w}}=\frac{1}{e^w}=\frac{1}{z},$$

故 $\ln z$ 在除去原点和负实轴的复平面内处处解析. 由于 $\mathrm{Ln}z$ 的每一个单值分支只和 $\ln z$ 相差 $2\pi i$ 的整数倍，因此 $\mathrm{Ln}z$ 也在除去原点和负实轴的复平面内处处解析.

除了解析性，我们利用辐角的性质还可以证明两个复对数函数的运算性质：

（1）$\mathrm{Ln}(z_1\cdot z_2)=\mathrm{Ln}z_1+\mathrm{Ln}z_2$；

（2）$\mathrm{Ln}\left(\frac{z_1}{z_2}\right)=\mathrm{Ln}z_1-\mathrm{Ln}z_2$.

我们需要注意的是，以上两个等式只在多值的情况下成立. 应该理解为当等式左端的对数取某一个分支的值时，等式右端的对数必有某一分支的值与之相对应. 而今后在我们应用复对数函数 $\mathrm{Ln}z$ 时，都应当指明它是除去原点和负实轴的复平面上哪一个确定的单值分支.

例 2.9 求出下列各式的值并指出其主值：

（1）$\mathrm{Ln}(1-2i)$；（2）$\mathrm{Ln}(3+\sqrt{3}i)$；（3）$\mathrm{Ln}(-1)$.

解：（1）

$$\mathrm{Ln}(1-2i)=\ln|1-2i|+i\mathrm{Arg}(1-2i)=\frac{1}{2}\ln5+i\ (2k\pi-\arctan2),$$

$$(k=0,\ \pm1,\ \pm2,\ \cdots)$$

主值是 $\frac{1}{2}\ln5-i\arctan2$.

（2）

$$\mathrm{Ln}(3+\sqrt{3}i)=\ln|3+\sqrt{3}i|+i\mathrm{Arg}(3+\sqrt{3}i)=\ln2\sqrt{3}+i\ \left(\arctan\frac{\sqrt{3}}{3}+2k\pi\right)$$

$$=\ln 2\sqrt{3}+\mathrm{i}\left(\frac{\pi}{6}+2k\pi\right),\quad (k=0,\ \pm 1,\ \pm 2,\ \cdots)$$

主值是 $\ln 2\sqrt{3}+\mathrm{i}\frac{\pi}{6}$.

(3) $\mathrm{Ln}(-1)=\ln|-1|+\mathrm{i}\mathrm{Arg}(-1)=\ln 1+\mathrm{i}(\arctan(0)+2k\pi)=(2k+1)\pi\mathrm{i}$, $(k=0,\ \pm 1,\ \pm 2,\ \cdots)$

主值是 $\pi\mathrm{i}$.

例 2.10 解方程 $\mathrm{e}^{2z}-1-\sqrt{3}\mathrm{i}=0$.

解：因为 $\mathrm{e}^{2z}=1+\sqrt{3}\mathrm{i}$，等式两端同时取对数，则有 $2z=\mathrm{Ln}(1+\sqrt{3}\mathrm{i})$，

即
$$2z=\ln 2+\mathrm{i}\left(2k\pi+\frac{\pi}{3}\right),\quad (k=0,\ \pm 1,\ \pm 2,\ \cdots)$$

于是
$$z=\frac{1}{2}\ln 2+\mathrm{i}\left(\frac{\pi}{6}+k\pi\right).\quad (k=0,\ \pm 1,\ \pm 2,\ \cdots)$$

2.3.3 幂函数

定义函数 $w=z^a=\mathrm{e}^{a\mathrm{Ln}z}$ 为复数域上的幂函数，其中 a 为任意复常数，并且复数 $z\neq 0$. 我们在第 1 章中学习过的非零复数 z 的乘幂 z^n 和方根 $z^{\frac{1}{n}}$ 都是幂函数.

由于 $\mathrm{Ln}z$ 是多值函数，所以 $w=z^a=\mathrm{e}^{a\mathrm{Ln}z}$ 也是多值函数. 接下来我们根据 a 取值的不同情况讨论幂函数的多值性：

(1) a 取整数时，$w=z^a$ 是单值函数，这是因为

$$z^a=\mathrm{e}^{a\mathrm{Ln}z}=\mathrm{e}^{a[\ln|z|+\mathrm{i}(\arg z+2k\pi)]}=\mathrm{e}^{a(\ln|z|+\mathrm{i}\arg z)+2ka\pi\mathrm{i}}=\mathrm{e}^{a\ln z}.$$

(2) a 取有理数，即 $a=\frac{q}{p}$，$(p,\ q)=1$ 时，$w=z^a$ 有 p 个值，这是因为

$w=z^a=z^{\frac{q}{p}}=\mathrm{e}^{\frac{q}{p}\mathrm{Ln}z}=\mathrm{e}^{\frac{q}{p}(\ln z+\mathrm{i}2k\pi)}=\mathrm{e}^{\frac{q}{p}\ln z}\cdot(\mathrm{e}^{\mathrm{i}2kq\pi})^{\frac{1}{p}}$，$(\mathrm{e}^{\mathrm{i}2kq\pi})^{\frac{1}{p}}$ 只有 p 个不同值，即当 $k=0,\ 1,\ 2,\ \cdots,\ p-1$ 时的对应值.

(3) a 取无理数或复数时，$w=z^a$ 有无穷多个值.

除了多值性，我们还要讨论幂函数的解析性：

(1) 当 a 为正整数时，$w=z^a$ 在复平面内处处单值解析，且 $(z^a)'=az^{a-1}$.

(2) 当 a 为负整数时，$w=z^a$ 在除去原点的复平面内解析，且 $(z^a)'=az^{a-1}$.

（3）当 a 取其他值时，$w=z^a$ 的各个分支在除去原点和负实轴的复平面内解析，并且 $(z^a)'=az^{a-1}$.

例 2.11 求出 $(1+\mathrm{i})^{1-\mathrm{i}}$ 的值.

解：
$$(1+\mathrm{i})^{1-\mathrm{i}}=\mathrm{e}^{(1-\mathrm{i})\mathrm{Ln}(1+\mathrm{i})}=\mathrm{e}^{(1-\mathrm{i})(\ln\sqrt{2}+\frac{\pi}{4}\mathrm{i}+2k\pi\mathrm{i})}$$
$$=\mathrm{e}^{\ln\sqrt{2}+\frac{\pi}{4}+2k\pi}\cdot\mathrm{e}^{\mathrm{i}(2k\pi+\frac{\pi}{4}-\ln\sqrt{2})}$$
$$=\mathrm{e}^{\ln\sqrt{2}+\frac{\pi}{4}+2k\pi}\left[\cos\left(\frac{\pi}{4}-\frac{1}{2}\ln 2\right)+\mathrm{i}\sin\left(\frac{\pi}{4}-\frac{1}{2}\ln 2\right)\right].$$
$$(k=0,\ \pm1,\ \pm2,\ \cdots)$$

例 2.12 求 $(-1+\mathrm{i})^{\mathrm{i}}$ 的辐角的主值.

解：
$$(-1+\mathrm{i})^{\mathrm{i}}=\mathrm{e}^{\mathrm{i}\mathrm{Ln}(-1+\mathrm{i})}=\mathrm{e}^{\mathrm{i}\left[\frac{1}{2}\ln 2+\mathrm{i}(\frac{3\pi}{4}+2k\pi)\right]}=\mathrm{e}^{-(2k\pi+\frac{3\pi}{4})+\mathrm{i}\frac{1}{2}\ln 2}$$
$$=\mathrm{e}^{-\frac{3\pi}{4}-2k\pi}\left[\cos\left(\frac{1}{2}\ln 2\right)+\mathrm{i}\sin\left(\frac{1}{2}\ln 2\right)\right].\ (k=0,\ \pm1,\ \pm2,\ \cdots)$$

$(-1+\mathrm{i})^{\mathrm{i}}$ 的辐角的主值为 $\frac{1}{2}\ln 2$.

2.3.4 三角函数与双曲函数

我们利用在第 1 章学习过的 Euler 公式可知，当 y 为实数时，有
$$\mathrm{e}^{\mathrm{i}y}=\cos y+\mathrm{i}\sin y,\ \mathrm{e}^{-\mathrm{i}y}=\cos y-\mathrm{i}\sin y.$$
从而 $\sin y=\dfrac{\mathrm{e}^{\mathrm{i}y}-\mathrm{e}^{-\mathrm{i}y}}{2\mathrm{i}}$，$\cos y=\dfrac{\mathrm{e}^{\mathrm{i}y}+\mathrm{e}^{-\mathrm{i}y}}{2}$. 这就启发我们定义复变量 z 的正弦函数和余弦函数为
$$\sin z=\frac{\mathrm{e}^{\mathrm{i}z}-\mathrm{e}^{-\mathrm{i}z}}{2\mathrm{i}},\ \cos z=\frac{\mathrm{e}^{\mathrm{i}z}+\mathrm{e}^{-\mathrm{i}z}}{2}. \tag{2.11}$$

复变量的三角函数（简称复三角函数）有很多性质和实变量的三角函数（简称实三角函数）是类似的，接下来我们一一进行讨论：

（1）$\sin z$ 是奇函数，$\cos z$ 是偶函数. 这一点利用定义很容易验证.

（2）复三角函数是以 2π 为周期的周期函数. 这是因为 e^z 是以 $2\pi\mathrm{i}$ 为周期的周期函数，$\sin(z+2\pi)=\dfrac{\mathrm{e}^{\mathrm{i}(z+2\pi)}-\mathrm{e}^{-\mathrm{i}(z+2\pi)}}{2\mathrm{i}}=\dfrac{\mathrm{e}^{\mathrm{i}z}-\mathrm{e}^{-\mathrm{i}z}}{2\mathrm{i}}=\sin z$，同理可得 $\cos(z+2\pi)=\cos z$.

（3）$\sin z$ 的零点是 $z=n\pi$，$\cos z$ 的零点是 $z=n\pi+\dfrac{1}{2}\pi$，这里 n

为整数.

(4) 积化和差、和差化积等三角公式仍然成立，即

$$\begin{cases}\cos(z_1+z_2)=\cos z_1\cos z_2-\sin z_1\sin z_2,\\ \sin(z_1+z_2)=\sin z_1\cos z_2+\cos z_1\sin z_2,\\ \sin^2 z+\cos^2 z=1,\end{cases} \tag{2.12}$$

$$\begin{cases}\cos(x+y\mathrm{i})=\cos x\cos y\mathrm{i}-\sin x\sin y\mathrm{i},\\ \sin(x+y\mathrm{i})=\sin x\cos y\mathrm{i}+\cos x\sin y\mathrm{i}.\end{cases} \tag{2.13}$$

(5) $\sin z$ 和 $\cos z$ 在复平面内解析，并且$(\sin z)'=\cos z$，$(\cos z)'=-\sin z$.

(6) $|\sin z|$ 和 $|\cos z|$ 是无界的. 这一点与实三角函数不同，例如

$|\sin\mathrm{i}|=\left|\dfrac{\mathrm{e}^{-1}-\mathrm{e}}{2\mathrm{i}}\right|=|1.1755\mathrm{i}|>1.$

例 2.13 解方程 $\sin z=\cos z$.

解：

$$\frac{1}{2\mathrm{i}}(\mathrm{e}^{\mathrm{i}z}-\mathrm{e}^{-\mathrm{i}z})=\frac{1}{2}(\mathrm{e}^{\mathrm{i}z}+\mathrm{e}^{-\mathrm{i}z}),$$

$$\mathrm{e}^{2\mathrm{i}z}-1=\mathrm{i}(\mathrm{e}^{2\mathrm{i}z}+1),$$

$$\mathrm{e}^{2\mathrm{i}z}=\frac{1+\mathrm{i}}{1-\mathrm{i}}=\mathrm{i},$$

所以 $z=k\pi+\dfrac{\pi}{4}$，k 为整数.

例 2.14 求 $f(z)=\cos 3z$ 的周期.

解： 因为
$$\cos(z+2\pi)=\cos z,$$
所以
$$\cos(3z+2\pi)=\cos 3z,$$
又因为
$$\cos(3z+2\pi)=\cos 3\left(z+\frac{2\pi}{3}\right),$$
所以
$$\cos 3\left(z+\frac{2\pi}{3}\right)=\cos 3z,$$
故 $f(z)=\cos 3z$ 的周期为$\dfrac{2\pi}{3}$.

与实三角函数一样，有了 $\sin z$ 和 $\cos z$ 的定义，我们就可以表示出其他的复三角函数，例如：

$$\tan z=\frac{\sin z}{\cos z},\ \cot z=\frac{\cos z}{\sin z},\ \sec z=\frac{1}{\cos z},\ \csc z=\frac{1}{\sin z}.$$

这些函数在除了分母为零的点外的整个复平面上都是解析的.

与复三角函数有重要关系的是下面定义的双曲函数：

$$\sinh z=\frac{e^{z}-e^{-z}}{2},\ \cosh z=\frac{e^{z}+e^{-z}}{2} \tag{2.14}$$

分别称为**双曲正弦函数**和**双曲余弦函数**. 很明显，当 z 为实数时，式（2.14）与实双曲函数的定义是一致的.

根据这一定义，我们可以验证以下性质：

（1）$\sinh z$ 是奇函数，$\cosh z$ 是偶函数.

（2）复双曲函数是以 $2\pi i$ 为周期的周期函数.

（3）$\sinh z$ 和 $\cosh z$ 在复平面内解析，并且 $(\sinh z)'=\cosh z$，$(\cosh z)'=\sinh z$.

（4）当 z 为纯虚数，即 $z=yi$ 时，我们有以下关系式

$$\cos yi=\frac{e^{-y}+e^{y}}{2}=\cosh y,\ \sin yi=\frac{e^{-y}-e^{y}}{2i}=i\sinh y. \tag{2.15}$$

再结合式（2.13），我们可以得到以下公式

$$\begin{cases}\cos(x+yi)=\cos x\cosh y-i\sin x\sinh y,\\ \sin(x+yi)=\sin x\cosh y+i\cos x\sinh y,\end{cases} \tag{2.16}$$

$$\cosh^2 y-\sinh^2 y=1. \tag{2.17}$$

例 2.15 求 $\cos(1+i)$的值.

解：解法一：
$$\begin{aligned}\cos(1+i)&=\frac{e^{i(1+i)}+e^{-i(1+i)}}{2}=\frac{e^{-1+i}+e^{1-i}}{2}\\ &=\frac{1}{2}[e^{-1}(\cos 1+i\sin 1)+e(\cos 1-i\sin 1)]\\ &=\frac{1}{2}(e^{-1}+e)\cos 1+\frac{1}{2}(e^{-1}-e)i\sin 1\\ &=\cos 1\cosh 1-i\sin 1\sinh 1.\end{aligned}$$

解法二：由式（2.16）可直接得

$$\cos(1+i)=\cos 1\cosh 1-i\sin 1\sinh 1.$$

类似地，我们还可以定义双曲正切函数和双曲余切函数为

$$\tanh z=\frac{\sinh z}{\cosh z}=\frac{e^{z}-e^{-z}}{e^{z}+e^{-z}},\ \coth z=\frac{\cosh z}{\sinh z}=\frac{e^{z}+e^{-z}}{e^{z}-e^{-z}}.$$

2.3.5 反三角函数与反双曲函数

我们仅用反正弦函数为例来说明反三角函数的定义方法. 令 $z=\sin w$，称 w 为 z 的**反正弦函数**，记为 $w=\mathrm{Arcsin}z$. 由复变量的三角函数的定义有

$$z=\sin w=\frac{e^{iw}-e^{-iw}}{2i},$$

即 $e^{2wi}-2ize^{wi}-1=0$，从中解出 w，得

$$w=\text{Arcsin}z=-i\text{Ln}(zi\pm\sqrt{1-z^2}).\qquad(2.18)$$

由于根式和对数都是多值的，所以 $w=\text{Arcsin}z$ 也是多值的.

用同样的方法我们可以定义反余弦函数，反双曲函数. 它们的表达式为

$$\text{Arccos}z=-i\text{Ln}(iz\pm\sqrt{z^2-1}),$$

$$\text{Arctan}z=-\frac{i}{2}\text{Ln}\frac{1+iz}{1-iz},$$

$$\text{Arsinh}z=\text{Ln}(z\pm\sqrt{z^2+1}),$$

$$\text{Arcosh}z=\text{Ln}(z\pm\sqrt{z^2-1}).$$

例 2.16 求 $\text{Arctan}(1+2i)$ 的值.

解：$\text{Arctan}(1+2i)=-\frac{i}{2}\text{Ln}\frac{1+i(1+2i)}{1-i(1+2i)}=-\frac{i}{2}\text{Ln}\frac{-2+i}{5}$

$$=-\frac{i}{2}\left[\ln\sqrt{\frac{1}{5}}+i\left(\pi-\arctan\frac{1}{2}+2k\pi\right)\right]$$

$$=-\frac{i}{4}\ln\frac{1}{5}+\left(\frac{1}{2}+k\right)\pi-\frac{1}{2}\arctan\frac{1}{2}.$$

$(k=0,\ \pm1,\ \pm2,\ \cdots)$

反三角函数和反双曲函数都是多值的，因此要研究它们的解析性就要选定各自的单值连续分支，在这里就不再一一讨论了，但是这些函数的求导公式与实变函数分析中是一致的.

习 题 二

1. 下列函数在何处可导？何处解析？

(1) $f(z)=2x^3+3y^3i$； (2) $f(z)=e^x(x\cos y-y\sin y)+ie^x(y\cos y+x\sin y)$；

(3) $f(z)=xy^2+ix^2y$； (4) $f(z)=x^2+iy^2$.

2. 证明 $f(z)=z\text{Re}(z)$ 仅在 $z=0$ 处可导，并求 $f'(0)$.

3. 设 $f(z)=x^3+y^3+ix^2y^2$，求 $f'\left(-\frac{3}{2}+\frac{3}{2}i\right)$.

4. 设 $f(z)=\frac{1}{5}z^5-(1+i)z$，求方程 $f'(z)=0$ 所有的根.

5. 设 $f(z)=\begin{cases}\dfrac{xy^2(x+iy)}{x^2+y^4}, & z\neq0\\ 0, & z=0\end{cases}$，试证 $f(z)$ 在原点满足柯西-黎曼方程，但不可导.

6．证明$f(z)=e^{z^2}$在复平面上解析，并求其导数．

7．求出常数 a，b，c 使下列函数解析：

（1）$f(z)=x+ay+i(bx+cy)$；

（2）$f(z)=x^2+2xy-y^2+i(y^2+axy-x^2)$．

8．计算下列各式的值：

（1）$e^{\frac{2-\pi i}{3}}$，$|e^{\frac{2-\pi i}{3}}|$，$\arg(e^{\frac{2-\pi i}{3}})$；

（2）$e^{1-\frac{\pi i}{2}}$，$|e^{1-\frac{\pi i}{2}}|$，$\arg(e^{1-\frac{\pi i}{2}})$；

（3）$\mathrm{Ln}(-3+4i)$，$\mathrm{Ln}(-3+4i)$；

（4）$\mathrm{Ln}(-3)$，$\ln(-3)$；

（5）3^i，$\arg(3^i)$；

（6）$\left(\frac{1-i}{\sqrt{2}}\right)^{1+i}$，$\arg\left(\left(\frac{1-i}{\sqrt{2}}\right)^{1+i}\right)$；

（7）$\cos(1+i)$；

（8）$\sin(2+3i)$；（9）$\tan(2-i)$．

9．求 $\sin 6z$，$e^{\frac{z}{6}}$的周期．

10．证明：（1）$\mathrm{Ln}(z_1\cdot z_2)=\mathrm{Ln}z_1+\mathrm{Ln}z_2$；

（2）$\mathrm{Ln}\left(\frac{z_1}{z_2}\right)=\mathrm{Ln}z_1-\mathrm{Ln}z_2$．

11．解下列方程：

（1）$1-e^{-z}=0$；（2）$\sin z+i\cos z=4i$．

12．证明：

（1）$\cos(z_1+z_2)=\cos z_1\cos z_2-\sin z_1\sin z_2$；

（2）$\sin(z_1+z_2)=\sin z_1\cos z_2+\cos z_1\sin z_2$；

（3）$\sin^2 z+\cos^2 z=1$；

（4）$\cos(x+yi)=\cos x\cosh y-i\sin x\sinh y$；

（5）$\sin(x+yi)=\sin x\cosh y+i\cos x\sinh y$；

（6）$\cosh^2 y-\sinh^2 y=1$．

小结二

本章我们首先介绍了复变函数的导数的定义和求导法则．可以说复变函数的导数的定义与实变函数的导数的定义是十分相似的，包括求导公式和求导法则．这对于初学者来说是很有利的，但是，复变函数的导数存在的条件比实变函数可导的条件要严格得多．因为复变函数的导数存在意味着当点 $z_0+\Delta z$ 沿点 z_0 的任意路径趋于点 z_0 时，比值$\frac{f(z_0+\Delta z)-f(z_0)}{\Delta z}$的极限都存在，并且极限都相等．而实变函数导数存在只要求当点 $x_0+\Delta x$ 由左（$\Delta x<0$）及由右（$\Delta x>0$）两个方向趋于 x_0 时，比值$\frac{f(x_0+\Delta x)-f(x_0)}{\Delta x}$的极限都存在并相等．由本章的例 2.1 我们就能看出这一点．

在这一章中，我们还介绍了一个非常重要的概念——解析函数．解析函数是复变函数的主要研究对象，而学习这个概念时我们要注意的是其定义的区域．在定义 2.3 中，我们会发现函数在一点处解析与可导这两个概念是不等价的，但是函数在区域内解析和在区域内可导是等价的．同时，我们利用复变函数的求导法则可以得到，对于任意两个在点 z_0 解析的函数，它们的和、差、积、商以及复变函数的复合函数在点 z_0 仍然解析．

判断一个函数是否解析也是本章的一个重点．我们可以利用定义来判断一个函数是否解析，但是这在实际操作中是比较复杂的．于是，我们结合第 1 章中的思路 $u+vi=f(x+yi)=u(x,y)+iv(x,y)$，将一个复变函数与两个二元实变函数结合起来考虑，给出了定理2.4，也就是判定函数是否解析的充要条件：C. R. 条件．使用这个定理进行判定要更为简单和便捷．

在本章的最后，类似于实变函数中的初等函数，复变函数的基础也是各种初等函数．在本章中，我们分别介绍了复变函数中的指数函数、对数函数、幂函数、三角函数和双曲函数．在学习复变函数的初等函数时，我们要格外注意其多值性，这是与实变函数的初等函数最大的不同．例如，复变函数的指数函数是以 $2\pi i$ 为周期的周期函数；对数函数是具有无穷多个分支的多值函数等．因此，在学习这一节内容时，读者可以从多值和解析两个角度来重点学习复变函数的初等函数．

3

第3章 复变函数的积分

复变函数的积分（简称复积分）是研究解析函数的一个重要工具，解析函数的许多性质都是通过复积分证明的.

本章首先介绍复积分的概念及计算，然后介绍柯西－古萨定理及其推广——复合闭路定理．在此基础上，得到柯西积分公式和高阶导数公式，并由此推出“解析函数的导数仍是解析函数”等重要结论，最后讨论解析函数与调和函数的关系．其中，柯西–古萨定理和柯西积分公式是复变函数的基本定理和公式，以后各章都直接或间接与它们有关.

3.1 复变函数积分的概念

3.1.1 复积分的概念

设 C 为平面上给定的一条光滑（或分段光滑）曲线．如果选定 C 的两个可能方向中的一个作为正方向（或正向），则称 C 为**有向曲线**.

记 C 的两个端点分别为 A 与 B，如选定从 A 到 B 的方向为正方向，一般可以记为 C^+ 或 C，那么从 B 到 A 的方向就为负方向，记为 C^-．一般总将从起点到终点的方向作为正方向.

简单闭曲线的正方向是指当曲线上的点 P 顺此方向沿该曲线前进时，邻近 P 点的曲线内部始终位于 P 点的左方．与之相反的方向就是闭曲线的负方向.

复积分的定义沿用了高等数学中定积分“分割，近似求和，取极限”的方法，不同的是复积分的曲线是有方向的.

定义 3.1 如图 3.1 所示，设函数 $\omega=f(z)$ 定义在区域 D 内，C 为区域 D 内的起点为 A、终点为 B 的一条光滑的有向曲线．把曲线 C 任意分成 n 个弧段，设分点为

$$A=z_0,\ z_1,\ \cdots,\ z_{k-1},\ z_k,\ \cdots,\ z_n=B$$

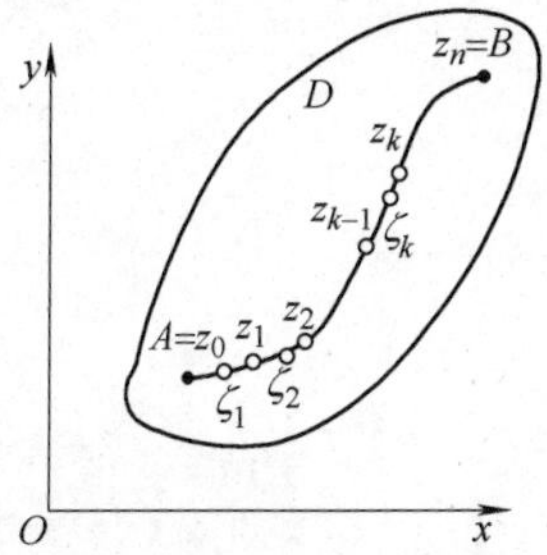

图 3.1

在每个弧段 $\overset{\frown}{z_{k-1}z_k}$，（$k=1,\ 2,\ \cdots,\ n$）上任意取一点 ζ_k，作

和式

$$S_n = \sum_{k=1}^{n} f(\zeta_k)\cdot(z_k - z_{k-1}) = \sum_{k=1}^{n} f(\zeta_k)\cdot\Delta z_k,$$

其中，$\Delta z_k = z_k - z_{k-1}$，记 Δs_k 为$\overset{\frown}{z_{k-1}z_k}$ 的弧长，$\lambda = \max\limits_{1\leqslant k\leqslant n}\{\Delta s_k\}$，如果不论 C 的分法和ζ_k的取法如何，当 $\lambda\to 0$ 时，都有 S_n 的极限存在且唯一，则称函数 $w = f(z)$ 在曲线 C 上可积，称此极限值为**函数 $f(z)$ 沿曲线 C 的积分**，记为

$$\int_C f(z)\,\mathrm{d}z = \lim_{\lambda\to 0} S_n = \lim_{n\to\infty}\sum_{k=1}^{n} f(\zeta_k)\cdot\Delta z_k, \tag{3.1}$$

其中，C 称为**积分路径**，$f(z)$ 称为**被积函数**.

沿 C 的负方向的积分记为 $\int_{C^-} f(z)\,\mathrm{d}z$.

若 C 为封闭曲线，则沿此封闭曲线的积分记作 $\oint_C f(z)\,\mathrm{d}z$.

如果 C 为实数轴上的区间 $[a, b]$，而 $f(z) = u(x)$ 时，这个积分定义就是一元实变函数中定积分的定义，所以复积分可以看做是实变函数的定积分在复数域中的推广.

3.1.2 复积分的性质

与实变函数的积分类似，复变函数的积分有如下性质：

(1) $\int_{C^-} f(z)\,\mathrm{d}z = -\int_C f(z)\,\mathrm{d}z$；

(2) $\int_C kf(z)\,\mathrm{d}z = k\int_C f(z)\,\mathrm{d}z$ （k 为复常数）；

(3) $\int_C [f(z) \pm g(z)]\,\mathrm{d}z = \int_C f(z)\,\mathrm{d}z \pm \int_C g(z)\,\mathrm{d}z$；

(4) 若 C 是由 C_1，C_2，…，C_n 等光滑曲线段依次相互连接所组成的分段光滑曲线，那么

$$\int_C f(z)\,\mathrm{d}z = \int_{C_1} f(z)\,\mathrm{d}z + \int_{C_2} f(z)\,\mathrm{d}z + \cdots + \int_{C_n} f(z)\,\mathrm{d}z;$$

(5) 设曲线 C 的长度为 L，函数 $f(z)$ 在 C 上满足 $|f(z)|\leqslant M$，那么

$$\left|\int_C f(z)\,\mathrm{d}z\right| \leqslant \int_C |f(z)|\,\mathrm{d}s \leqslant ML \quad (\text{估值不等式}).$$

3.1.3 复积分的计算

定理3.1 设 C 为光滑的有向曲线，函数 $f(z)=u(x,y)+\mathrm{i}v(x,y)$ 在 C 上连续，则积分 $\int_C f(z)\,\mathrm{d}z$ 存在，且

$$\int_C f(z)\,\mathrm{d}z=\int_C u\mathrm{d}x-v\mathrm{d}y+\mathrm{i}\int_C v\mathrm{d}x+u\mathrm{d}y. \tag{3.2}$$

证明： 设 $z_k=x_k+\mathrm{i}y_k$，$\Delta z_k=\Delta x_k+\mathrm{i}\Delta y_k$，$\zeta_k=\xi_k+\mathrm{i}\eta_k$，则

$$\begin{aligned}\sum_{k=1}^{n}f(\zeta_k)\cdot\Delta z_k&=\sum_{k=1}^{n}[u(\xi_k,\eta_k)+\mathrm{i}v(\xi_k,\eta_k)]\cdot(\Delta x_k+\mathrm{i}\Delta y_k)\\&=\sum_{k=1}^{n}[u(\xi_k,\eta_k)\Delta x_k-v(\xi_k,\eta_k)\Delta y_k]+\\&\quad\mathrm{i}\sum_{k=1}^{n}[v(\xi_k,\eta_k)\Delta x_k+u(\xi_k,\eta_k)\Delta y_k].\end{aligned}$$

如果 $f(z)=u(x,y)+\mathrm{i}v(x,y)$ 在曲线 C 上连续，那么 $u(x,y)$ 及 $v(x,y)$ 也在 C 上连续. 由微积分中的线积分存在定理，当 $\lambda\to0$ 时，上式右端的实部和虚部分别趋于曲线积分

$$\int_C u(x,y)\,\mathrm{d}x-v(x,y)\,\mathrm{d}y,\ \int_C v(x,y)\,\mathrm{d}x+u(x,y)\,\mathrm{d}y,$$

所以，当 $\lambda\to0$ 时，积分 $\int_C f(z)\,\mathrm{d}z$ 存在，且

$$\int_C f(z)\,\mathrm{d}z=\int_C u(x,y)\,\mathrm{d}x-v(x,y)\,\mathrm{d}y+\mathrm{i}\int_C v(x,y)\,\mathrm{d}x+u(x,y)\,\mathrm{d}y,$$

简记为

$$\int_C f(z)\,\mathrm{d}z=\int_C u\mathrm{d}x-v\mathrm{d}y+\mathrm{i}\int_C v\mathrm{d}x+u\mathrm{d}y.$$

注： （1）当 $f(z)$ 是连续函数，而 C 是光滑曲线时，积分 $\int_C f(z)\,\mathrm{d}z$ 是一定存在的.

（2）复积分 $\int_C f(z)\,\mathrm{d}z$ 可以通过其实部和虚部两个二元实变函数的曲线积分来计算.

（3）为便于记忆，公式（3.2）在形式上可以看成是函数 $f(z)=u+\mathrm{i}v$ 与微分 $\mathrm{d}z=\mathrm{d}x+\mathrm{i}\mathrm{d}y$ 相乘得到，即

$$\int_C f(z)\,\mathrm{d}z=\int_C(u+\mathrm{i}v)(\mathrm{d}x+\mathrm{i}\mathrm{d}y)=\int_C u\mathrm{d}x-v\mathrm{d}y+\mathrm{i}\int_C v\mathrm{d}x+u\mathrm{d}y.$$

$\oint_{|z-z_0|=r} \frac{1}{(z-z_0)^n}dz = \begin{cases} 2\pi i, & n=1, \\ 0, & n \neq 1, \end{cases}$ 其中 n 为整数.

定理 3.2 设光滑曲线 C 的参数方程为 $z = z(t) = x(t) + iy(t)$，$\alpha \leqslant t \leqslant \beta$，正方向为参数增加的方向，参数 α 及 β 分别对应于 C 的起点及终点，且 $z'(t) \neq 0$，$\alpha < t < \beta$，函数 $f(z) = u(x, y) + iv(x, y)$ 在 C 上连续，则

$$\int_C f(z)dz = \int_\alpha^\beta f[z(t)]z'(t)dt. \tag{3.3}$$

证明：由曲线积分的计算方法，结合式（3.2），有

$$\begin{aligned}\int_C f(z)dz &= \int_\alpha^\beta \{u[x(t), y(t)]x'(t) - v[x(t), y(t)]y'(t)\}dt + \\ &\quad i\int_\alpha^\beta \{v[x(t), y(t)]x'(t) + u[x(t), y(t)]y'(t)\}dt \\ &= \int_\alpha^\beta \{u[x(t), y(t)] + iv[x(t), y(t)]\}[x'(t) + iy'(t)]dt \\ &= \int_\alpha^\beta f[z(t)]z'(t)dt.\end{aligned}$$

当曲线 C 为圆周，其方程用指数形式 $z = z_0 + re^{i\theta}$ 表示时，用公式（3.3）更为方便，例如下面的例 3.3 和例 3.4.

为方便起见，约定本章及以后各章中关于积分涉及的曲线，除特别声明外，均指光滑曲线或分段光滑曲线.

例 3.1 计算 $\int_C z dz$ 的值，其中 C 为：

（1）从原点 0 到点 $2+i$ 的直线段；

（2）从原点 0 到点 i，再到点 $2+i$ 的折线段.

解：如图 3.2 所示，（1）C 的参数方程：$z = z(t) = (2+i)t$，$t \in [0, 1]$

$$\int_C z dz = \int_0^1 (2+i)t \cdot (2+i)dt = \frac{1}{2}(2+i)^2 = \frac{3}{2} + 2i.$$

（2）$C = C_1 + C_2$，

C_1 的参数方程：$z = ti$，$t \in [0, 1]$，

C_2 的参数方程：$z = 2t + i$，$t \in [0, 1]$，

$$\int_C z dz = \int_{C_1} z dz + \int_{C_2} z dz = \int_0^1 ti \cdot i dt + \int_0^1 (2t+i) \cdot 2dt$$

$$= -\frac{1}{2} + 2 + 2i = \frac{3}{2} + 2i$$

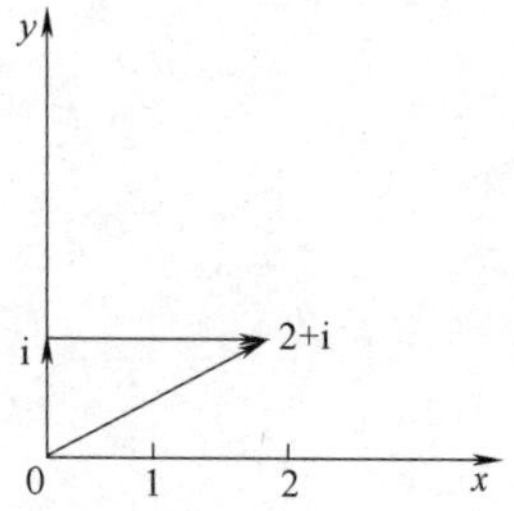

图 3.2

例 3.2 计算 $\int_C \mathrm{Re}(z)dz$ 的值，其中 C 为：

（1）从原点0到点1+i的直线段；

（2）沿抛物线 $y=x^2$ 从原点0到点1+i的弧段；

（3）从原点0到点1，再到点1+i的折线段.

解：如图3.3所示，（1）C的参数方程：

$$z=z(t)=(1+\mathrm{i})t,\ t\in[0,1]$$

$$\int_C \mathrm{Re}(z)\mathrm{d}z=\int_0^1 t\cdot(1+\mathrm{i})\mathrm{d}t=\frac{1}{2}(1+\mathrm{i})=\frac{1}{2}+\frac{\mathrm{i}}{2}.$$

（2）C的参数方程：$z=z(t)=t+\mathrm{i}t^2,\ t\in[0,1]$

$$\int_C \mathrm{Re}(z)\mathrm{d}z=\int_0^1 t\cdot(1+2\mathrm{i}t)\mathrm{d}t=\frac{1}{2}+\frac{2}{3}\mathrm{i}.$$

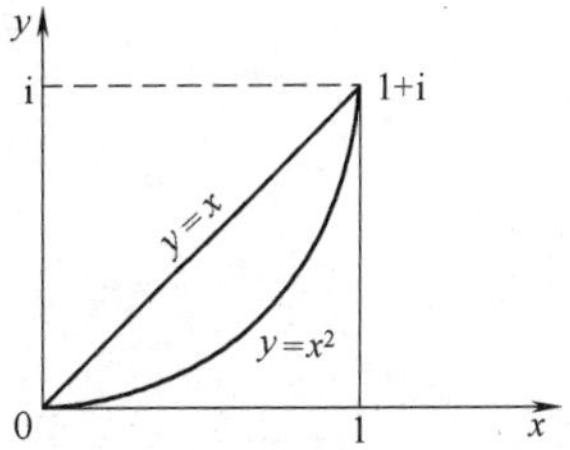

图 3.3

（3）$C=C_1+C_2$，

C_1 的参数方程：$z=t,\ t\in[0,1]$，

C_2 的参数方程：$z=1+\mathrm{i}t,\ t\in[0,1]$，

$$\int_C \mathrm{Re}(z)\mathrm{d}z=\int_{C_1}\mathrm{Re}(z)\mathrm{d}z+\int_{C_2}\mathrm{Re}(z)\mathrm{d}z=\int_0^1 t\mathrm{d}t+\int_0^1 1\cdot\mathrm{i}\mathrm{d}t=\frac{1}{2}+\mathrm{i}.$$

从以上两个例子可以看出，尽管起点和终点相同，复变函数的积分，沿不同曲线，积分值可以相同（如例3.1），即与积分路径无关，也可以不同（如例3.2），即与积分路径有关.

例3.3 计算 $\oint_C |z|\,\mathrm{d}z$，其中 C：$|z|=2$，圆周取正向.

解：积分路径C的参数方程为：

$$z=2\mathrm{e}^{\mathrm{i}\theta},(0\leqslant\theta\leqslant2\pi),$$

则

$$\mathrm{d}z=2\mathrm{i}\mathrm{e}^{\mathrm{i}\theta}\mathrm{d}\theta,$$

从而

$$\oint_C |z|\,\mathrm{d}z=\int_0^{2\pi}2\cdot2\mathrm{i}\mathrm{e}^{\mathrm{i}\theta}\mathrm{d}\theta=4\mathrm{i}\int_0^{2\pi}(\cos\theta+\mathrm{i}\sin\theta)\mathrm{d}\theta=0.$$

例3.4 计算 $\oint_C \frac{\mathrm{d}z}{(z-z_0)^{n+1}}$，其中 C 是以 z_0 为中心，r 为半径的正向圆周，n 为整数.

解：如图3.4所示，积分路径C的参数方程为：

$$z=z_0+r\mathrm{e}^{\mathrm{i}\theta},\quad(0\leqslant\theta\leqslant2\pi),$$

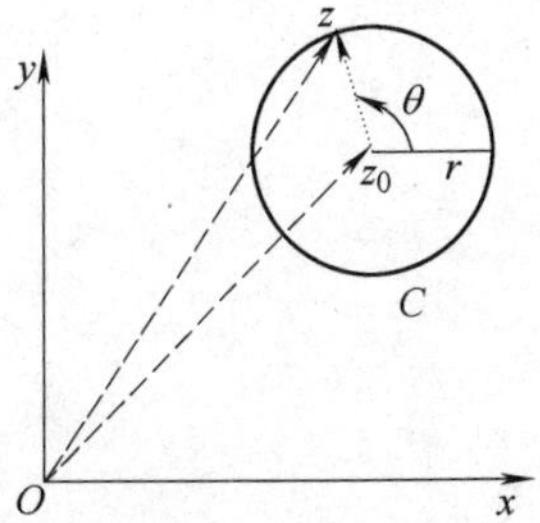

图 3.4

则

$$\mathrm{d}z=r\mathrm{i}\mathrm{e}^{\mathrm{i}\theta}\mathrm{d}\theta,$$

从而

$$\oint_C \frac{\mathrm{d}z}{(z-z_0)^{n+1}} = \int_0^{2\pi} \frac{\mathrm{i}r\mathrm{e}^{\mathrm{i}\theta}}{r^{n+1}\mathrm{e}^{\mathrm{i}(n+1)\theta}}\mathrm{d}\theta = \frac{\mathrm{i}}{r^n}\int_0^{2\pi} \mathrm{e}^{-\mathrm{i}n\theta}\mathrm{d}\theta.$$

当 $n=0$ 时，$\oint_C \frac{\mathrm{d}z}{(z-z_0)^{n+1}} = \mathrm{i}\int_0^{2\pi}\mathrm{d}\theta = 2\pi\mathrm{i}$,

当 $n\neq 0$ 时，$\oint_C \frac{\mathrm{d}z}{(z-z_0)^{n+1}} = \frac{\mathrm{i}}{r^n}\int_0^{2\pi}(\cos n\theta - \mathrm{i}\sin n\theta)\mathrm{d}\theta = 0$,

所以

$$\oint_C \frac{\mathrm{d}z}{(z-z_0)^{n+1}} = \begin{cases} 2\pi\mathrm{i}, & n=0, \\ 0, & n\neq 0. \end{cases}$$

注：积分值只与分母的次数有关，与圆周的中心和半径无关.

3.2 柯西-古萨（Cauchy-Goursat）定理与复合闭路定理

由第3.1节可知，复变函数的积分，在起点和终点相同，而积分路径不同时，积分值有时与积分路径无关，有时与积分路径有关. 那么，在什么条件下，积分值与积分路径无关，只与起点和终点有关呢？由于复积分的计算可以转化为曲线积分，因此问题可以转化为曲线积分与路径无关的问题，这一问题又等价于沿封闭曲线积分为零的问题. 下面介绍的柯西-古萨定理回答了这一问题.

3.2.1 柯西-古萨定理

掌握柯西积分定理及其推论.

定理3.3（柯西-古萨定理） 如果函数 $f(z)$ 在单连通域 D 内处处解析，C 为 D 内的任意一条简单封闭曲线，则

$$\oint_C f(z)\mathrm{d}z = 0.$$

1825年柯西给出了此定理，这个定理又称柯西积分定理，要证明这个定理是比较困难的. 于是1851年，黎曼在附加假设“$f'(z)$ 在 D 上连续”的条件下，利用格林（Green）公式，给出了如下的简单的证明.

证明：设 $z=x+y\mathrm{i}$，$f(z)=u(x,y)+\mathrm{i}v(x,y)$，由 $f'(z)$ 在 D 上连续，$f(z)$ 在 D 内解析，可知 $\frac{\partial u}{\partial x}$，$\frac{\partial u}{\partial y}$，$\frac{\partial v}{\partial x}$，$\frac{\partial v}{\partial y}$ 在 D 内连续，且满足柯西-黎曼方程

$$\frac{\partial u}{\partial x}=\frac{\partial v}{\partial y},\ \frac{\partial u}{\partial y}=-\frac{\partial v}{\partial x}.$$

由 Green 公式，

$$\oint_C u\mathrm{d}x - v\mathrm{d}y = \iint_B \left(-\frac{\partial v}{\partial x}-\frac{\partial u}{\partial y}\right)\mathrm{d}x\mathrm{d}y = 0,$$

$$\oint_C v\mathrm{d}x + u\mathrm{d}y = \iint_B \left(\frac{\partial u}{\partial x}-\frac{\partial v}{\partial y}\right)\mathrm{d}x\mathrm{d}y = 0,$$

其中，B 是由 C 所围成的区域．由公式（3.2）

$$\oint_C f(z)\,\mathrm{d}z = \oint_C u\mathrm{d}x - v\mathrm{d}y + \mathrm{i}\oint_C v\mathrm{d}x + u\mathrm{d}y$$

可得

$$\oint_C f(z)\,\mathrm{d}z = 0.$$

1900 年，古萨发表了上述定理证明的新方法，无须将 $f(z)$ 分成实部与虚部，更重要的是去掉了“$f'(z)$ 在 D 上连续”的假设，且当 C 不是简单曲线时，结论也成立．它的证明比较复杂，本书省略．柯西－古萨定理是复变函数论的理论基础．

推论 3.1　如果函数 $f(z)$ 在单连通域 D 内处处解析，C 为 D 内的任何一条分段光滑曲线，那么 $\int_C f(z)\,\mathrm{d}z$ 与积分路径 C 无关，只与起点和终点有关．

证明：如图 3.5 所示，设 C_1，C_2 是 D 内任意两条起点为 z_1，终点为 z_2 的曲线，则 C_1 的正向与 C_2 的负向，构成一条封闭曲线 C，由柯西－古萨定理，有

$$\oint_C f(z)\,\mathrm{d}z = \int_{C_1} f(z)\,\mathrm{d}z + \int_{C_2^-} f(z)\,\mathrm{d}z = 0,$$

所以，有

$$\int_{C_1} f(z)\,\mathrm{d}z = \int_{C_2} f(z)\,\mathrm{d}z.$$

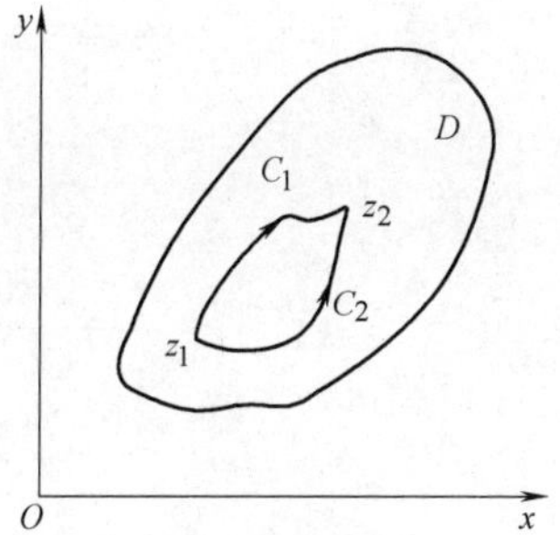

图　3.5

柯西－古萨定理的条件还可以放宽，有

定理 3.4　设 D 是由分段光滑曲线 C 所围成的单连通区域，函数 $f(z)$ 在有界闭域 $\overline{D}=D+C$ 上解析，那么

$$\oint_C f(z)\,\mathrm{d}z = 0.$$

条件再放宽，有

定理 3.5 设 D 是由分段光滑曲线 C 所围成的单连通区域，函数 $f(z)$ 在 D 内解析，在 $\overline{D}=D+C$ 上连续，那么

$$\oint_C f(z)\,\mathrm{d}z = 0.$$

例 3.5 计算以下积分值，圆周取正向.

(1) $\oint_{|z|=1} \mathrm{e}^z(z^2+1)\,\mathrm{d}z$；　　(2) $\oint_{|z|=1} \frac{1}{2z-3}\mathrm{d}z$.

解：(1) 因为 e^z，z^2+1 在全平面解析，所以被积函数 $\mathrm{e}^z(z^2+1)$ 在全平面解析，从而，由柯西–古萨定理可知，积分值得零.

(2) 虽然函数 $\frac{1}{2z-3}$ 有奇点 $z=\frac{3}{2}$，但奇点在 $|z|\leqslant 1$ 的外部，即在 $|z|\leqslant 1$ 内被积函数是处处解析的，从而，由柯西–古萨定理的延伸，即定理 3.4 可知，积分值得零.

例 3.6 计算积分 $\oint_{|z|=\frac{1}{6}} \frac{1}{z(3z+1)}\mathrm{d}z$，圆周取正向.

解：因为

$$\oint_{|z|=\frac{1}{6}} \frac{1}{z(3z+1)}\mathrm{d}z = \oint_{|z|=\frac{1}{6}} \left(\frac{1}{z}-\frac{3}{3z+1}\right)\mathrm{d}z = \oint_{|z|=\frac{1}{6}} \frac{1}{z}\mathrm{d}z - 3\oint_{|z|=\frac{1}{6}} \frac{1}{3z+1}\mathrm{d}z,$$

而函数 $\frac{1}{3z+1}$ 在 $|z|\leqslant\frac{1}{6}$ 内解析，故由柯西–古萨定理，有

$$\oint_{|z|=\frac{1}{6}} \frac{1}{3z+1}\mathrm{d}z = 0.$$

由上节例 3.4，有

$$\oint_{|z|=\frac{1}{6}} \frac{1}{z}\mathrm{d}z = 2\pi\mathrm{i},$$

从而

$$\oint_{|z|=\frac{1}{6}} \frac{1}{z(3z+1)}\mathrm{d}z = 2\pi\mathrm{i} - 0 = 2\pi\mathrm{i}.$$

例 3.7 计算积分 $\int_C (2z^2+8z+1)\,\mathrm{d}z$，其中，$C$ 是连接原点 O 到点 $(2\pi a, 0)$ 的摆线.

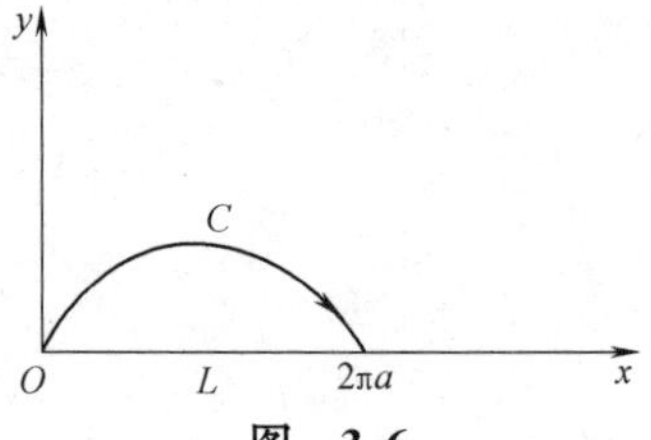

图 3.6

解：如图 3.6 所示，因为被积函数 $2z^2+8z+1$ 在全平面解析，所以积分与路径无关，从而在 C 上积分，可以化为沿直线段 L 的积分，即

$$\begin{aligned}\int_C (2z^2+8z+1)\mathrm{d}z &= \int_L (2z^2+8z+1)\mathrm{d}z\\ &= \int_0^{2\pi a}(2x^2+8x+1)\mathrm{d}x\\ &= 2\pi a\left(\frac{8}{3}\pi^2 a^2+8\pi a+1\right).\end{aligned}$$

注：此题若用复积分的计算公式，则应先写出来 C 的参数方程，$z=a(\theta-\sin\theta)+\mathrm{i}a(1-\cos\theta)$，起点参数 $\theta=0$，终点参数 $\theta=2\pi$，然后利用公式 $\int_C f(z)\mathrm{d}z=\int_\alpha^\beta f[z(t)]z'(t)\mathrm{d}t$ 计算，较复杂.

3.2.2 复合闭路定理

柯西积分定理要求区域是单连通的，而多连通区域也是较为常见的区域，当我们将柯西积分定理推广到多连通区域，就有了下面的复合闭路定理.

为此，先介绍闭路变形原理.

定理 3.6（闭路变形原理） 设 D 为多连通区域，C 及 C_1 为 D 内的任意两条（正向为逆时针方向）简单封闭曲线，C_1 在 C 的内部，而且以 C 及 C_1 为边界的区域 D_1 完全含于 D. 函数 $f(z)$ 在区域 D 内解析，则

$$\oint_C f(z)\mathrm{d}z=\oint_{C_1} f(z)\mathrm{d}z. \tag{3.4}$$

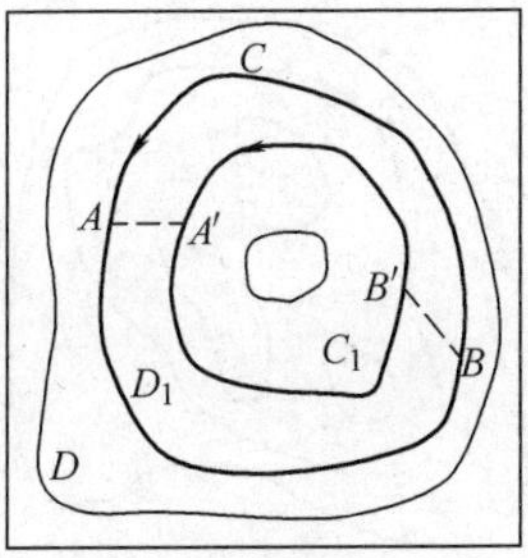

图 3.7

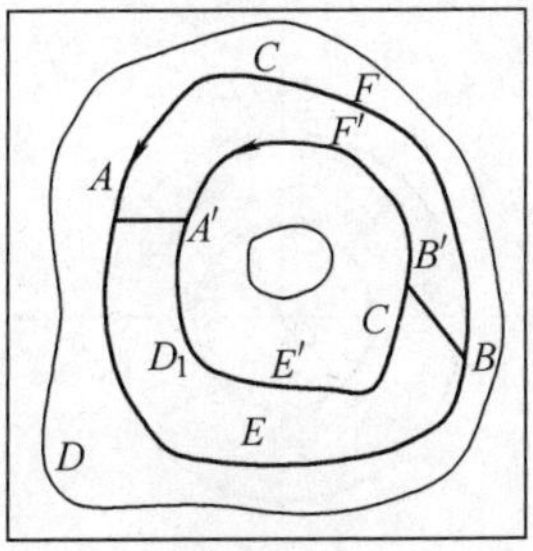

图 3.8

证明：作两段不相交的弧段 AA' 和 BB'，如图 3.7 所示，为了讨论方便，添加字符 E，E'，F，F'，如图 3.8 所示，显然曲线 $AEBB'E'A'A$，$AA'F'B'BFA$ 均为封闭曲线. 因为它们全含于 D 内，所以由定理 3.4，有

$$\oint_{AEBB'E'A'A} f(z)\mathrm{d}z=0,\qquad \oint_{AA'F'B'BFA} f(z)\mathrm{d}z=0.$$

而

$$\begin{aligned}AEBB'E'A'A&=AEB+BB'+B'E'A'+A'A,\\ AA'F'B'BFA&=AA'+A'F'B'+B'B+BFA,\end{aligned}$$

由

$$\oint_{AEBB'E'A'A} f(z)\mathrm{d}z+\oint_{AA'F'B'BFA} f(z)\mathrm{d}z=0,$$

得

$$\oint_C f(z)\mathrm{d}z + \oint_{C_1^-} f(z)\mathrm{d}z + \int_{AA'} f(z)\mathrm{d}z + \int_{A'A} f(z)\mathrm{d}z + \int_{BB'} f(z)\mathrm{d}z + \int_{B'B} f(z)\mathrm{d}z = 0.$$

从而

$$\oint_C f(z)\,\mathrm{d}z + \oint_{C_1^-} f(z)\,\mathrm{d}z = 0,$$

或者

$$\oint_C f(z)\,\mathrm{d}z = \oint_{C_1} f(z)\,\mathrm{d}z.$$

注：在区域内的一个解析函数 $f(z)$ 沿闭曲线的积分，不因闭曲线在区域内作连续变形而改变它的值，只要在变形过程中曲线不经过函数 $f(z)$ 不解析的点.

闭路变形原理的另一种说法：把如上两条简单闭曲线 C 及 C_1^- 看成是一条复合闭路 Γ，而且它的正向为：外面的闭曲线 C 按逆时针方向进行，里面的闭曲线 C_1 按顺时针方向进行（使得曲线上点 P 沿 Γ 的正向进行时，Γ 的内部总在 P 的左方），那么

$$\oint_\Gamma f(z)\,\mathrm{d}z = 0.$$

掌握复合闭路定理.

将结论推广到内部有多条曲线的情形，即有

定理 3.7（复合闭路定理） 设 C 为多连通区域 D 内的一条简单闭曲线，C_1，C_2，…，C_n 是在 C 内部的简单闭曲线，它们互不包含也互不相交，并且以 C，C_1，C_2，…，C_n 为边界的区域全含于 D，如图 3.9 所示，如果函数 $f(z)$ 在 D 内解析，那么

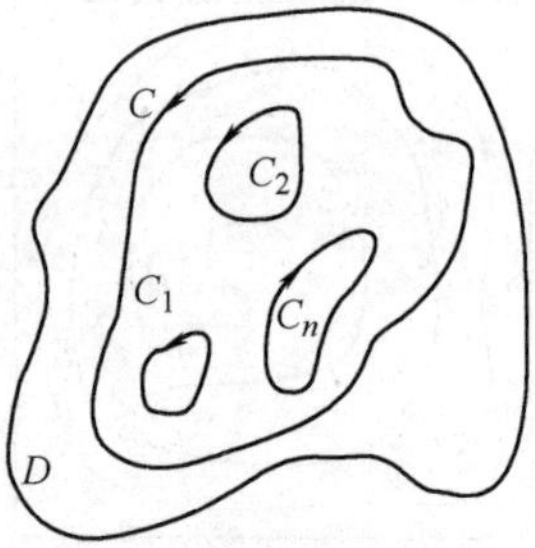

图 3.9

(1) $\oint_C f(z)\,\mathrm{d}z = \sum_{k=1}^{n}\oint_{C_k} f(z)\,\mathrm{d}z$，其中 C 及 C_k 均取正向；

(2) $\oint_\Gamma f(z)\,\mathrm{d}z = 0$．$\Gamma$ 是由 C 及 C_k 所组成的复合闭路（其正方向是 C 按逆时针方向进行，C_k 按顺时针方向进行）.

例 3.8 计算积分 $\oint_\Gamma \frac{\mathrm{e}^z}{z}\mathrm{d}z$，$\Gamma$ 为正向圆周 $C_1:|z|=2$ 和负向圆周 $C_2:|z|=1$ 所组成.

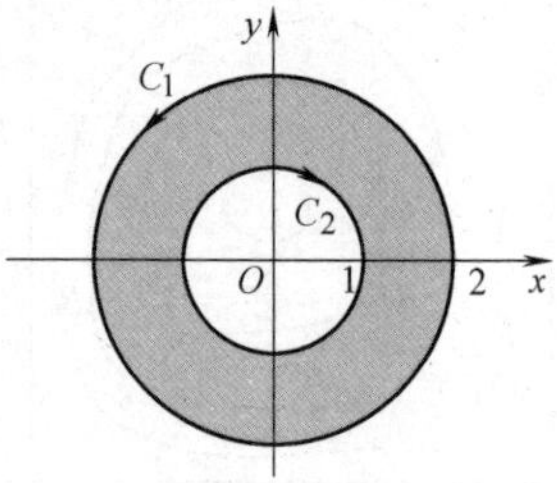

图 3.10

解：如图 3.10 所示，$C_1:|z|=2$ 和 $C_2:|z|=1$ 围成一个圆环域，圆环域的边界构成一条复合闭路，由于函数 $\frac{\mathrm{e}^z}{z}$ 在此圆环域和其边界上处处解析，根据复合闭路定理，有

$$\oint_{\Gamma}\frac{e^{z}}{z}dz = 0.$$

例 3.9 求 $\oint_{\Gamma}\frac{1}{(z-a)^{n+1}}dz$，$\Gamma$ 为包含 a 在内的任一正向简单闭曲线，n 为整数.

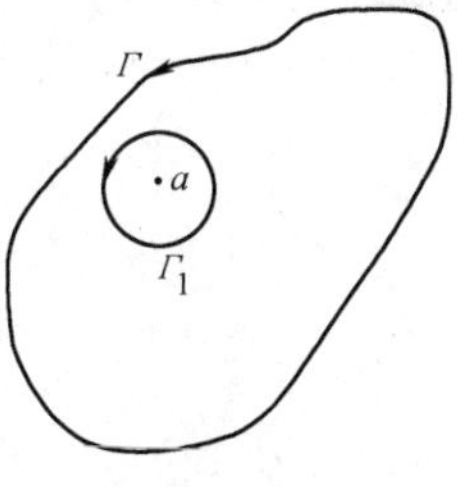

图 3.11

解：因为 a 在曲线 Γ 内部，故可取很小的正数 ρ，使圆周 Γ_1:$|z-a|=\rho$ 含在 Γ 内部，如图 3.11 所示.

由于函数$\frac{1}{(z-a)^{n+1}}$在以 $\Gamma+\Gamma_1^-$ 为边界的复连通域内处处解析，由复合闭路定理，有

$$\oint_{\Gamma}\frac{1}{(z-a)^{n+1}}dz = \oint_{\Gamma_1}\frac{1}{(z-a)^{n+1}}dz.$$

故结合第 3.1 节例 3.4 的结果，有

$$\oint_{\Gamma}\frac{1}{(z-a)^{n+1}}dz = \begin{cases}2\pi i, & n=0,\\ 0, & n\neq 0.\end{cases}$$

注：此结论非常重要，用起来很方便，因为 Γ 不必是圆，a 也不必是圆的圆心，只要 a 在简单闭曲线 Γ 内即可.

例 3.10 计算$\oint_{\Gamma}\frac{2z-1}{z^2-z}dz$ 的值，其中 Γ 为包含圆周 $|z|=1$ 在内的任何正向简单闭曲线.

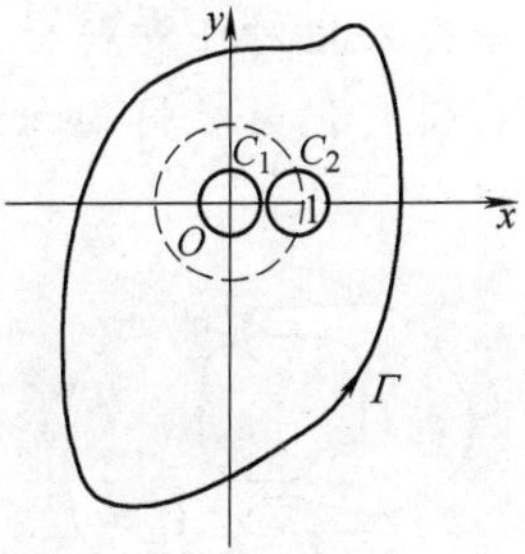

图 3.12

解：函数$\frac{2z-1}{z^2-z}$在复平面内有两个奇点 $z=0$ 和 $z=1$. 依题意知，Γ 也包含这两个奇点，在 Γ 内作两个互不包含、互不相交的小圆 C_1，C_2，使得 C_1 只包含奇点 $z=0$，C_2 只包含奇点 $z=1$. 如图 3.12 所示，则由复合闭路定理，有

$$\begin{aligned}\oint_{\Gamma}\frac{2z-1}{z^2-z}dz &= \oint_{C_1}\frac{2z-1}{z^2-z}dz + \oint_{C_2}\frac{2z-1}{z^2-z}dz\\ &= \oint_{C_1}\frac{1}{z-1}dz + \oint_{C_1}\frac{1}{z}dz + \oint_{C_2}\frac{1}{z-1}dz + \oint_{C_2}\frac{1}{z}dz\\ &= 0 + 2\pi i + 2\pi i + 0 = 4\pi i.\end{aligned}$$

借助于复合闭路定理，有些比较复杂的函数的积分可以化为比较简单的函数的积分来计算它的值.

3.3 柯西积分公式与高阶导数公式

3.3.1 柯西积分公式

设函数 $f(z)$ 在单连通域 D 内解析，$z_0 \in D$，则函数 $\dfrac{f(z)}{z-z_0}$ 在 z_0 不解析，在 D 内除 z_0 外，处处解析. 设 C 为 D 内包含 z_0 的任意一条简单闭曲线，则一般情况下，积分 $\oint_C \dfrac{f(z)}{z-z_0}\mathrm{d}z$ 不为 0，那么它等于多少呢?

设 C_δ 为 D 内以 z_0 为中心，半径为 δ 的圆周：$|z-z_0|=\delta$（取其正向）. 由闭路变形原理，有

$$\oint_C \frac{f(z)}{z-z_0}\mathrm{d}z = \oint_{C_\delta} \frac{f(z)}{z-z_0}\mathrm{d}z.$$

右边积分与 δ 的取值无关，且由 $f(z)$ 的连续性，当 $\delta \to 0$ 时，在 C_δ 上的函数 $f(z)$ 的值越来越接近 $f(z_0)$.

因此，我们可以猜想

$$\oint_C \frac{f(z)}{z-z_0}\mathrm{d}z = \oint_{C_\delta} \frac{f(z_0)}{z-z_0}\mathrm{d}z = f(z_0)\oint_{C_\delta} \frac{1}{z-z_0}\mathrm{d}z = 2\pi \mathrm{i} f(z_0).$$

事实上，左右两边确实相等.

柯西积分公式不但提供了一种计算积分的方法，更重要的是可以通过柯西积分公式把对任意解析函数的研究化为对柯西积分的研究.

定理 3.8（柯西积分公式）　如果函数 $f(z)$ 在区域 D 内处处解析，C 为 D 内的任何一条正向简单闭曲线，它的内部完全含于 D，z_0 为 C 内的任一点，那么

$$f(z_0) = \frac{1}{2\pi \mathrm{i}}\oint_C \frac{f(z)}{z-z_0}\mathrm{d}z. \tag{3.5}$$

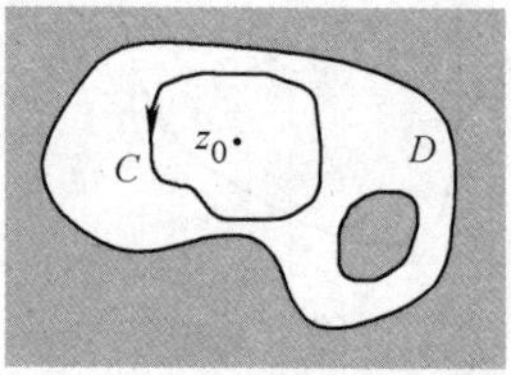

图 3.13

证明：不妨设 D 为多连通域，如图 3.13 所示，因为 $f(z)$ 在 z_0 点连续，所以 $\forall \varepsilon > 0$，$\exists \delta(\varepsilon) > 0$，当 $|z-z_0| < \delta$ 时，有

$$|f(z) - f(z_0)| < \varepsilon.$$

设以 z_0 为中心，半径为 $R(R<\delta)$ 的正向圆周 K: $|z-z_0|=R$ 全在 C 的内部，如图 3.14 所示，则

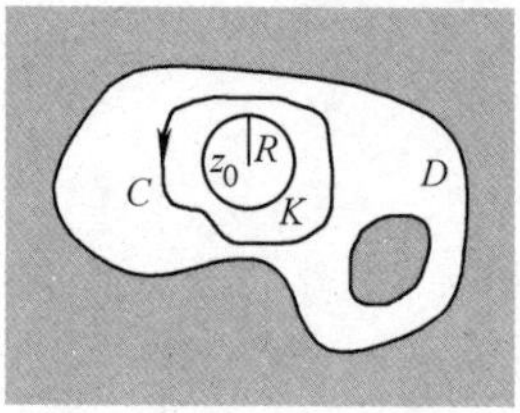

图 3.14

$$\oint_C \frac{f(z)}{z-z_0}\mathrm{d}z = \oint_K \frac{f(z)}{z-z_0}\mathrm{d}z$$

$$= \oint_K \frac{f(z_0)}{z - z_0}dz + \oint_K \frac{f(z) - f(z_0)}{z - z_0}dz$$

$$= 2\pi i f(z_0) + \oint_K \frac{f(z) - f(z_0)}{z - z_0}dz. \qquad (3.6)$$

由估值不等式，可得

$$\left|\oint_K \frac{f(z) - f(z_0)}{z - z_0}dz\right| \leqslant \oint_K \frac{|f(z) - f(z_0)|}{|z - z_0|}ds < \frac{\varepsilon}{R}\oint_K ds = 2\pi\varepsilon.$$

根据闭路变形原理知，左端积分的值与 R 无关，且此不等式表明，只要 R 足够小，左端积分的模就可以任意小.

对式（3.6）两边关于 $R\to 0$ 取极限，即可证明公式（3.5）.

与柯西-古萨定理类似，此定理条件也可以适当放宽，如函数 $f(z)$ 在闭曲线 C 所围成的区域内部以及 C 上解析，那么公式（3.5）仍然成立. 柯西积分公式也可以推广到复合闭路的情形.

柯西积分公式表明，一个函数在 C 内部任一点的值，可以用它在边界上的值来表示. 换一句话来说：$f(z)$ 在区域边界上的值一经确定，那么它在区域内任一点处的值也就确定了. 这是解析函数的一个特征.

特殊些，令 C 是圆周 $z = z_0 + Re^{i\theta}$，则式（3.5）变为

$$f(z_0) = \frac{1}{2\pi}\int_0^{2\pi} f(z_0 + Re^{i\theta})\,d\theta.$$

这说明，一个解析函数在圆心处的值等于它在圆周上的平均值.

柯西积分公式不仅给出了解析函数的一个积分表达式，这是以后我们研究解析函数的许多性质的重要工具，还提供了计算某些复变函数沿闭曲线积分的一种方法，即

$$\oint_C \frac{f(z)}{z - z_0}dz = 2\pi i f(z_0). \qquad (3.7)$$

例 3.11 求下列积分（沿圆周正向）的值.

(1) $\oint_{|z|=1} \frac{\sin z}{z}dz$；　　(2) $\oint_{|z|=1} \frac{z+2}{z^2 - 3z}dz$；

(3) $\oint_{|z-i|=\frac{1}{2}} \frac{1}{z(z^2+1)}dz$；　　(4) $\oint_{|z|=4} \frac{z+2}{(z-1)(z-2)}dz$.

解：(1) $\oint_{|z|=1} \frac{\sin z}{z}dz = 2\pi i \sin z\Big|_{z=0} = 0$；

(2) $\oint_{|z|=1}\dfrac{z+2}{z^2-3z}\mathrm{d}z=\oint_{|z|=1}\dfrac{\frac{z+2}{z-3}}{z}\mathrm{d}z=2\pi\mathrm{i}\cdot\dfrac{z+2}{z-3}\Big|_{z=0}=-\dfrac{4}{3}\pi\mathrm{i}$;

(3) $\oint_{|z-\mathrm{i}|=\frac{1}{2}}\dfrac{1}{z(z^2+1)}\mathrm{d}z=\oint_{|z-\mathrm{i}|=\frac{1}{2}}\dfrac{\frac{1}{z(z+\mathrm{i})}}{(z-\mathrm{i})}\mathrm{d}z=2\pi\mathrm{i}\cdot\dfrac{1}{z(z+\mathrm{i})}\Big|_{z=\mathrm{i}}=-\pi\mathrm{i}$;

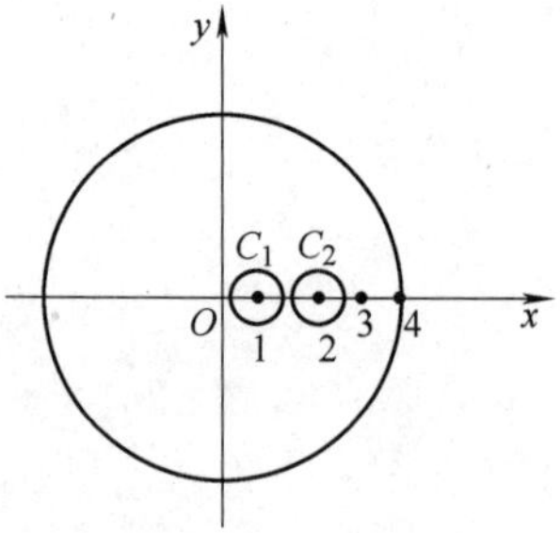

图 3.15

(4) 在圆周$|z|=4$的内部，作两个互不相交、互不包含的小圆C_1，C_2，使得C_1只包含奇点$z=1$，C_2只包含奇点$z=2$. 如图 3.15 所示，则

$$\begin{aligned}
&\oint_{|z|=4}\frac{z+2}{(z-1)(z-2)}\mathrm{d}z\\
&=\oint_{C_1}\frac{z+2}{(z-1)(z-2)}\mathrm{d}z+\oint_{C_2}\frac{z+2}{(z-1)(z-2)}\mathrm{d}z\\
&=\oint_{C_1}\frac{\frac{z+2}{z-2}}{z-1}\mathrm{d}z+\oint_{C_2}\frac{\frac{z+2}{z-1}}{z-2}\mathrm{d}z\\
&=2\pi\mathrm{i}\cdot\frac{z+2}{z-2}\Big|_{z=1}+2\pi\mathrm{i}\cdot\frac{z+2}{z-1}\Big|_{z=2}\\
&=2\pi\mathrm{i}.
\end{aligned}$$

例 3.12 求下列积分$\oint_{|z|=3}\dfrac{\mathrm{e}^z}{z(z^2-1)}\mathrm{d}z$的值，圆周取正向.

解：在圆周$|z|=3$的内部，作三个互不相交、互不包含的小圆C_1，C_2，C_3使得C_1只包含奇点$z=0$，C_2只包含奇点$z=-1$，C_3只包含奇点$z=1$. 如图 3.16 所示，则

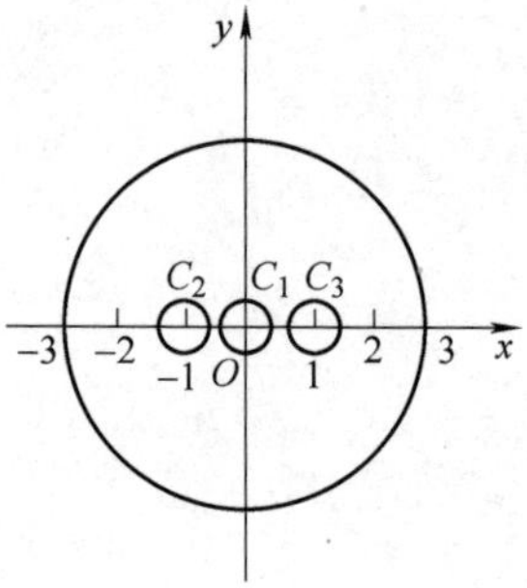

图 3.16

$$\begin{aligned}
&\oint_{|z|=3}\frac{\mathrm{e}^z}{z(z^2-1)}\mathrm{d}z\\
&=\oint_{C_1}\frac{\frac{\mathrm{e}^z}{(z^2-1)}}{z}\mathrm{d}z+\oint_{C_2}\frac{\frac{\mathrm{e}^z}{z(z-1)}}{z+1}\mathrm{d}z+\oint_{C_3}\frac{\frac{\mathrm{e}^z}{z(z+1)}}{z-1}\mathrm{d}z\\
&=2\pi\mathrm{i}\left(-1+\frac{\mathrm{e}^{-1}}{2}+\frac{\mathrm{e}}{2}\right)=\pi\mathrm{i}(\mathrm{e}+\mathrm{e}^{-1}-2).
\end{aligned}$$

3.3.2 高阶导数公式

对柯西积分公式$f(z_0)=\dfrac{1}{2\pi\mathrm{i}}\oint_C\dfrac{f(z)}{z-z_0}\mathrm{d}z$的两边，形式上关于$z_0$

求导数，右边求导在积分号下进行，求导时把被积函数看成是 z_0 的函数，而把 z 看做常数，可得

$$f'(z_0)=\frac{1}{2\pi i}\oint_C\frac{f(z)}{(z-z_0)^2}dz.$$

再求一次导数，得到

$$f''(z_0)=\frac{2!}{2\pi i}\oint_C\frac{f(z)}{(z-z_0)^3}dz.$$

依次类推，可得

定理 3.9（高阶导数公式） 设函数 $f(z)$ 在区域 D 内处处解析，则 $f(z)$ 的各阶导数仍为解析函数，它的 n 阶导数为

解析函数 f 有任意阶导数，且导数也解析.

$$f^{(n)}(z_0)=\frac{n!}{2\pi i}\oint_C\frac{f(z)}{(z-z_0)^{n+1}}dz \tag{3.8}$$

其中，C 为 $f(z)$ 的解析区域 D 内围绕 z_0 的任何一条正向简单闭曲线，它的内部完全包含于 D.

以上只是一个形式上的推导，严格的证明需要用到数学归纳法，本书略去不证.

实变函数中，可微函数的导函数不一定可导，但解析函数则不然. 也就是说，如果一个复变函数于区域 D 内解析，则在 D 内其各阶导数都存在，且导函数在区域 D 内也必然解析. 这是解析函数与实变函数中可导函数的本质区别.

高阶导数公式的应用，不在于通过积分来求导，而在于通过导数来求积分，即

$$\oint_C\frac{f(z)}{(z-z_0)^{n+1}}dz=\frac{2\pi i}{n!}f^{(n)}(z_0). \tag{3.9}$$

例 3.13 求积分 $\oint_C\frac{\cos\pi z}{(z-1)^3}dz$ 的值，其中 C 为正向圆周：$|z|=2$.

解：$\oint_C\frac{\cos\pi z}{(z-1)^3}dz=\frac{2\pi i}{2!}(\cos\pi z)''\Big|_{z=1}=\pi^3 i.$

例 3.14 求积分 $\oint_C\frac{1}{(z-1)^2z^3}dz$ 的值，其中 C 为正向圆周：$|z-1|=3$.

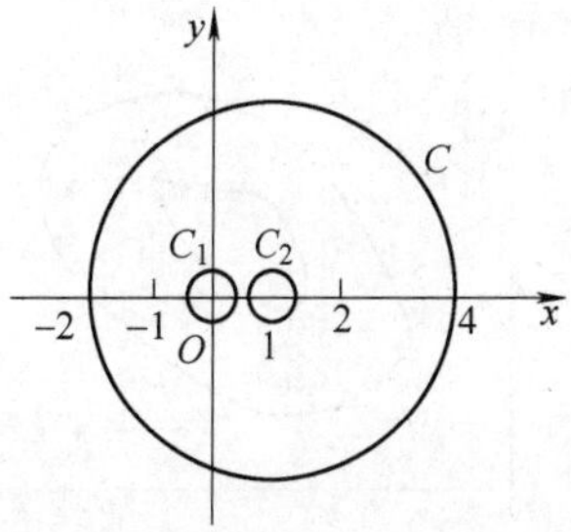

图 3.17

解：由于被积函数两个奇点都在 C 内，所以在 C 内作两个互不相交、互不包含的小圆 C_1，C_2，使得 C_1 只包含奇点 $z=0$，C_2 只包含奇点 $z=1$. 如图 3.17 所示，则

$$\oint_C \frac{1}{(z-1)^2 z^3}\mathrm{d}z$$

$$= \oint_{C_1} \frac{1}{(z-1)^2 z^3}\mathrm{d}z + \oint_{C_2} \frac{1}{(z-1)^2 z^3}\mathrm{d}z$$

$$= \oint_{C_1} \frac{\frac{1}{z^3}}{(z-1)^2}\mathrm{d}z + \oint_{C_2} \frac{\frac{1}{(z-1)^2}}{z^3}\mathrm{d}z$$

$$= \frac{2\pi\mathrm{i}}{1!}\left(\frac{1}{z^3}\right)'\bigg|_{z=1} + \frac{2\pi\mathrm{i}}{2!}\left(\frac{1}{(z-1)^2}\right)''\bigg|_{z=0}$$

$$= -\frac{3}{8}\pi\mathrm{i} + \frac{3}{8}\pi\mathrm{i} = 0.$$

例 3.15 求积分 $\oint_C \frac{\mathrm{e}^z}{z^n}\mathrm{d}z$ 的值，n 为整数，其中 C 为正向圆周：$|z|=1$.

解：（1）当 n 为负整数或零时，函数 $\frac{\mathrm{e}^z}{z^n}$ 在复平面上处处解析，由柯西–古萨定理，有

$$\oint_C \frac{\mathrm{e}^z}{z^n}\mathrm{d}z = 0;$$

（2）当 $n=1$ 时，由柯西积分公式，有

$$\oint_C \frac{\mathrm{e}^z}{z^n}\mathrm{d}z = 2\pi\mathrm{i}\mathrm{e}^z\bigg|_{z=0} = 2\pi\mathrm{i};$$

（3）当 $n>1$ 时，由高阶导数公式，有

$$\oint_C \frac{\mathrm{e}^z}{z^n}\mathrm{d}z = \frac{2\pi\mathrm{i}}{(n-1)!}(\mathrm{e}^z)^{(n-1)}\bigg|_{z=0} = \frac{2\pi\mathrm{i}}{(n-1)!}.$$

3.4 原函数与不定积分

3.4.1 原函数与不定积分

由柯西–古萨定理的推论可知，当函数 $f(z)$ 在单连通域 D 内解析时，$f(z)$ 沿 D 内任何一条分段光滑的曲线 C 的积分 $\int_C f(z)\mathrm{d}z$ 与积分路径 C 无关，只与起点及终点有关.

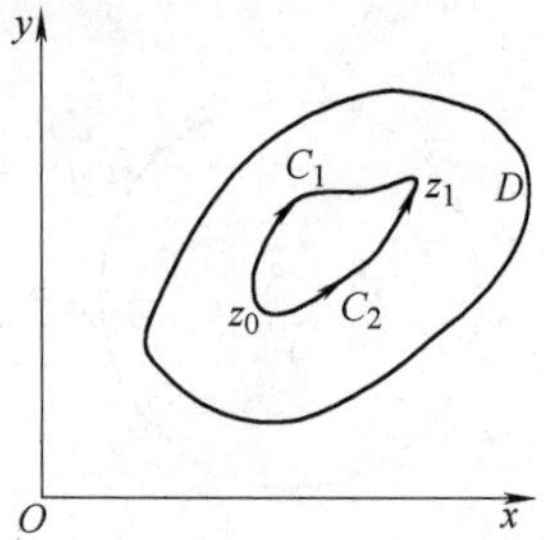

图 3.18

如图 3.18 所示，C_1，C_2 为 D 内任意两条连接点 z_0，z_1 的曲线，

则有

$$\int_{C_1} f(z)\,\mathrm{d}z = \int_{C_2} f(z)\,\mathrm{d}z,$$

从而上述积分又可以写成

$$\int_{z_0}^{z_1} f(z)\,\mathrm{d}z.$$

固定起点 z_0，让终点 z_1 在 D 内变动，则积分 $\int_{z_0}^{z} f(\zeta)\,\mathrm{d}\zeta$ 在 D 内确定了一个单值函数 $F(z)$，即

$$F(z) = \int_{z_0}^{z} f(\zeta)\,\mathrm{d}\zeta. \tag{3.10}$$

同实变函数类似，我们也把它叫做**变上限函数**，且也有与实变函数中类似的结论. 我们只引入结论，证明略去.

定理 3.10 如果函数 $f(z)$ 在单连通域 D 内处处解析，那么函数

$$F(z) = \int_{z_0}^{z} f(\zeta)\,\mathrm{d}\zeta$$

必为 D 内的一个解析函数，并且有 $F'(z) = f(z)$.

类似于实变函数，下面给出复变函数的原函数与不定积分的概念.

定义 3.2 如果函数 $\varphi(z)$ 在区域 D 内的导数等于 $f(z)$，即

$$\varphi'(z) = f(z),$$

那么称 $\varphi(z)$ 为 $f(z)$ 在区域 D 内的**原函数**.

定理 3.10 表明，$F(z) = \int_{z_0}^{z} f(\zeta)\,\mathrm{d}\zeta$ 是 $f(z)$ 的一个原函数. 容易证明，若 $f(z)$ 在 D 内有一个原函数，则一定有无穷多个原函数，且 $f(z)$ 的任意两个原函数之间只能相差一个常数.

定义 3.3 将 $f(z)$ 的原函数的全体，记为 $f(z)$ 的**不定积分**，即

$$\int f(z)\,\mathrm{d}z = F(z) + C.$$

其中 C 为任意常数.

3.4.2 牛顿–莱布尼茨公式

定理 3.11（复积分的牛顿–莱布尼茨公式） 如果函数 $f(z)$ 在单连通域 D 内处处解析，$G(z)$ 是 $f(z)$ 的一个原函数，那么

$$\int_{z_0}^{z_1} f(z)\,\mathrm{d}z = G(z_1) - G(z_0), \tag{3.11}$$

思考题 1：高等数学中的牛顿 – 莱布尼茨公式是怎样的？

其中，z_0，z_1 是 D 中的两个点.

有了复变函数的原函数与不定积分的概念，以及上述解析函数的积分计算公式，复变解析函数的积分就可以用跟微积分学中类似的方法去计算，也可以有换元法和分部积分法.

例 3.16 求 $\int_0^{2+3i} z^2 dz$ 的值.

解： $\int_0^{2+3i} z^2 dz = \frac{1}{3}z^3 \Big|_0^{2+3i} = \frac{1}{3}(2+3i)^3.$

例 3.17 求 $\int_0^{\pi i} z\cos z^2 dz$ 的值.

解： $\int_0^{\pi i} z\cos z^2 dz = \frac{1}{2}\int_0^{\pi i} \cos z^2 dz^2 = \frac{1}{2}\sin z^2 \Big|_0^{\pi i} = \frac{1}{2}\sin(-\pi^2) = -\frac{1}{2}\sin\pi^2.$

此处使用了微积分学中的"凑微分"法.

例 3.18 求积分 $\int_1^{1+i} ze^z dz$ 的值.

解：

$$\int_1^{1+i} ze^z dz = \int_1^{1+i} z de^z = [ze^z]_1^{1+i} - \int_1^{1+i} e^z dz$$

$$= (z-1)e^z \Big|_1^{1+i} = ie^{1+i} = ie(\cos 1 + i\sin 1).$$

此处使用了微积分学中的"分部积分"法.

3.5 解析函数与调和函数的关系

调和函数是一类在实际中很重要的函数，在流体力学、电学和磁学中有广泛应用，它与解析函数有着密切关系.

3.5.1 调和函数与共轭调和函数

定义 3.4 如果二元实变函数 $\varphi(x, y)$ 在区域 D 内具有二阶连续偏导数，并且满足

$$\frac{\partial^2 \varphi}{\partial x^2} + \frac{\partial^2 \varphi}{\partial y^2} = 0, \tag{3.12}$$

则称 $\varphi(x, y)$ 为区域 D 内的调和函数.

例如 $\varphi(x, y) = x^2 - y^2$，$\varphi(x, y) = xy$ 都是调和函数.

方程（3.12）称为**拉普拉斯（Laplace）方程**.

工程中的许多问题，如平面上的稳定温度问题、静电场等都满

足 Laplace 方程.

定理 3.12 任何在区域 D 内解析的函数，它的实部和虚部都是 D 内的调和函数.

如果函数 $f(z)$ 在点 z_0 及 z_0 的某邻域内处处可导，则称 $f(z)$ 在 z_0 点解析.

证明：设 $w=f(z)=u(x, y)+\mathrm{i}v(x, y)$ 为区域 D 内的解析函数，则由柯西–黎曼方程，有

$$\frac{\partial u}{\partial x}=\frac{\partial v}{\partial y}, \frac{\partial v}{\partial x}=-\frac{\partial u}{\partial y},$$

从而有

$$\frac{\partial^2 u}{\partial x^2}=\frac{\partial^2 v}{\partial x \partial y}, \frac{\partial^2 v}{\partial x \partial y}=-\frac{\partial^2 u}{\partial y^2},$$

所以

$$\frac{\partial^2 u}{\partial x^2}+\frac{\partial^2 u}{\partial y^2}=0.$$

即实部 $u(x, y)$ 是 D 内的调和函数. 同理可证虚部 $v(x, y)$ 亦然.

虽然解析函数的实部和虚部都是调和函数，但是对于 D 内的任意两个调和函数 $u(x, y)$ 和 $v(x, y)$，由它们构成的复变函数 $f(z)=u(x, y)+\mathrm{i}v(x, y)$ 不一定是解析函数.

比如，$u(x, y)=x$，$v(x, y)=2y$ 时，函数 $f(z)=x+2y\mathrm{i}$ 并不解析. $u(x, y)=x^2-y^2$，$v(x, y)=2xy$ 时，函数 $f(z)=x^2-y^2+2xy\mathrm{i}$ 解析.

定义 3.5 设 $u(x, y)$ 为区域 D 内给定的调和函数，把使 $u(x, y)+\mathrm{i}v(x, y)$ 在 D 内构成解析函数的调和函数 $v(x, y)$ 称为是 $u(x, y)$ 的**共轭调和函数**.

区域 D 内的解析函数的虚部为实部的共轭调和函数. 那么实部是否也为虚部的共轭调和函数呢？

由定义，在 D 内实部 u 和虚部 v 满足柯西–黎曼方程 $\frac{\partial u}{\partial x}=\frac{\partial v}{\partial y}$，$\frac{\partial v}{\partial x}=-\frac{\partial u}{\partial y}$ 时，虚部 v 是实部 u 的共轭调和函数，但一般，实部 u 并不是虚部 v 的共轭调和函数，因为当 u 和 v 互换后，一般不再满足柯西–黎曼方程. 事实上 $-u$ 才是 v 的共轭调和函数.

那么对于调和函数 $u(x, y)$，是否一定能够找到调和函数 $v(x, y)$，使他们构成的复变函数 $f(z)=u(x, y)+\mathrm{i}v(x, y)$ 是解析函数呢？对于单连通域 D，结论是肯定的.

3.5.2 共轭调和函数的求法

下面介绍已知解析函数的实部或虚部，通过柯西-黎曼方程，确定另一半的方法. 常用的有以下几种方法.

1. 偏积分法

例 3.19 证明 $u(x, y)=x^3-3xy^2$ 为调和函数，并求其共轭调和函数$v(x, y)$和由它们构成的解析函数.

解：因为

$$\frac{\partial u}{\partial x}=3x^2-3y^2,\ \frac{\partial u}{\partial y}=-6xy,$$

$$\frac{\partial^2 u}{\partial x^2}=6x,\ \frac{\partial^2 u}{\partial y^2}=-6x,$$

所以

$$\frac{\partial^2 u}{\partial x^2}+\frac{\partial^2 u}{\partial y^2}=0,$$

因此 $u(x, y)=x^3-3xy^2$ 为调和函数.

由柯西-黎曼方程，有

$$\frac{\partial v}{\partial y}=\frac{\partial u}{\partial x}=3x^2-3y^2, \tag{3.13}$$

$$\frac{\partial v}{\partial x}=-\frac{\partial u}{\partial y}=6xy, \tag{3.14}$$

所以，对式(3.13)两边关于 y 积分，有

$$v(x, y)=\int \frac{\partial v}{\partial y}\mathrm{d}y=\int(3x^2-3y^2)\mathrm{d}y=3x^2y-y^3+\varphi(x),$$

从而

$$\frac{\partial v}{\partial x}=6xy+\varphi'(x).$$

与式（3.14）比较，可得

$$\varphi'(x)=0,$$

从而

$$\varphi(x)=C,\ C\text{ 为任意实常数},$$

所以

$$v(x, y)=3x^2y-y^3+C,$$

$$f(z)=u(x, y)+\mathrm{i}v(x, y)=(x^3-3xy^2)+(3x^2y-y^3+C)\mathrm{i}=(x+y\mathrm{i})^3+\mathrm{i}C=z^3+\mathrm{i}C.$$

这里，如何把 $u(x, y)+\mathrm{i}v(x, y)$ 化为 z 的函数 $f(z)$，除了将各项凑成 $z=x+y\mathrm{i}$ 的函数，从而化为 $f(z)$ 外，还可以有一种更简单的归零法.

令 $y=0$，得到当 z 在实轴上取值时的表达式 $f(x)$，用 z 替换 x，即得 $f(z)$ 的表达式.

此题，$u(x, y)+\mathrm{i}v(x, y)=(x^3-3xy^2)+\mathrm{i}(3x^2y-y^3+C)$ 中，令 $y=0$，得 $f(x)=x^3+C\mathrm{i}$，从而 $f(z)=z^3+\mathrm{i}C$，C 为任意实常数.

2. 线积分法

例 3.20 已知调和函数 $u(x, y)=x^2-y^2+xy$，求其共轭调和函数 $v(x, y)$ 和由它们构成的解析函数.

解：因为
$$\begin{aligned}v(x, y) &= \int_{(0,0)}^{(x,y)} \mathrm{d}v(x, y)+C\\ &= \int_{(0,0)}^{(x,y)} \left(\frac{\partial v}{\partial x}\mathrm{d}x+\frac{\partial v}{\partial y}\mathrm{d}y\right)+C\\ &= \int_{(0,0)}^{(x,y)} \left(-\frac{\partial u}{\partial y}\mathrm{d}x+\frac{\partial u}{\partial x}\mathrm{d}y\right)+C,\end{aligned}$$

所以 $v(x, y)=\int_{(0,0)}^{(x,y)}(2y-x)\mathrm{d}x+(2x+y)\mathrm{d}y+C.$

如图 3.19 所示，有

$$\begin{aligned}v(x, y) &= \int_{(0,0)}^{(x,0)}(2y-x)\mathrm{d}x+\int_{(x,0)}^{(x,y)}(2x+y)\mathrm{d}y+C\\ &= \int_0^x(2\cdot 0-x)\mathrm{d}x+\int_0^y(2x+y)\mathrm{d}y+C\\ &= -\frac{1}{2}x^2+2xy+\frac{1}{2}y^2+C.\end{aligned}$$

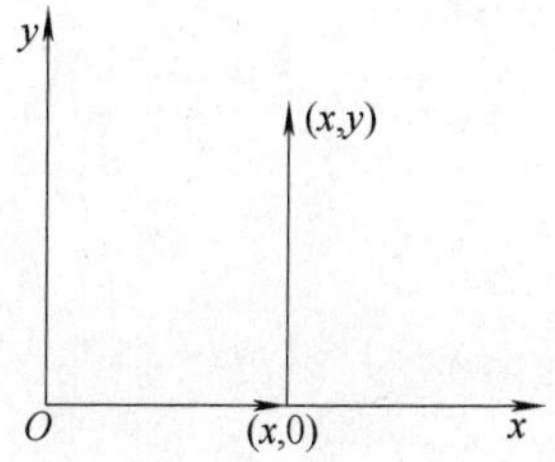

图 3.19

所以，

$$u(x, y)+\mathrm{i}v(x, y)=(x^2-y^2+xy)+\mathrm{i}\left(-\frac{1}{2}x^2+2xy+\frac{1}{2}y^2+C\right).$$

令 $y=0$，得

$$f(x)=x^2-\frac{1}{2}x^2\mathrm{i}+C\mathrm{i},$$

从而

$$f(z)=z^2-\frac{1}{2}z^2\mathrm{i}+C\mathrm{i}，C \text{ 为实常数}.$$

3. 不定积分法

因为解析函数 $f(z)=u+\mathrm{i}v$ 的导数 $f'(z)$ 仍为解析函数，且 $f'(z)=\frac{\partial u}{\partial x}+\mathrm{i}\frac{\partial v}{\partial x}=\frac{\partial u}{\partial x}-\mathrm{i}\frac{\partial u}{\partial y}$，把$\frac{\partial u}{\partial x}-\mathrm{i}\frac{\partial u}{\partial y}$用 z 来表示，有

$$f'(z)=\frac{\partial u}{\partial x}-\mathrm{i}\frac{\partial u}{\partial y}=U(z),$$

两边积分，则得

$$f(z)=\int U(z)\,\mathrm{d}z+C.$$

例 3.21 求 k 值，使 $u(x,y)=x^2+ky^2$ 为调和函数，再求其共轭调和函数$v(x,y)$，使它们构成解析函数$f(z)=u(x,y)+\mathrm{i}v(x,y)$且满足$f(\mathrm{i})=-1$.

解：因为

$$\frac{\partial u}{\partial x}=2x,\ \frac{\partial^2 u}{\partial x^2}=2,$$

$$\frac{\partial u}{\partial y}=2ky,\ \frac{\partial^2 u}{\partial y^2}=2k,$$

由调和函数的定义可得，$k=-1$.

因为

$$f'(z)=U(z)=\frac{\partial u}{\partial x}-\mathrm{i}\frac{\partial u}{\partial y}=2x-2ky\mathrm{i}=2x+2y\mathrm{i}=2z,$$

所以

$$f(z)=\int 2z\,\mathrm{d}z=z^2+C.$$

又因为$f(\mathrm{i})=-1$，所以 $C=0$.

所求解析函数为

$$f(z)=x^2-y^2+2xy\mathrm{i}=z^2,$$

$$v(x,y)=2xy.$$

若已知虚部 $v(x,y)$，求实部 $u(x,y)$，使它们构成的复变函数$f(z)=u(x,y)+\mathrm{i}v(x,y)$是解析函数，用类似方法亦可得. 当然还有其他一些方法，如凑微分法、全微分法等，在此，不再叙述.

习 题 三

1. 计算积分 $\int_C \mathrm{Im}(z)\,\mathrm{d}z$，其中 C 为：

（1）连接原点 0 与点 $2+\mathrm{i}$ 的直线段；

（2）连接原点 0 与点 i 的直线段及连接点 i 与点 $2+\mathrm{i}$ 的直线段所组成的折线段.

2. 计算积分 $\int_C |z|\,\mathrm{d}z$，其中 C 为：

（1）连接原点 0 与点 $1+\mathrm{i}$ 的直线段；

（2）正向圆周 $|z|=2$.

3. 计算积分 $\int_C [(x-y)+\mathrm{i}x^2]\,\mathrm{d}z$，其中 C 为：

（1）连接原点 0 与点 $1+\mathrm{i}$ 的直线段；

（2）先自原点 0 沿实轴到点 1，再由点 1 铅直向上到点 $1+\mathrm{i}$；

（3）先自原点 0 沿虚轴到点 i，再由点 i 水平向右到点 $1+\mathrm{i}$.

4. 计算积分 $\oint_C \frac{\bar{z}}{|z|}\mathrm{d}z$，其中 C 为正向圆周：

（1）$|z|=1$；（2）$|z|=2$.

5. 用观察法确定下列积分的值，并说明理由，其中 C 为正向圆周：$|z|=1$.

（1）$\oint_C \frac{1}{z-4}\mathrm{d}z$；

（2）$\oint_C \frac{1}{2z-1}\mathrm{d}z$；

（3）$\oint_C z\mathrm{e}^z\mathrm{d}z$；

（4）$\oint_C \frac{1}{(z-2)(z+3)}\mathrm{d}z$；

（5）$\oint_C \frac{1}{\left(z+\frac{1}{2}\right)^2}\mathrm{d}z$；

（6）$\oint_C \frac{1}{(z-3)^2}\mathrm{d}z$.

6. 计算下列积分，其中除（7）外，C 均取正向.

（1）$\oint_C \frac{1}{z(3z+1)}\mathrm{d}z$，　C：$|z|=\frac{1}{5}$；

（2）$\oint_C \frac{1}{z(z^2+1)}\mathrm{d}z$，　C：$|z|=\frac{1}{2}$；

（3）$\oint_C \frac{1}{z(z^2+1)}\mathrm{d}z$，　C：$|z|=\frac{3}{2}$；

（4）$\oint_C \frac{1}{z^2-z}\mathrm{d}z$，　C：$|z|=3$；

（5）$\oint_C z^3\sin z\,\mathrm{d}z$，　C：包含 $z=0$ 在内的任意一条封闭曲线；

（6）$\oint_C \frac{z}{z-3}\mathrm{d}z$，　C：$|z|=2$；

（7）$\oint_C \frac{\cos z}{z^3}\mathrm{d}z$，　C：$|z|=1$ 的正向与 $|z|=3$ 的负向.

7. 计算下列积分，其中 C 为正向圆周：

（1）$\oint_C \frac{\mathrm{e}^z}{z-1}\mathrm{d}z$，　C：$|z|=2$；

（2）$\oint_C \frac{\cos z}{\left(z-\frac{\pi}{2}\right)^2}\mathrm{d}z$，　C：$|z|=2$；

（3）$\oint_C \frac{\sin 2z}{z}\mathrm{d}z$，　C：$|z|=1$；

（4）$\oint_C \frac{\mathrm{e}^z}{z^4}\mathrm{d}z$，　C：$|z|=1$.

8. 计算积分 $\oint_C \frac{z}{(2z+1)(z+2)}\mathrm{d}z$，其中 C 为正向圆周：

（1）C：$|z|=1$；（2）C：$|z-2|=1$；

（3）C：$|z-1|=\frac{1}{2}$；（4）C：$|z|=3$.

9. 计算积分 $\oint_C \frac{\sin\frac{\pi}{4}z}{z^2-1}\mathrm{d}z$，其中 C 为正向圆周：

（1）C：$|z+1|=\frac{1}{2}$；　（2）C：$|z-1|=\frac{1}{2}$；

(3) C: $|z|=2$.

10. 计算积分 $\oint_C \frac{e^z}{z(z^2-1)}dz$，其中 C 为正向圆周 $|z|=4$.

11. 计算积分 $\oint_C \frac{1}{(z-1)^3(z+1)^4}dz$，其中 C 为正向圆周：

(1) C: $|z-1|=1$; (2) C: $|z+1|=1$;

(3) C: $|z-1|=3$.

12. 设 C 表示正向圆周 $|z|=\sqrt{3}$，$f(z)=\oint_C \frac{3\xi^2+7\xi+1}{\xi-z}d\xi$，求 $f'(1+i)$.

13. 设 C 为不经过 a 与 $-a$ 的任一正向简单闭曲线，a 为不等于零的任何复数，试就 a 与 $-a$ 跟 C 的各种不同位置关系，分情形讨论积分

$$\oint_C \frac{z}{z^2-a^2}dz$$

的值.

14. 计算积分 $\oint_C \frac{e^z}{z^3(z-1)}dz$，其中 C 为不经过0和1的任一正向简单闭曲线.

15. 计算积分 $\oint_C \frac{e^z}{z^n}dz$，$n$ 为整数，其中 C 为正向圆周 $|z|=3$.

16. 计算下列积分.

(1) $\int_0^{\pi i}\sin 2z dz$; (2) $\int_0^i z\cos z dz$;

(3) $\int_0^i (3e^z+2z)dz$; (4) $\int_{-\pi i}^{3\pi i} e^{2z}dz$;

(5) $\int_1^3 (z-2)^3 dz$; (6) $\int_1^{1+i} ze^z dz$;

(7) $\int_0^{\pi i} z\cos z^2 dz$; (8) $\int_0^i (2+iz)^2 dz$;

(9) $\int_0^i (z-1)e^{-z}dz$.

17. 验证下列函数是调和函数，并求解析函数 $f(z)=u(x,y)+iv(x,y)$.

(1) $u(x,y)=x^2-y^2+2x$;

(2) $v(x,y)=2xy+3x$;

(3) $u(x,y)=(x-y)(x^2+y^2+4xy)$;

(4) $u(x,y)=\frac{1}{2}\ln(x^2+y^2)$;

(5) $u(x,y)=2xy-2y$, $f(2)=-i$.

18. 求 k 值，使 $u(x,y)=x^3+kx^2y-3xy^2-2y^3$ 为调和函数，再求 $u(x,y)$ 的共轭调和函数 $v(x,y)$，使它们构成解析函数 $f(z)=u(x,y)+iv(x,y)$，且满足 $f(0)=0$.

19. 求由下列条件确定的解析函数 $f(z)=u(x,y)+iv(x,y)$.

(1) $u(x,y)=x^2+xy-y^2$, $f(i)=-1+i$;

(2) $v(x,y)=e^x(y\cos y+x\sin y)$, $f(0)=0$.

小 结 三

复变函数的积分主要考虑的是沿复平面上的曲线的积分，其形式上与实变函数的定积分类似．对于一般的连续函数而言，如果 $f(z)=u(x,y)+iv(x,y)$，那么复积分 $\int_C f(z)dz$ 可以通过其实部和虚部两个二元实函数的曲线积分计算，即 $\int_C f(z)dz=\int_C udx-vdy+i\int_C vdx+udy$．如果曲线 C 的参数方程为 $z=z(t)=x(t)+iy(t)$，$\alpha\leqslant t\leqslant\beta$，那么 $\int_C f(z)dz=\int_\alpha^\beta f[z(t)]z'(t)dt$．这两个公式用来计算积分的值是非常方便的．另外，在计算积分时，还有一个很有用的公式 $\oint_C \frac{dz}{(z-z_0)^{n+1}}=\begin{cases}2\pi i, & n=0,\\ 0, & n\neq 0\end{cases}$ 常被用到，这个公式说明积分与圆周和路径都没有关系，只与 n 有关．

复变函数的积分还有若干与实变函数的积分类似的性质，这些性质也经常在积分运算中应用．例如，例3.1中的第（2）问就应用了性质（4）来求解．因此，希望读者能够通过联系来掌握这些性质．

在上一章中我们提到过解析函数是复变函数这门课程的主要研究对象，因此，在本章中除了给出一般连续函数的积分的存在和计算外，也给出了有关解析函数的积分定理，也就是定理3.3（柯西积分定理）、定理3.6（闭路复形原理）以及定理3.7（复合闭路定理）．这些定理及其推论是我们计算沿封闭路径的积分的理论依据．而在积分时，柯西积分公式和高阶导数公式才是常被使用的工具．当被积函数比较复杂时，往往需要将被积函数变形或部分变形为这些公式中的形式，再利用这些公式和性质来化简问题，最终解决问题．而计算沿非封闭曲线的积分时，我们可以利用定理3.11（复积分的牛顿－莱布尼茨公式）来计算．如同在正文的例题中所展示的那样，此时，我们在高等数学中学习过的积分方法在这里都适用．

在这一章当中我们还简单介绍了解析函数与调和函数的关系．方程（3.12），也就是拉普拉斯方程，在许多物理应用中都可以看到有关它的边值问题的讨论，其中很大一部分都是应用了复变函数的理论和方法解决的．

第4章 级数

第2章和第3章分别用微分和积分的方法研究了解析函数的性质，级数是研究解析函数的另一重要工具，本章用级数的方法来研究解析函数的性质. 把解析函数表示成级数的形式，不仅在理论上，而且在实际中有重要意义，如可以计算函数的近似值，可以用来解微分方程等.

本章首先介绍复数范围内的数列与级数，由于许多概念和定理都是实数范围内相应内容在复数范围内的直接推广，所以对于平行的结论，本章只叙述不给出证明. 然后介绍复数范围内的幂级数及由正、负幂项组成的洛朗级数，并重点介绍如何把函数展开成洛朗级数.

4.1 复数项级数

4.1.1 复数列

可以将复数列看作由两个实数列构成.

定义 4.1 设$\{\alpha_n\}(n=1, 2, \cdots)$为一复数列，其中$\alpha_n=a_n+\mathrm{i}b_n$，又设$\alpha=a+\mathrm{i}b$为一个确定的复数. 如果对于任意给定的$\varepsilon>0$，相应地总能找到一个正数$N(\varepsilon)$，使得当$n>N(\varepsilon)$时，不等式

$$|\alpha_n-\alpha|<\varepsilon$$

成立，则称α为**复数列$\{\alpha_n\}$当$n\to\infty$时的极限**，记作

$$\lim_{n\to\infty}\alpha_n=\alpha.$$

此时，也称复数列$\{\alpha_n\}$收敛于α. 如果复数列$\{\alpha_n\}$不收敛，则称复数列$\{\alpha_n\}$发散.

定理 4.1 复数列$\{\alpha_n\}=\{a_n+\mathrm{i}b_n\}(n=1, 2, \cdots)$收敛于$\alpha=a+\mathrm{i}b$的充要条件是$\lim\limits_{n\to\infty}a_n=a$，$\lim\limits_{n\to\infty}b_n=b$.

证明：注意到不等式

$$|a_n-a|\leqslant|\alpha_n-\alpha|\leqslant|a_n-a|+|b_n-b|,$$
$$|b_n-b|\leqslant|\alpha_n-\alpha|\leqslant|a_n-a|+|b_n-b|,$$

由定义4.1和实数列极限的定义即可得证.

注：(1) 对于给定的复数列$\{\alpha_n\}=\{a_n+\mathrm{i}b_n\}$，可以确定两个实数列$\{a_n\}$和$\{b_n\}$.

(2) 由于 $\{\alpha_n\}$ 收敛等价于 $\{a_n\}$ 和 $\{b_n\}$ 都收敛，所以判别复数列 $\{\alpha_n\}$ 的敛散性问题，可以转化为判别两个实数列 $\{a_n\}$ 和 $\{b_n\}$ 的敛散性问题.

例 4.1 下列数列是否收敛？如果收敛，求出其极限.

(1) $\alpha_n=(1+\frac{1}{n})\mathrm{e}^{\mathrm{i}\frac{\pi}{n}}$；　　(2) $\alpha_n=\frac{1+n\mathrm{i}}{1-n\mathrm{i}}$；

(3) $\alpha_n=(-1)^n+\frac{\mathrm{i}}{1+n^2}$.

解：(1) 因为

$$\alpha_n=\left(1+\frac{1}{n}\right)\left(\cos\frac{\pi}{n}+\mathrm{i}\sin\frac{\pi}{n}\right),$$

所以

$$a_n=\left(1+\frac{1}{n}\right)\cos\frac{\pi}{n}\to 1,\ b_n=\left(1+\frac{1}{n}\right)\sin\frac{\pi}{n}\to 0,\quad (n\to\infty\text{时}).$$

从而数列 $\{\alpha_n\}$ 收敛，且

$$\lim_{n\to\infty}\alpha_n=1.$$

(2) 因为

$$\alpha_n=\frac{1+n\mathrm{i}}{1-n\mathrm{i}}=\frac{1-n^2}{1+n^2}+\mathrm{i}\frac{2n}{1+n^2},$$

所以

$$a_n=\frac{1-n^2}{1+n^2}\to -1,\ b_n=\frac{2n}{1+n^2}\to 0,\quad (n\to\infty\text{时}).$$

从而数列 $\{\alpha_n\}$ 收敛，且

$$\lim_{n\to\infty}\alpha_n=-1.$$

(3) 因为

$$\alpha_n=(-1)^n+\frac{\mathrm{i}}{1+n^2},$$

所以

$$a_n=(-1)^n,\ b_n=\frac{1}{1+n^2}\to 0,\quad (n\to\infty\text{时}).$$

由于数列 $\{a_n\}$ 发散，所以数列 $\{\alpha_n\}$ 发散.

4.1.2 复数项级数

定义 4.2 设$\{\alpha_n\}=\{a_n+\mathrm{i}b_n\}(n=1,2,\cdots)$为一复数列，表达式

$$\sum_{n=1}^{\infty}\alpha_n=\alpha_1+\alpha_2+\cdots+\alpha_n+\cdots \tag{4.1}$$

称为无穷级数，其最前面n项的和

$$S_n=\alpha_1+\alpha_2+\cdots+\alpha_n$$

称为级数的部分和.

如果部分和数列$\{S_n\}$收敛，则称级数$\sum\limits_{n=1}^{\infty}\alpha_n$收敛，并且称极限$\lim\limits_{n\to\infty}S_n=S$为级数的和. 如果部分和数列$\{S_n\}$发散，则称级数$\sum\limits_{n=1}^{\infty}\alpha_n$发散.

定理 4.2 级数$\sum\limits_{n=1}^{\infty}\alpha_n$收敛的充要条件是级数$\sum\limits_{n=1}^{\infty}a_n$和$\sum\limits_{n=1}^{\infty}b_n$都收敛，且有

$$\sum_{n=1}^{\infty}\alpha_n=\sum_{n=1}^{\infty}a_n+\mathrm{i}\sum_{n=1}^{\infty}b_n.$$

证明：注意到$S_n=\sum\limits_{i=1}^{n}\alpha_i=\sum\limits_{i=1}^{n}a_i+\mathrm{i}\sum\limits_{i=1}^{n}b_i=\sigma_n+\mathrm{i}\mu_n$，判别数列$\{S_n\}$有极限等价于判别数列$\{\sigma_n\}$，$\{\mu_n\}$有极限，由定理 4.1 即可得证.

定理 4.2 告诉我们，判别复数项级数$\sum\limits_{n=1}^{\infty}\alpha_n$的敛散性问题，可以转化为判别两个实数项级数$\sum\limits_{n=1}^{\infty}a_n$和$\sum\limits_{n=1}^{\infty}b_n$的敛散性问题.

由实数项级数$\sum\limits_{n=1}^{\infty}a_n$和$\sum\limits_{n=1}^{\infty}b_n$收敛的必要条件是$\lim\limits_{n\to\infty}a_n=0$，$\lim\limits_{n\to\infty}b_n=0$，可立即推出下面的结论.

推论 4.1 复数项级数$\sum\limits_{n=1}^{\infty}\alpha_n$收敛的必要条件是$\lim\limits_{n\to\infty}\alpha_n=0$.

例 4.2 判断下列级数是否收敛？

(1) $\sum_{n=1}^{\infty}\left(\frac{1}{n^2}+\frac{\mathrm{i}}{n^3}\right)$; (2) $\sum_{n=1}^{\infty}\mathrm{e}^{\mathrm{i}n}$.

解：(1) 因为 $\sum_{n=1}^{\infty}\frac{1}{n^2}$ 和 $\sum_{n=1}^{\infty}\frac{1}{n^3}$ 都收敛，所以由定理4.2可知，原级数收敛.

(2) 因为 $\lim_{n\to\infty}\alpha_n=\lim_{n\to\infty}\mathrm{e}^{\mathrm{i}n}\neq 0$，所以由推论4.1可知，原级数发散.

定义4.3 如果 $\sum_{n=1}^{\infty}|\alpha_n|$ 收敛，则称级数 $\sum_{n=1}^{\infty}\alpha_n$ 绝对收敛. 非绝对收敛的收敛级数称为条件收敛级数.

定理4.3 如果 $\sum_{n=1}^{\infty}|\alpha_n|$ 收敛，则 $\sum_{n=1}^{\infty}\alpha_n$ 也收敛，即级数若绝对收敛，则必条件收敛，且不等式 $\left|\sum_{n=1}^{\infty}\alpha_n\right|\leqslant\sum_{n=1}^{\infty}|\alpha_n|$ 成立.

证明：由于 $\sum_{n=1}^{\infty}|\alpha_n|$ 各项都是非负实数，且 $|a_n|\leqslant|\alpha_n|=\sqrt{a_n^2+b_n^2}$，$|b_n|\leqslant|\alpha_n|=\sqrt{a_n^2+b_n^2}$，由实数项级数的比较准则可知，当 $\sum_{n=1}^{\infty}|\alpha_n|$ 收敛时，$\sum_{n=1}^{\infty}|a_n|$，$\sum_{n=1}^{\infty}|b_n|$ 均收敛，从而 $\sum_{n=1}^{\infty}a_n$，$\sum_{n=1}^{\infty}b_n$ 均收敛，由定理4.2可得 $\sum_{n=1}^{\infty}\alpha_n$ 收敛.

又由于

$$\left|\sum_{k=1}^{n}\alpha_k\right|\leqslant\sum_{k=1}^{n}|\alpha_k|,$$

所以两边同取极限，有

$$\lim_{n\to\infty}\left|\sum_{k=1}^{n}\alpha_k\right|\leqslant\lim_{n\to\infty}\sum_{k=1}^{n}|\alpha_k|,$$

即

$$\left|\sum_{k=1}^{\infty}\alpha_k\right|\leqslant\sum_{k=1}^{\infty}|\alpha_k|.$$

由于 $|\alpha_n|\leqslant|a_n|+|b_n|$，所以当级数 $\sum_{n=1}^{\infty}a_n$ 和 $\sum_{n=1}^{\infty}b_n$ 都绝对收敛时，级数 $\sum_{n=1}^{\infty}\alpha_n$ 也绝对收敛，同时由于 $|a_n|\leqslant|\alpha_n|$，$|b_n|\leqslant|\alpha_n|$，所

以当级数 $\sum_{n=1}^{\infty}\alpha_n$ 绝对收敛时，级数 $\sum_{n=1}^{\infty}a_n$ 和 $\sum_{n=1}^{\infty}b_n$ 也都绝对收敛，即有

定理 4.4 $\sum_{n=1}^{\infty}\alpha_n$ 绝对收敛的充要条件是级数 $\sum_{n=1}^{\infty}a_n$ 和 $\sum_{n=1}^{\infty}b_n$ 都绝对收敛.

注：（1）因为 $\sum_{n=1}^{\infty}|\alpha_n|$ 的各项都是非负的实数，所以判别 $\sum_{n=1}^{\infty}\alpha_n$ 是否绝对收敛可以用正项级数的判定法来判定.

（2）通过分别判别级数 $\sum_{n=1}^{\infty}a_n$ 和 $\sum_{n=1}^{\infty}b_n$ 的绝对收敛性，用定理 4.4 也可以判别 $\sum_{n=1}^{\infty}\alpha_n$ 的绝对收敛性.

例 4.3 下列级数是否收敛？是否绝对收敛？

（1）$\sum_{n=1}^{\infty}\frac{1}{n}\left(1+\frac{\mathrm{i}}{n}\right)$；（2）$\sum_{n=1}^{\infty}\left[\frac{(-1)^n}{n}+\frac{\mathrm{i}}{2^n}\right]$；

（3）$\sum_{n=1}^{\infty}\frac{(5\mathrm{i})^n}{n!}$；（4）$\sum_{n=1}^{\infty}\frac{(3+5\mathrm{i})^n}{7^n}$；

（5）$\sum_{n=1}^{\infty}\frac{\mathrm{i}^n}{n}$.

解：（1）因为 $\sum_{n=1}^{\infty}\frac{1}{n}$ 发散，$\sum_{n=1}^{\infty}\frac{1}{n^2}$ 收敛，所以原级数发散.

（2）因为 $\sum_{n=1}^{\infty}\frac{(-1)^n}{n}$ 和 $\sum_{n=1}^{\infty}\frac{1}{2^n}$ 都收敛，所以原级数收敛. 但由于 $\sum_{n=1}^{\infty}\left|\frac{(-1)^n}{n}\right|=\sum_{n=1}^{\infty}\frac{1}{n}$ 发散，所以原级数不是绝对收敛.

（3）因为 $\left|\frac{(5\mathrm{i})^n}{n!}\right|=\frac{5^n}{n!}$，由正项级数的比值审敛法知，原级数收敛且绝对收敛.

（4）因为 $\sum_{n=1}^{\infty}\left|\frac{(3+5\mathrm{i})^n}{7^n}\right|=\sum_{n=1}^{\infty}\left|\frac{(3+5\mathrm{i})}{7}\right|^n=\sum_{n=1}^{\infty}\left(\frac{\sqrt{34}}{7}\right)^n$，这是公比小于 1 的几何级数，收敛，所以原级数收敛且绝对收敛.

(5) 因为 $\sum_{n=1}^{\infty}\frac{\mathrm{i}^n}{n}=\mathrm{i}-\frac{1}{2}-\frac{\mathrm{i}}{3}+\frac{1}{4}+\frac{\mathrm{i}}{5}-\frac{1}{6}-\cdots$

$$=\left(-\frac{1}{2}+\frac{1}{4}-\frac{1}{6}+\cdots\right)+\mathrm{i}\left(1-\frac{1}{3}+\frac{1}{5}-\cdots\right),$$

而级数 $-\frac{1}{2}+\frac{1}{4}-\frac{1}{6}+\cdots$ 和 $1-\frac{1}{3}+\frac{1}{5}-\cdots$ 都收敛，所以原级数收敛. 但由于 $\sum_{n=1}^{\infty}\left|\frac{\mathrm{i}^n}{n}\right|=\sum_{n=1}^{\infty}\frac{1}{n}$ 发散，所以原级数不是绝对收敛.

4.2 复变函数项级数与幂级数

4.2.1 复变函数项级数

定义 4.4 设 $\{f_n(z)\}$ $(n=1,2,\cdots)$ 为一复变函数序列，其中各项在区域 D 内有定义，表达式

$$\sum_{n=1}^{\infty}f_n(z)=f_1(z)+f_2(z)+\cdots+f_n(z)+\cdots \tag{4.2}$$

称为**复变函数项级数**，记作 $\sum_{n=1}^{\infty}f_n(z)$. 称

$$S_n(z)=f_1(z)+f_2(z)+\cdots+f_n(z)$$

为**级数的部分和**.

如果对于 D 内的某一点 z_0，极限

$$\lim_{n\to\infty}S_n(z_0)=S(z_0)$$

存在，那么我们称复变函数项级数 (4.2) 在点 z_0 收敛，$S(z_0)$ 称为它的和. 如果级数 (4.2) 在 D 内每一点都收敛，则称级数 (4.2) 在区域 D 内收敛，那么它的和一定是 z 的一个函数 $S(z)$

$$S(z)=\sum_{n=1}^{\infty}f_n(z)=f_1(z)+f_2(z)+\cdots+f_n(z)+\cdots,$$

称 $S(z)$ 为级数 $\sum_{n=1}^{\infty}f_n(z)$ 的**和函数**.

4.2.2 幂级数

在函数项级数中，最简单最重要的一类级数就是幂级数，它有着许多独特的性质.

定义 4.5 形如

$$\sum_{n=0}^{\infty} c_n(z-a)^n = c_0 + c_1(z-a) + c_2(z-a)^2 + \cdots + c_n(z-a)^n + \cdots, \tag{4.3}$$

或

$$\sum_{n=0}^{\infty} c_n z^n = c_0 + c_1 z + c_2 z^2 + \cdots + c_n z^n + \cdots \tag{4.4}$$

的函数项级数称为**幂级数**. 其中, $c_n(n=1, 2, \cdots)$ 及 a 均为复常数.

若令 $z-a=\xi$, 则式 (4.3) 通过变量代换可以变为式 (4.4), 所以为了方便起见, 以后只讨论形如式 (4.4) 的幂级数.

关于幂级数 $\sum\limits_{n=0}^{\infty} c_n z^n$ 的敛散性, 我们有与实变函数中幂级数类似的收敛定理.

掌握阿贝尔定理.

定理 4.5 (阿贝尔 (Abel) 定理) 如果级数 $\sum\limits_{n=0}^{\infty} c_n z^n$ 在 $z_0(z_0 \neq 0)$ 收敛, 那么对于满足 $|z|<|z_0|$ 的 z, 级数必定绝对收敛; 如果级数 $\sum\limits_{n=0}^{\infty} c_n z^n$ 在 z_0 发散, 那么对于满足 $|z|>|z_0|$ 的 z, 级数必定发散.

证明: 由于级数 $\sum\limits_{n=0}^{\infty} c_n z_0^n$ 收敛, 根据收敛的必要条件, 有 $\lim\limits_{n\to\infty} c_n z_0^n = 0$, 因而存在正数 M, 使对于所有的 n, 有

$$|c_n z_0^n| < M.$$

如果 $|z|<|z_0|$, 那么 $\left|\dfrac{z}{z_0}\right| = q < 1$, 而

$$|c_n z^n| = |c_n z_0^n| \cdot \left|\frac{z}{z_0}\right|^n < Mq^n,$$

由于 $\sum\limits_{n=0}^{\infty} Mq^n$ 为公比小于 1 的等比级数, 故此级数收敛, 从而根据正项级数的比较审敛法知, 级数

$$\sum_{n=0}^{\infty} |c_n z^n| = |c_0| + |c_1 z| + |c_2 z^2| + \cdots + |c_n z^n| + \cdots$$

收敛, 从而级数 $\sum\limits_{n=0}^{\infty} c_n z^n$ 是绝对收敛的.

定理结论的另一部分，根据以上证明过程利用反证法即可得.

由阿贝尔定理可知，对每一个收敛点 z_0，级数 $\sum_{n=0}^{\infty} c_n z^n$ 都相应有一个收敛区域 $|z|<|z_0|$，所以幂级数 $\sum_{n=0}^{\infty} c_n z^n$ 的收敛性无非有以下三种情形：

情形1：对所有的正实数都是收敛的. 由阿贝尔定理可知，级数在复平面内处处绝对收敛.

例 4.4 幂级数 $1+z+\frac{z^2}{2^2}+\cdots+\frac{z^n}{n^n}+\cdots$，由于对任意固定的 z，从某个 n 开始，总有 $\frac{|z|}{n}<\frac{1}{2}$，从而 $\left(\frac{|z|}{n}\right)^n<\frac{1}{2^n}$. 而级数 $\sum_{n=0}^{\infty}\frac{1}{2^n}$ 收敛，由比较审敛法，可知该级数对任意 z 都绝对收敛.

情形2：对所有的正实数除 $z=0$ 外都是发散的. 这时，级数在复平面内除原点外处处发散.

例 4.5 幂级数 $1+z+2^2z^2+\cdots+n^nz^n+\cdots$，当 $z\neq 0$ 时，由于通项不趋于零，故 $z\neq 0$ 时，该级数发散.

情形3：既存在使级数收敛的正实数，也存在使级数发散的正实数. 设 $z=\alpha$（正实数）时，级数收敛；$z=\beta$（正实数）时，级数发散. 那么由阿贝尔定理知，当 $|z|<\alpha$ 时，级数绝对收敛；$|z|>\beta$ 时，级数发散. 显然 $\alpha<\beta$. 可以证明，必存在正实数 R，使 $|z|<R$ 时，级数绝对收敛；$|z|>R$ 时，级数发散.

例 4.6 幂级数 $\sum_{n=0}^{\infty} z^n=1+z+z^2+\cdots+z^n+\cdots$，由于

$$S_n=1+z+z^2+\cdots+z^{n-1}=\frac{1-z^n}{1-z},$$

$|z|<1$ 时，$z^n\to 0\,(n\to\infty)$，因此 $S_n\to\frac{1}{1-z}\,(n\to\infty)$，即级数 $\sum_{n=0}^{\infty} z^n$ 在 $|z|<1$ 时绝对收敛，且有

$$1+z+z^2+\cdots+z^n+\cdots=\frac{1}{1-z}, \tag{4.5}$$

但 $|z|>1$ 时，由于通项不趋于零，故 $|z|>1$ 时级数发散.

称 R 为幂级数的**收敛半径**，称 $|z|=R$ 为幂级数的**收敛圆**. 式（4.5）在求幂级数的和函数及函数泰勒展开时会经常用到.

对于情形 1，约定收敛半径 $R=+\infty$，对于情形 2，约定收敛半径 $R=0$.

在收敛圆的内部，级数绝对收敛；在收敛圆的外部，级数发散. 在收敛圆的圆周上，级数可能收敛，也可能发散，也可能在某些点收敛，在某些点发散，要对具体级数具体分析，级数的敛散性没有一般性的结论.

4.2.3 收敛半径的求法

关于复幂级数 $\sum\limits_{n=0}^{\infty} c_n z^n$ 的收敛半径的求法，与实变函数中的类以，也有

定理 4.6（比值法） 如果 $\lim\limits_{n\to\infty}\left|\dfrac{c_{n+1}}{c_n}\right|=\lambda$，那么

（1）当上述极限存在且 $\lambda\neq 0$ 时，收敛半径 $R=\dfrac{1}{\lambda}$；

（2）当 $\lambda=0$ 时，收敛半径 $R=+\infty$；

（3）当 $\lambda=+\infty$ 时，收敛半径 $R=0$.

定理 4.7（根值法） 如果 $\lim\limits_{n\to\infty}\sqrt[n]{|c_n|}=\lambda$，那么

（1）当上述极限存在且 $\lambda\neq 0$ 时，收敛半径 $R=\dfrac{1}{\lambda}$；

（2）当 $\lambda=0$ 时，收敛半径 $R=+\infty$；

（3）当 $\lambda=+\infty$ 时，收敛半径 $R=0$.

例 4.7 求下列幂级数的收敛半径.

（1）$\sum\limits_{n=1}^{\infty}\dfrac{z^n}{n^3}$；（2）$\sum\limits_{n=1}^{\infty}\dfrac{(-1)^n z^n}{n!}$；（3）$\sum\limits_{n=1}^{\infty}(1-\mathrm{i})^n z^n$.

解：（1）因为 $\lim\limits_{n\to\infty}\left|\dfrac{c_{n+1}}{c_n}\right|=\lim\limits_{n\to\infty}\left(\dfrac{n}{n+1}\right)^3=1$，

所以 $R=1$；

（2）因为 $\lim\limits_{n\to\infty}\left|\dfrac{c_{n+1}}{c_n}\right|=\lim\limits_{n\to\infty}\dfrac{n!}{(n+1)!}=0$，

所以 $R=+\infty$；

（3）因为 $\lim\limits_{n\to\infty}\sqrt[n]{|c_n|}=\lim\limits_{n\to\infty}\sqrt[n]{(\sqrt{2})^n}=\sqrt{2}$，

所以　$R=\frac{\sqrt{2}}{2}$.

例 4.8 求 $\sum_{n=1}^{\infty}\frac{(z-1)^n}{n}$ 的收敛半径，并讨论 $z=0$ 和 $z=2$ 时的情形.

解：因为$\lim_{n\to\infty}\left|\frac{c_{n+1}}{c_n}\right|=\lim_{n\to\infty}\frac{n}{n+1}=1.$

所以　$R=1$

$z=0$ 时，原级数成为 $\sum_{n=1}^{\infty}\frac{(-1)^n}{n}$，它是交错级数，由莱布尼茨准则，此时，级数收敛.

$z=2$ 时，原级数成为 $\sum_{n=1}^{\infty}\frac{1}{n}$，它是调和级数，此时，级数发散.

注：事实上，用狄利克雷判别法可以知道，此级数在收敛圆周 $|z-1|=1$上的其他点处都是收敛的，由于判别比较繁琐，在此不引入.

4.2.4 幂级数的运算和性质

像实变函数中的幂级数一样，对于收敛圆的圆心相同的两个复变幂级数也可以进行加、减、乘运算.

设

$$f(z)=\sum_{n=0}^{\infty}a_nz^n,\ R=r_1,$$

$$g(z)=\sum_{n=0}^{\infty}b_nz^n,\ R=r_2,$$

则在以原点为圆心，r_1，r_2 中较小的一个为半径的圆内，这两个幂级数可以像多项式那样进行加法、减法、乘法运算，所得到的幂级数的和函数分别就是$f(z)$与$g(z)$的和、差与积，即

$$f(z)\pm g(z)=\sum_{n=0}^{\infty}a_nz^n\pm\sum_{n=0}^{\infty}b_nz^n=\sum_{n=0}^{\infty}(a_n\pm b_n)z^n,\quad(4.6)$$

$$f(z)\cdot g(z)=\left(\sum_{n=0}^{\infty}a_nz^n\right)\cdot\left(\sum_{n=0}^{\infty}b_nz^n\right)=\sum_{n=0}^{\infty}(a_nb_0+a_{n-1}b_1+\cdots+a_0b_n)z^n,\quad(4.7)$$

$|z|<R$，其中 $R=\min(r_1,r_2)$.

注：在和、差、积运算情形中，所得到的幂级数的收敛半径应该是大于或等于 r_1 与 r_2 中较小的一个. 但是上述两个等式成立的范围仍然应为 $|z|<R$，而不能扩大.

特别需要指出，代换运算（复合运算）也很常见. 代换运算指：若当 $|z|<r$ 时，$f(z)=\sum_{n=0}^{\infty}a_nz^n$，又设在 $|z|<R$ 时，函数 $g(z)$ 解析，而且满足 $|g(z)|<r$，那么当 $|z|<R$ 时，$f[g(z)]=\sum_{n=0}^{\infty}a_n[g(z)]^n$.

这个代换运算，在把函数展开成幂级数时，有着广泛的应用.

例 4.9 把函数 $\frac{1}{z-b}$ 表示成形如 $\sum_{n=0}^{\infty}c_n(z-a)^n$ 的幂级数，其中 a 与 b 是不相等的实数.

解：$\frac{1}{z-b}=\frac{1}{(z-a)-(b-a)}=-\frac{1}{b-a}\cdot\frac{1}{1-\frac{z-a}{b-a}}$,

当 $\left|\frac{z-a}{b-a}\right|<1$ 时，有

$$\frac{1}{1-\frac{z-a}{b-a}}=1+\left(\frac{z-a}{b-a}\right)+\left(\frac{z-a}{b-a}\right)^2+\cdots+\left(\frac{z-a}{b-a}\right)^n+\cdots,$$

从而

$$\frac{1}{z-b}=-\frac{1}{b-a}-\frac{1}{(b-a)^2}(z-a)-\frac{1}{(b-a)^3}(z-a)^2-\cdots-\frac{1}{(b-a)^{n+1}}(z-a)^n-\cdots$$

$$=\sum_{n=0}^{\infty}\frac{-1}{(b-a)^{n+1}}(z-a)^n. \tag{4.8}$$

上式成立的条件为

$$\left|\frac{z-a}{b-a}\right|<1,$$

设 $R=|b-a|$，则 $|z-a|<|b-a|=R$ 时，式（4.8）右端级数收敛，其和函数为 $\frac{1}{z-b}$. 当 $z=b$ 时，观察得知式（4.8）右端的级数发散，由阿贝尔定理可知，当 $|z-a|>|b-a|=R$ 时，级数发散，即此级数的收敛半径为 $R=|b-a|$.

与实变的幂级数的性质类似，复变幂级数在它的收敛圆内有如

下性质：

定理 4.8 设幂级数 $\sum_{n=0}^{\infty} c_n (z-z_0)^n$ 的收敛半径为 R，那么

(1) 它的和函数 $f(z)$ 在收敛圆 $|z-z_0|<R$ 内是解析函数.

(2) $f(z)$ 在收敛圆内可以逐项求导，即

$$f'(z)=\sum_{n=0}^{\infty} nc_n(z-z_0)^{n-1}.$$

(3) $f(z)$ 在收敛圆内可以逐项积分，即

$$\int_C f(z)\,\mathrm{d}z=\sum_{n=0}^{\infty} c_n\int_C (z-z_0)^n\,\mathrm{d}z \qquad C\in|z-z_0|<R$$

或

$$\int_a^z f(\zeta)\,\mathrm{d}\zeta=\sum_{n=0}^{\infty}\frac{c_n}{n+1}(z-z_0)^{n+1}.$$

思考题 1：幂级数在收敛圆边界上某点处发散，其和函数在此点是否必不解析？考虑例子 $\frac{1}{1-z}=1+z+z^2+\cdots+z^n+\cdots$ $(|z|<1)$ 在 $z=-1$ 的情形.

例 4.10 求级数 $\sum_{n=0}^{\infty}(n+1)z^n$ 的收敛半径与和函数.

解：因为 $\lim\limits_{n\to\infty}\frac{|c_{n+1}|}{|c_n|}=\lim\limits_{n\to\infty}\frac{n+2}{n+1}=1$，

所以 $R=1$.

对此级数逐项积分，可得

$$\int_0^z\sum_{n=0}^{\infty}(n+1)z^n\,\mathrm{d}z=\sum_{n=0}^{\infty}\int_0^z(n+1)z^n\,\mathrm{d}z=\sum_{n=0}^{\infty}z^{n+1}=\frac{z}{1-z},$$

从而，有

$$\sum_{n=0}^{\infty}(n+1)z^n=\left(\frac{z}{1-z}\right)'=\frac{1}{(1-z)^2},\ |z|<1.$$

4.3 泰勒级数

在上一节中，一个幂级数的和函数在它的收敛圆的内部是一个解析函数. 现在，考虑一个相反问题：任何一个圆内的解析函数是否能用幂级数来表达？下面的泰勒定理回答了这一问题.

4.3.1 泰勒定理

定理 4.9（泰勒定理） 设函数 $f(z)$ 在区域 D 内解析，z_0 为 D 内

的一点，d 为 z_0 到 D 的边界上各点的最短距离，那么当 $|z-z_0|<d$ 时，有

$$f(z)=\sum_{n=0}^{\infty}c_n(z-z_0)^n, \tag{4.9}$$

其中，$c_n=\frac{1}{n!}f^{(n)}(z_0)$，$n=0，1，2，\cdots$.

证明：设函数 $f(z)$ 在区域 D 内解析，$|\zeta-z_0|=r$ 为 D 内以 z_0 为中心的任一圆周，它与它的内部全包含于 D，圆周记为 K. z 为 K 内任意一点，如图 4.1 所示.

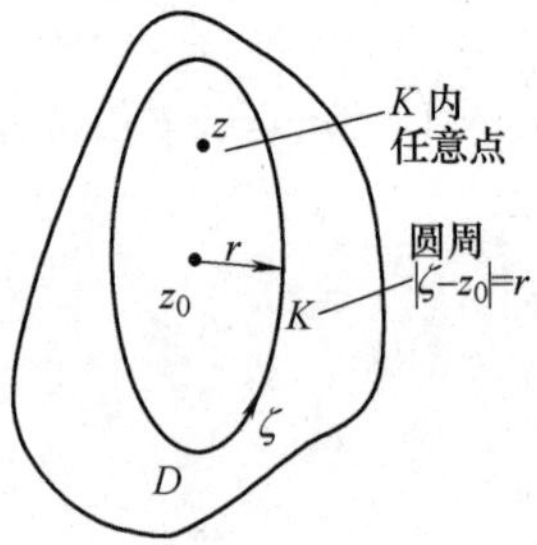

图 4.1

由柯西积分公式，有

$$f(z)=\frac{1}{2\pi i}\oint_K\frac{f(\zeta)}{\zeta-z}d\zeta,$$

其中，K 取正方向. 因为积分变量 ζ 在圆周 K 上，而点 z 在圆周 K 内部，故

$$\left|\frac{z-z_0}{\zeta-z_0}\right|<1.$$

从而

$$\begin{aligned}\frac{1}{\zeta-z}&=\frac{1}{\zeta-z_0}\frac{1}{1-\dfrac{z-z_0}{\zeta-z_0}}\\&=\frac{1}{\zeta-z_0}\left[1+\left(\frac{z-z_0}{\zeta-z_0}\right)+\left(\frac{z-z_0}{\zeta-z_0}\right)^2+\cdots+\left(\frac{z-z_0}{\zeta-z_0}\right)^n+\cdots\right]\\&=\sum_{n=0}^{\infty}\frac{1}{(\zeta-z_0)^{n+1}}(z-z_0)^n.\end{aligned}$$

从而

$$f(z)=\sum_{n=0}^{N-1}\left[\frac{1}{2\pi i}\oint_K\frac{f(\zeta)d\zeta}{(\zeta-z_0)^{n+1}}\right](z-z_0)^n+\frac{1}{2\pi i}\oint_K\left[\sum_{n=N}^{\infty}\frac{f(\zeta)}{(\zeta-z_0)^{n+1}}(z-z_0)^n\right]d\zeta,$$

由高阶导数公式，上式又可写为

$$f(z)=\sum_{n=0}^{N-1}\frac{f^{(n)}(z_0)}{n!}(z-z_0)^n+R_N(z), \tag{4.10}$$

其中

$$R_N(z)=\frac{1}{2\pi i}\oint_K\left[\sum_{n=N}^{\infty}\frac{f(\zeta)}{(\zeta-z_0)^{n+1}}(z-z_0)^n\right]d\zeta.$$

若在 K 内，有 $\lim\limits_{N\to\infty}R_N(z)=0$，则对式（4.10）两端取极限，

可得

$$f(z)=\sum_{n=0}^{\infty}\frac{f^{(n)}(z_0)}{n!}(z-z_0)^n,$$

即$f(z)$在区域K内可用幂级数来表示. 下面就证明$\lim\limits_{N\to\infty}R_N(z)=0$在$K$内部成立.

令

$$\left|\frac{z-z_0}{\zeta-z_0}\right|=\frac{|z-z_0|}{r}=q,$$

q与积分变量ζ无关, 且$0\leqslant q<1$, $f(z)$在$D(K\subset D)$内解析, 从而$f(\zeta)$在K上也连续, 从而$f(\zeta)$在K上有界, 即存在一个正常数M, 使在K上有

$$|f(\zeta)|\leqslant M.$$

从而, 由估值不等式有

$$\begin{aligned}|R_N(z)|&\leqslant\frac{1}{2\pi}\oint_K\left|\sum_{n=N}^{\infty}\frac{f(\zeta)}{(\zeta-z_0)^{n+1}}(z-z_0)^n\right|\mathrm{d}s\\&\leqslant\frac{1}{2\pi}\oint_K\left[\sum_{n=N}^{\infty}\frac{|f(\zeta)|}{|\zeta-z_0|}\left|\frac{z-z_0}{\zeta-z_0}\right|^n\right]\mathrm{d}s\\&\leqslant\frac{1}{2\pi}\cdot\sum_{n=N}^{\infty}\frac{M}{r}q^n\cdot 2\pi r=\frac{Mq^N}{1-q}.\end{aligned}$$

由于$\lim\limits_{N\to\infty}q^N=0$在$K$内成立, 所以$\lim\limits_{N\to\infty}R_N(z)=0$在$K$内成立. 从而在$K$内有

$$f(z)=\sum_{n=0}^{\infty}\frac{f^{(n)}(z_0)}{n!}(z-z_0)^n$$

这里, 圆周K的半径可以任意增大, 只需K在D内. 如果z_0到D的边界上各点的最短距离为d, 那么上述$f(z)$在点z_0的展开式在$|z-z_0|<d$内部成立. 同时, 满足$|z-z_0|<d$的z也必能使式 (4.9),

即$f(z)=\sum\limits_{n=0}^{\infty}\dfrac{f^{(n)}(z_0)}{n!}(z-z_0)^n$成立.

式 (4.9) 称为函数$f(z)$在z_0的泰勒展开式, 式 (4.9) 的右端的级数称为函数$f(z)$在z_0的泰勒级数, c_n称为函数$f(z)$在z_0的泰勒系数.

$z_0=0$时, 称为麦克劳林级数.

注: (1) 任何解析函数展开成幂级数的结果是唯一的, 即为泰

勒展开式;

(2) 若函数 $f(z)$ 在区域 D 内有奇点，则收敛半径 d 等于 z_0 到最近的一个奇点之间的距离.

将定理 4.9 与定理 4.8 结合起来，不难得到以下结论:

函数在一点解析的等价定义.

定理 4.10 函数 $f(z)$ 在点 z_0 解析的充分必要条件是 $f(z)$ 在 z_0 的邻域内可以展成幂级数，即泰勒级数.

这个定理从级数的角度深刻反映了解析函数的性质，也可以作为一个函数在一点解析的定义.

实变函数要展开成泰勒级数，需要该函数存在任意阶导数，这一般是难以达到的，而复变函数要展开成泰勒级数，只需要该函数满足在其邻域内解析即可，这是易于实现的，而且不需验证其余项趋于零，所以其应用范围比实变函数更广.

4.3.2 常用函数的泰勒展开式

下面几个例子将给出几个常用的初等函数的泰勒展式，它们的形式与实变函数中大家熟知的形式是一致的. 解析函数的泰勒展开，一般也有两种常用的方法.

1. 直接法

先计算泰勒系数

$$c_n = \frac{1}{n!} f^{(n)}(z_0),\ (n = 0,\ 1,\ 2,\ \cdots),$$

然后直接利用泰勒定理写出泰勒展开式.

例 4.11 求函数 e^z 在 $z=0$ 处的泰勒展开式.

解: 由于 $(e^z)^{(n)} = e^z$，$(e^z)^{(n)}|_{z=0} = 1$，$(n = 0,\ 1,\ 2,\ \cdots)$，同时由于函数 e^z 在复平面内处处解析，所以 $R = +\infty$，从而

$$e^z = 1 + z + \frac{z^2}{2!} + \frac{z^3}{3!} + \cdots + \frac{z^n}{n!} + \cdots = \sum_{n=0}^{\infty} \frac{z^n}{n!},\ (|z| < \infty).$$

类似地，可以得到函数 $\sin z$，$\cos z$ 的泰勒展开式

$$\begin{aligned} \sin z &= z - \frac{z^3}{3!} + \frac{z^5}{5!} - \cdots + (-1)^n \frac{z^{2n+1}}{(2n+1)!} + \cdots \\ &= \sum_{n=0}^{\infty} (-1)^n \frac{z^{2n+1}}{(2n+1)!},\ (|z| < \infty), \end{aligned}$$

$$\cos z = 1 - \frac{z^2}{2!} + \frac{z^4}{4!} - \cdots + (-1)^n \frac{z^{2n}}{(2n)!} + \cdots$$

$$= \sum_{n=0}^{\infty} (-1)^n \frac{z^{2n}}{(2n)!}, \ (|z| < \infty).$$

2. 间接展开法

借用已知函数的展开式，利用幂级数的性质，如变量代换、逐项求导、逐项积分等写出泰勒展开式.

如上述函数 $\sin z$ 的泰勒展开式可以通过利用 e^z 的泰勒展开式得到.

$$\begin{aligned}\sin z &= \frac{e^{iz} - e^{-iz}}{2i} \\ &= \frac{1}{2i}\left[\sum_{n=0}^{\infty} \frac{(iz)^n}{n!} - \sum_{n=0}^{\infty} \frac{(-iz)^n}{n!}\right] \\ &= \frac{1}{2i} \sum_{n=0}^{\infty} \frac{2i^{2n+1} z^{2n+1}}{(2n+1)!} \\ &= \sum_{n=0}^{\infty} (-1)^n \frac{z^{2n+1}}{(2n+1)!}.\end{aligned}$$

例 4.12 把函数 $\frac{1}{1+z^2}$ 展开成 z 的幂级数.

解： 由于

$$\frac{1}{1-z} = 1 + z + z^2 + \cdots + z^n + \cdots = \sum_{n=0}^{\infty} z^n, \ (|z| < 1),$$

所以

$$\begin{aligned}\frac{1}{1+z^2} &= \frac{1}{1-(-z^2)} = 1 - z^2 + z^4 - \cdots + (-1)^n z^{2n} + \cdots \\ &= \sum_{n=0}^{\infty} (-1)^n z^{2n}, \ (|-z^2| < 1),\end{aligned}$$

即

$$\frac{1}{1+z^2} = \sum_{n=0}^{\infty} (-1)^n z^{2n}, \ (|z| < 1).$$

例 4.13 把函数 $\frac{1}{(1+z)^2}$ 展开成 z 的幂级数.

解： 由于 $\frac{1}{(1+z)^2}$ 在 $|z| = 1$ 上有一个奇点 $z = -1$，而在 $|z| < 1$ 内处处解析，所以它在 $|z| < 1$ 内可展开成 z 的幂级数. 而

$$\frac{1}{1-z} = 1 + z + z^2 + \cdots + z^n + \cdots = \sum_{n=0}^{\infty} z^n, \ (|z| < 1),$$

所以

$$\frac{1}{1+z}=1-z+z^2-\cdots+(-1)^n z^n+\cdots=\sum_{n=0}^{\infty}(-1)^n z^n,\ (|z|<1).$$

把上式两边逐项求导，即得

$$\frac{1}{(1+z)^2}=-\left(\frac{1}{1+z}\right)'=1-2z+3z^2-\cdots+(-1)^{n-1}nz^{n-1}+\cdots$$

$$=\sum_{n=1}^{\infty}(-1)^{n-1}nz^{n-1},\ (|z|<1).$$

例 4.14 求对数函数的主值 $\ln(1+z)$ 在 $z=0$ 处的泰勒展开式.

解： $\ln(1+z)$ 在从 -1 向左沿负实轴剪开的平面内是解析的，而 $z=-1$ 是距 $z=0$ 最近的一个奇点，故它可在 $|z|<1$ 内展开成 z 的幂级数.

由于

$$\frac{1}{1+z}=1-z+z^2-\cdots+(-1)^n z^n+\cdots=\sum_{n=0}^{\infty}(-1)^n z^n,\ (|z|<1),$$

在 $|z|<1$ 内，任取一条从 0 到 z 的积分曲线，对上式逐项积分，有

$$\ln(1+z)=\int_0^z\frac{1}{1+z}\mathrm{d}z$$

$$=z-\frac{z^2}{2}+\frac{z^3}{3}-\cdots+(-1)^n\frac{z^{n+1}}{n+1}+\cdots$$

$$=\sum_{n=0}^{\infty}(-1)^n\frac{z^{n+1}}{n+1},\ (|z|<1).$$

例 4.15 将函数

$$f(z)=\frac{z}{z+2}$$

展开为 $z-1$ 的幂级数，并指明其收敛范围.

解： $f(z)=1-\dfrac{2}{z+2}=1-\dfrac{2}{3+(z-1)}$

$$=1-\frac{2}{3}\cdot\frac{1}{1+\frac{z-1}{3}}=1-\frac{2}{3}\cdot\sum_{n=0}^{\infty}(-1)^n\left(\frac{z-1}{3}\right)^n,\ \left|\frac{z-1}{3}\right|<1,$$

即

$$f(z)=1-\frac{2}{3}\cdot\sum_{n=0}^{\infty}\left(-\frac{1}{3}\right)^n(z-1)^n,\ |z-1|<3.$$

注：这里收敛半径的确定也可以用函数的奇点 $z=-2$ 到 $z_0=1$ 之间的距离，即 $R=3$.

4.4 洛朗级数

上一节中，一个在以 z_0 为中心的圆域内解析的函数 $f(z)$，可以在该圆域内展开成 $z-z_0$ 的幂级数.

如果函数 $f(z)$ 在 z_0 处不解析，那么在 z_0 的邻域内就不能用 $z-z_0$ 的幂级数来表示. 这种函数经常也会遇到，对其研究亦有重要意义，我们希望能把它展开成类似于幂级数的形式.

本节将讨论在以 z_0 为中心的圆环域内的解析函数 $f(z)$ 的级数表示法，并以此为工具，为下一章研究函数在孤立奇点邻域内的性质，以及定义留数和计算留数奠定必要的基础.

4.4.1 洛朗级数的概念及收敛域

定义 4.6 形如

$$\sum_{n=-\infty}^{+\infty} c_n(z-z_0)^n = \cdots + c_{-n}(z-z_0)^{-n} + \cdots + c_{-1}(z-z_0)^{-1} + c_0 + c_1(z-z_0) + \cdots + c_n(z-z_0)^n + \cdots \tag{4.11}$$

的双边级数 $\sum\limits_{n=-\infty}^{+\infty} c_n(z-z_0)^n$ 称为**洛朗级数**，其中 z_0 及 c_n（$n=0$，±1，±2，…）都是复常数.

可以看到，若 $c_{-n}=0$（$n=1$，2，…），则洛朗级数就是通常的幂级数，所以幂级数是洛朗级数的特殊情况.

下面考虑洛朗级数的收敛范围.

由于级数（4.11）的正幂项和负幂项分别在常数项的两端，且都有无穷项，因此没有首项，所以无法像前面的幂级数那样用前 n 项部分和数列的极限来定义其敛散性.

把级数（4.11）分成两部分来考虑，即

正幂项（包括常数项）部分：

$$\sum_{n=0}^{+\infty} c_n(z-z_0)^n = c_0 + c_1(z-z_0) + \cdots + c_n(z-z_0)^n + \cdots, \tag{4.12}$$

双边幂级数的收敛域 $R_1<|z-z_0|<R_2$ 也被称为公共收敛圆环.

负幂项部分：

$$\sum_{n=1}^{+\infty} c_{-n}(z-z_0)^{-n} = c_{-1}(z-z_0)^{-1}+c_{-2}(z-z_0)^{-2}+\cdots+c_{-n}(z-z_0)^{-n}+\cdots. \tag{4.13}$$

定义 4.7 若级数 $\sum_{n=0}^{+\infty} c_n(z-z_0)^n$ 与 $\sum_{n=1}^{+\infty} c_{-n}(z-z_0)^{-n}$ 都收敛，则称洛朗级数 $\sum_{n=-\infty}^{+\infty} c_n(z-z_0)^n$ 收敛，且

$$\sum_{n=-\infty}^{+\infty} c_n(z-z_0)^n = \sum_{n=0}^{+\infty} c_n(z-z_0)^n + \sum_{n=1}^{+\infty} c_{-n}(z-z_0)^{-n}.$$

级数（4.12）是一个通常的幂级数，它的收敛范围是一个圆域. 设其收敛半径为 R_2，则当 $|z-z_0|<R_2$ 时，级数收敛；当 $|z-z_0|>R_2$ 时，级数发散.

对于级数（4.13），如果令 $(z-z_0)^{-1}=\xi$，则

$$\sum_{n=1}^{+\infty} c_{-n}(z-z_0)^{-n} = \sum_{n=1}^{+\infty} c_{-n}\xi^n = c_{-1}\xi+c_{-2}\xi^2+\cdots+c_{-n}\xi^n+\cdots. \tag{4.14}$$

这样，级数（4.14）对于变量 ξ 来说，是一个普通的幂级数. 设它的收敛半径为 R，则当 $|\xi|<R$ 时，级数收敛；当 $|\xi|>R$ 时，级数发散. 依此判定级数（4.13）的收敛范围，当 $|z-z_0|=\dfrac{1}{|\xi|}>\dfrac{1}{R}=R_1$ 时，级数收敛；当 $|z-z_0|=\dfrac{1}{|\xi|}<\dfrac{1}{R}=R_1$ 时，级数发散.

这样，根据洛朗级数收敛的定义有：

当 $R_1>R_2$ 时，级数 $\sum_{n=-\infty}^{+\infty} c_n(z-z_0)^n$ 发散；

当 $R_1<R_2$ 时，级数 $\sum_{n=-\infty}^{+\infty} c_n(z-z_0)^n$ 收敛，收敛范围是圆环域：$R_1<|z-z_0|<R_2$.

在圆环域的边界 $|z-z_0|=R_1$ 或 $|z-z_0|=R_2$ 上级数可能收敛，也可能发散.

因此，洛朗级数的收敛域是圆环域 $R_1<|z-z_0|<R_2$. 两种极端的情况是：内圆半径 R_1 可能等于 0，此时级数的收敛域为圆环域 $0<|z-z_0|<R_2$；外圆半径 R_2 可能是无穷大，此时级数的收敛域为

圆环域 $R_1 < |z - z_0| < +\infty$.

例 4.16 求级数 $\sum_{n=1}^{\infty} \frac{a^n}{z^n} + \sum_{n=0}^{\infty} \frac{z^n}{b^n}$ 的收敛域.

解：$\sum_{n=1}^{\infty} \frac{a^n}{z^n} = \sum_{n=1}^{\infty} \left(\frac{a}{z}\right)^n$，当 $\left|\frac{a}{z}\right| < 1$ 时，即 $|z| > |a|$ 时收敛；

$\sum_{n=0}^{\infty} \frac{z^n}{b^n} = \sum_{n=0}^{\infty} \left(\frac{z}{b}\right)^n$，当 $\left|\frac{z}{b}\right| < 1$ 时，即 $|z| < |b|$ 时收敛.

所以，当 $|a| < |b|$ 时，原级数在 $|a| < |z| < |b|$ 内收敛；当 $|a| > |b|$ 时，原级数发散.

幂级数在收敛圆内有许多好的性质，洛朗级数在收敛圆环域内也同样具有，可以证明：洛朗级数 $\sum_{n=-\infty}^{+\infty} c_n (z - z_0)^n$ 在收敛圆环域内其和函数是解析的，而且可以逐项求导和逐项求积分.

4.4.2 圆环域内解析函数的洛朗展开

既然在圆环域内的级数之和是解析函数，那么反之，对于圆环域内解析的函数是否一定能展开成级数的形式呢？先看一个例子.

函数 $f(z) = \frac{1}{z(1-z)}$ 在 $z=0$ 及 $z=1$ 处都不解析，但在圆环域 $0 < |z| < 1$ 及 $0 < |z-1| < 1$ 内都是处处解析的. 考虑函数 $f(z) = \frac{1}{z(1-z)}$ 分别在这两个圆环域内展开成级数.

情形 1：在 $0 < |z| < 1$ 内，

$$f(z) = \frac{1}{z(1-z)} = \frac{1}{z} + \frac{1}{1-z}.$$

由于当 $|z| < 1$ 时，

$$\frac{1}{1-z} = 1 + z + z^2 + \cdots + z^n + \cdots = \sum_{n=0}^{\infty} z^n,$$

所以当 $0 < |z| < 1$ 时，

$$f(z) = \frac{1}{z(1-z)} = \frac{1}{z} + \frac{1}{1-z} = \frac{1}{z} + 1 + z + z^2 + \cdots + z^n + \cdots = \sum_{n=-1}^{\infty} z^n.$$

情形 2：在 $0 < |z-1| < 1$ 内，

$$f(z) = \frac{1}{z(1-z)} = \frac{1}{1-z}\left[\frac{1}{1-(1-z)}\right]$$

$$=\frac{1}{1-z}[1+(1-z)+(1-z)^2+\cdots+(1-z)^n+\cdots]$$

$$=\frac{1}{1-z}+1+(1-z)+(1-z)^2+\cdots+(1-z)^{n-1}+\cdots$$

$$=\sum_{n=-1}^{\infty}(-1)^n(z-1)^n,$$

或者 $f(z)=\dfrac{1}{z(1-z)}=\dfrac{1}{1-z}+\dfrac{1}{z}=\dfrac{1}{1-z}+\dfrac{1}{1-(1-z)}$

$$=\frac{1}{1-z}+[1+(1-z)+(1-z)^2+\cdots+(1-z)^n+\cdots]$$

$$=\sum_{n=-1}^{\infty}(-1)^n(z-1)^n.$$

由此可见，函数 $f(z)=\dfrac{1}{z(1-z)}$ 是可以展开成级数的，只是这个级数含有负幂项. 函数 $f(z)=\dfrac{1}{z(1-z)}$ 虽然不能展开为泰勒级数，但可以展开成洛朗级数.

思考题 2：为什么说泰勒展开式是洛朗展开式的特殊情形？

定理 4.11（洛朗定理） 设函数 $f(z)$ 在圆环域 $R_1<|z-z_0|<R_2$ 内处处解析，那么 $f(z)$ 在此圆环域内可以展开为

$$f(z)=\sum_{n=-\infty}^{+\infty}c_n(z-z_0)^n \tag{4.15}$$

其中，$c_n=\dfrac{1}{2\pi i}\oint_C\dfrac{f(\zeta)}{(\zeta-z_0)^{n+1}}d\zeta \quad (n=0,\ \pm1,\ \pm2,\ \cdots)$.

这里，C 为在圆环域 $R_1<|z-z_0|<R_2$ 内绕 z_0 的任何一条正向简单闭曲线. 并且在此圆环域内展开式是唯一的，称式（4.15）为函数 $f(z)$ 在此圆环域内的**洛朗展开式**. 称式（4.15）右端的级数为函数 $f(z)$ 在此圆环域内的洛朗级数. c_n 称为函数 $f(z)$ 在此圆环域内的**洛朗系数**. 级数中的正整数次幂部分（包括常数项）和负整数次幂部分，分别称为洛朗级数的解析（正则）部分和主要部分.

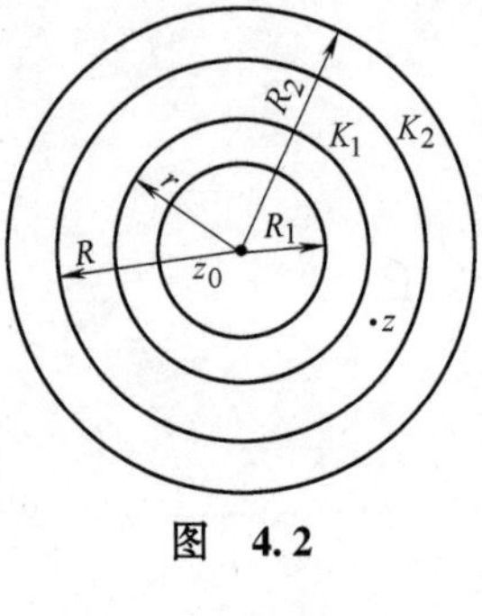

图 4.2

证明：设 z 为圆环域内任意一点，在此圆环域内以 z_0 为中心，作两个圆 K_1，K_2，K_2 的半径 R 大于 K_1 的半径 r，圆周取正向，并使 z 在 K_1，K_2 之间. 如图 4.2 所示.

由复合闭路的柯西积分公式，有

$$f(z)=\frac{1}{2\pi i}\oint_{K_2}\frac{f(\zeta)}{\zeta-z}d\zeta-\frac{1}{2\pi i}\oint_{K_1}\frac{f(\zeta)}{\zeta-z}d\zeta. \tag{4.16}$$

对于式（4.16）右端第一个积分：

$$\begin{aligned}\frac{1}{\zeta-z}&=\frac{1}{(\zeta-z_0)-(z-z_0)}\\&=\frac{1}{\zeta-z_0}\cdot\frac{1}{1-\dfrac{z-z_0}{\zeta-z_0}}\quad\left(\left|\frac{z-z_0}{\zeta-z_0}\right|<1\right)\\&=\frac{1}{\zeta-z_0}\sum_{n=0}^{\infty}\left(\frac{z-z_0}{\zeta-z_0}\right)^n=\sum_{n=0}^{\infty}\frac{(z-z_0)^n}{(\zeta-z_0)^{n+1}},\end{aligned}$$

从而，与泰勒定理的证明类似，有

$$\frac{1}{2\pi i}\oint_{K_2}\frac{f(\zeta)}{\zeta-z}d\zeta=\sum_{n=0}^{\infty}\left[\frac{1}{2\pi i}\oint_{K_2}\frac{f(\zeta)}{(\zeta-z_0)^{n+1}}d\zeta\right](z-z_0)^n=\sum_{n=0}^{\infty}c_n(z-z_0)^n.\tag{4.17}$$

对于式(4.17)右端第二个积分：

$$\begin{aligned}\frac{1}{\zeta-z}&=\frac{1}{(\zeta-z_0)-(z-z_0)}\\&=\frac{-1}{z-z_0}\cdot\frac{1}{1-\dfrac{\zeta-z_0}{z-z_0}}\quad\left(\left|\frac{\zeta-z_0}{z-z_0}\right|<1\right)\\&=-\frac{1}{z-z_0}\sum_{n=0}^{\infty}\left(\frac{\zeta-z_0}{z-z_0}\right)^n\\&=-\sum_{n=0}^{\infty}\frac{(\zeta-z_0)^n}{(z-z_0)^{n+1}}\\&=-\sum_{n=1}^{\infty}\frac{(\zeta-z_0)^{n-1}}{(z-z_0)^n},\end{aligned}$$

从而

$$-\frac{1}{2\pi i}\oint_{K_1}\frac{f(\zeta)}{\zeta-z}d\zeta=\sum_{n=1}^{N-1}\left[\frac{1}{2\pi i}\oint_{K_1}\frac{(\zeta-z_0)^{n-1}f(\zeta)}{(z-z_0)^n}d\zeta\right]+R_N(z),$$

其中

$$R_N(z)=\frac{1}{2\pi i}\oint_{K_1}\left[\sum_{n=N}^{\infty}\frac{(\zeta-z_0)^{n-1}f(\zeta)}{(z-z_0)^n}\right]d\zeta.$$

下面证明 $\lim\limits_{N\to\infty}R_N(z)=0$ 在 K_1 的外部成立.

令

$$\left|\frac{\zeta-z_0}{z-z_0}\right|=\frac{r}{|z-z_0|}=q,$$

q 与积分变量 ζ 无关，且 $0<q<1$，因为 z 在 K_1 的外部，$f(z)$ 在 K_1 的外部解析，从而 $f(\zeta)$ 在 K_1 上也连续，从而 $f(\zeta)$ 在 K_1 上有界，即存在一个正常数 M，使在 K_1 上，有

$$|f(\zeta)|\leqslant M,$$

从而

$$\begin{aligned}|R_N(z)| &\leqslant \frac{1}{2\pi}\oint_{K_1}\left|\sum_{n=N}^{\infty}\frac{f(\zeta)}{(z-z_0)^n}(\zeta-z_0)^{n-1}\right|\mathrm{d}\zeta \\ &\leqslant \frac{1}{2\pi}\oint_{K_1}\left[\sum_{n=N}^{\infty}\frac{|f(\zeta)|}{|\zeta-z_0|}\left|\frac{\zeta-z_0}{z-z_0}\right|^n\right]\mathrm{d}\zeta \\ &\leqslant \frac{1}{2\pi}\cdot\sum_{n=N}^{\infty}\frac{M}{r}q^n\cdot 2\pi r=\frac{Mq^N}{1-q}.\end{aligned}$$

由于 $\lim\limits_{N\to\infty}q^N=0$ 在 K_1 的外部成立，所以 $\lim\limits_{N\to\infty}R_N(z)=0$ 在 K_1 的外部成立. 这样,

$$\begin{aligned}-\frac{1}{2\pi\mathrm{i}}\oint_{K_1}\frac{f(\zeta)}{\zeta-z}\mathrm{d}\zeta &= \sum_{n=1}^{\infty}\left[\frac{1}{2\pi\mathrm{i}}\oint_{K_1}\frac{(\zeta-z_0)^{n-1}f(\zeta)}{(z-z_0)^n}\mathrm{d}\zeta\right] \\ &= \sum_{n=1}^{\infty}\left[\frac{1}{2\pi\mathrm{i}}\oint_{K_1}\frac{f(\zeta)}{(\zeta-z_0)^{-n+1}}\mathrm{d}\zeta\right](z-z_0)^{-n} \\ &= \sum_{n=1}^{\infty}c_{-n}(z-z_0)^{-n},\end{aligned}\qquad(4.18)$$

结合式（4.16）、式（4.17）与式（4.18），有

$$\begin{aligned}f(z) &= \frac{1}{2\pi\mathrm{i}}\oint_{K_2}\frac{f(\zeta)}{\zeta-z}\mathrm{d}\zeta-\frac{1}{2\pi\mathrm{i}}\oint_{K_1}\frac{f(\zeta)}{\zeta-z}\mathrm{d}\zeta \\ &= \sum_{n=0}^{\infty}c_n(z-z_0)^n+\sum_{n=1}^{\infty}c_{-n}(z-z_0)^{-n},\end{aligned}$$

其中

$$c_n=\frac{1}{2\pi\mathrm{i}}\oint_{K_2}\frac{f(\zeta)}{(\zeta-z_0)^{n+1}}\mathrm{d}\zeta,\ c_{-n}=\frac{1}{2\pi\mathrm{i}}\oint_{K_1}\frac{f(\zeta)}{(\zeta-z_0)^{-n+1}}\mathrm{d}\zeta.$$

如果 C 为在圆环域内绕 z_0 的任何一条正向简单闭曲线，则由闭路变形原理，c_n 与 c_{-n} 可以表示为

$$c_n=\frac{1}{2\pi\mathrm{i}}\oint_C\frac{f(\zeta)}{(\zeta-z_0)^{n+1}}\mathrm{d}\zeta\qquad(n=0,\pm1,\pm2,\cdots),$$

从而

$$f(z)=\sum_{n=-\infty}^{\infty}c_n(z-z_0)^n.$$

洛朗定理虽然为我们求在圆环域内的解析函数的洛朗展开式提供了理论依据和直接的展开方法，但是由于函数$f(z)$在圆心$z=z_0$处不一定解析，所以不能像泰勒展开式那样，用高阶导数公式将其化为函数在圆心处的导数$f^{(n)}(z_0)$去求系数. 然而洛朗展开式中的系数与泰勒展开式的系数公式本质上是一致的.

但用这种方法展开为级数往往比较麻烦，即便是对简单的函数，如

例 4.17 把函数$f(z)=\dfrac{e^z}{z^2}$在以$z=0$为中心的圆环域$0<|z|<+\infty$内展开成洛朗级数.

解：考虑 $c_n=\dfrac{1}{2\pi i}\oint_C\dfrac{e^{\xi}}{\xi^{n+3}}d\xi$,

由于当$n+3\leqslant 0$，即$n\leqslant -3$时，函数$\dfrac{e^{\xi}}{\xi^{n+3}}$在$C$及$C$的内部解析，故此时，$c_n=0$;

当$n\geqslant -2$时，$c_n=\dfrac{1}{2\pi i}\oint_C\dfrac{e^{\xi}}{\xi^{n+3}}d\xi=\dfrac{1}{(n+2)!}(e^{\xi})^{(n+2)}\Big|_{\xi=0}=\dfrac{1}{(n+2)!}$,

即

$$f(z)=\frac{e^z}{z^2}=\sum_{n=-2}^{+\infty}\frac{z^n}{(n+2)!}=\frac{1}{z^2}+\frac{1}{z}+\frac{1}{2!}+\frac{1}{3!}z+\frac{1}{4!}z^2+\cdots.$$

可以看出，即便是对比较简单的函数，直接套用洛朗系数公式来求，也是比较繁琐的. 所以一般不直接套用定理提供的公式来求系数，而是往往利用洛朗展开式的唯一性来间接地求展开式，如借助一些初等函数的泰勒展开式，采用换元法、逐项求导、逐项积分等方法.

由于已知函数e^z的泰勒展开式为

$$e^z=1+z+\frac{z^2}{2!}+\frac{z^3}{3!}+\cdots+\frac{z^n}{n!}+\cdots=\sum_{n=0}^{\infty}\frac{z^n}{n!},$$

所以利用洛朗展开式的唯一性，可知例4.17中函数的洛朗级数为

$$f(z)=\frac{e^z}{z^2}=\frac{1}{z^2}\sum_{n=0}^{+\infty}\frac{z^n}{n!}=\sum_{n=-2}^{+\infty}\frac{z^n}{(n+2)!}=\frac{1}{z^2}+\frac{1}{z}+\frac{1}{2!}+\frac{1}{3!}z+\frac{1}{4!}z^2+\cdots.$$

例 4.18 把函数 $f(z)=\dfrac{\sin z}{z^3}$ 在以 $z=0$ 为中心的圆环域 $0<|z|<+\infty$ 内展开成洛朗级数.

解：$f(z)=\dfrac{\sin z}{z^3}$ 在 $0<|z|<+\infty$ 内是处处解析的. 由

$$\sin z=z-\frac{z^3}{3!}+\frac{z^5}{5!}-\cdots+(-1)^n\frac{z^{2n+1}}{(2n+1)!}+\cdots=\sum_{n=0}^{\infty}(-1)^n\frac{z^{2n+1}}{(2n+1)!},$$

可知

$$\begin{aligned}f(z)&=\frac{\sin z}{z^3}\\&=\frac{1}{z^3}\left(z-\frac{z^3}{3!}+\frac{z^5}{5!}-\cdots+(-1)^n\frac{z^{2n+1}}{(2n+1)!}+\cdots\right)\\&=\frac{1}{z^3}\sum_{n=0}^{\infty}(-1)^n\frac{z^{2n+1}}{(2n+1)!}\\&=\sum_{n=0}^{\infty}(-1)^n\frac{z^{2n-2}}{(2n+1)!}.\end{aligned}$$

例 4.19 把函数 $f(z)=z\mathrm{e}^{\frac{1}{z}}$ 在 $0<|z|<+\infty$ 内展开成洛朗级数.

解：$f(z)=z\mathrm{e}^{\frac{1}{z}}$ 在 $0<|z|<+\infty$ 内是处处解析的. 由

$$\mathrm{e}^z=1+z+\frac{z^2}{2!}+\frac{z^3}{3!}+\cdots+\frac{z^n}{n!}+\cdots=\sum_{n=0}^{\infty}\frac{z^n}{n!},$$

可知

$$\begin{aligned}f(z)&=z\mathrm{e}^{\frac{1}{z}}=z\left(1+\frac{1}{z}+\frac{1}{2!z^2}+\frac{1}{3!z^3}+\cdots+\frac{1}{n!z^n}+\cdots\right)\\&=z+1+\frac{1}{2!z}+\frac{1}{3!z^2}+\frac{1}{4!z^3}+\cdots+\frac{1}{n!z^{n-1}}+\cdots\\&=\sum_{n=0}^{\infty}\frac{1}{n!z^{n-1}}.\end{aligned}$$

例 4.20 函数 $f(z)=\dfrac{1}{(z-1)(z-2)}$ 在圆环域：(1) $0<|z|<1$；(2) $1<|z|<2$；(3) $2<|z|<\infty$ 内是处处解析的. 试把函数 $f(z)$ 在这些区域内展开成洛朗级数.

解：

$$f(z)=\frac{1}{(1-z)}-\frac{1}{(2-z)}.$$

(1) 在 $0<|z|<1$ 内，如图 4.3 所示，由于 $|z|<1$，从而 $\left|\dfrac{z}{2}\right|<1$，所以

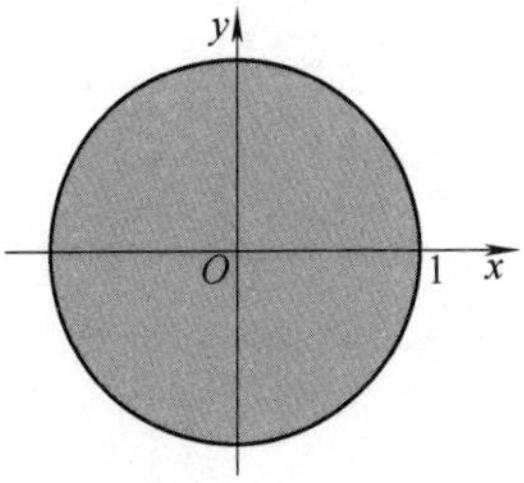

图 4.3

$$\frac{1}{1-z}=1+z+z^2+\cdots+z^n+\cdots,$$

$$\frac{1}{2-z}=\frac{1}{2}\cdot\frac{1}{1-\frac{z}{2}}=\frac{1}{2}\left(1+\frac{z}{2}+\frac{z^2}{2^2}+\cdots+\frac{z^n}{2^n}+\cdots\right),$$

所以

$$f(z)=(1+z+z^2+\cdots)-\frac{1}{2}\left(1+\frac{z}{2}+\frac{z^2}{4}+\cdots\right)=\frac{1}{2}+\frac{3}{4}z+\frac{7}{8}z^2+\cdots.$$

(2) 在 $1<|z|<2$ 内，如图 4.4 所示，由于 $\left|\dfrac{1}{z}\right|<1$，$\left|\dfrac{z}{2}\right|<1$，所以

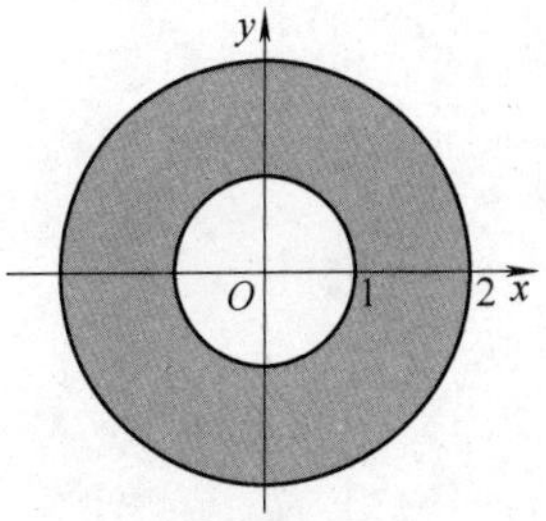

图 4.4

$$\frac{1}{1-z}=-\frac{1}{z}\cdot\frac{1}{1-\frac{1}{z}}=-\frac{1}{z}\left(1+\frac{1}{z}+\frac{1}{z^2}+\cdots\right),$$

$$\frac{1}{2-z}=\frac{1}{2}\cdot\frac{1}{1-\frac{z}{2}}=\frac{1}{2}\left(1+\frac{z}{2}+\frac{z^2}{2^2}+\cdots+\frac{z^n}{2^n}+\cdots\right),$$

所以

$$f(z)=-\frac{1}{z}\left(1+\frac{1}{z}+\frac{1}{z^2}+\cdots\right)-\frac{1}{2}\left(1+\frac{z}{2}+\frac{z^2}{2^2}+\cdots\right)$$

$$=\cdots-\frac{1}{z^n}-\frac{1}{z^{n-1}}-\cdots-\frac{1}{z}-\frac{1}{2}-\frac{z}{4}-\frac{z^2}{8}-\cdots.$$

(3) 在 $2<|z|<\infty$ 内，如图 4.5 所示，此时 $\left|\dfrac{1}{z}\right|<\left|\dfrac{2}{z}\right|<1$，所以

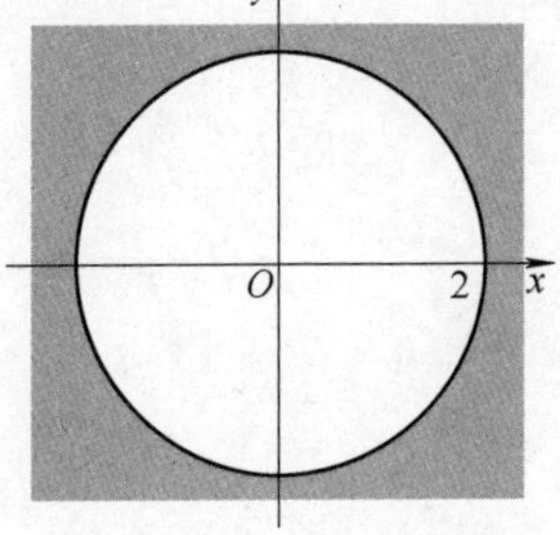

图 4.5

$$\frac{1}{2-z}=-\frac{1}{z}\cdot\frac{1}{1-\frac{2}{z}}=-\frac{1}{z}\left(1+\frac{2}{z}+\frac{4}{z^2}+\cdots\right),$$

$$\frac{1}{1-z}=-\frac{1}{z}\cdot\frac{1}{1-\frac{1}{z}}=-\frac{1}{z}\left(1+\frac{1}{z}+\frac{1}{z^2}+\cdots\right),$$

所以

$$f(z)=\frac{1}{z}\left(1+\frac{2}{z}+\frac{4}{z^2}+\cdots\right)-\frac{1}{z}\left(1+\frac{1}{z}+\frac{1}{z^2}+\cdots\right)$$

$$= \frac{1}{z^2} + \frac{3}{z^3} + \frac{7}{z^4} + \cdots.$$

注：洛朗展开式的唯一性，指的是函数在某一个给定的圆环域内的洛朗展开式是唯一的. 在不同的圆环域内的洛朗展开式可以是不同的.

例 4.21 函数 $f(z) = \dfrac{1}{(z-1)(z-2)}$ 在平面内有两个奇点 $z=1$ 及 $z=2$，试把 $f(z)$ 分别在此二点的去心邻域 $0<|z-1|<1$ 和 $0<|z-2|<1$ 内展开成洛朗级数.

解：(1) 在 $0<|z-1|<1$ 内，

$$\begin{aligned} f(z) &= \frac{1}{(1-z)} - \frac{1}{(2-z)} = -\frac{1}{z-1} - \frac{1}{1-(z-1)} \\ &= -\frac{1}{z-1} - \sum_{n=0}^{\infty}(z-1)^n \\ &= -\sum_{n=-1}^{\infty}(z-1)^n. \end{aligned}$$

(2) 在 $0<|z-2|<1$ 内，

$$\begin{aligned} f(z) &= \frac{1}{(1-z)} - \frac{1}{(2-z)} = \frac{1}{z-2} - \frac{1}{1+(z-2)} \\ &= \frac{1}{z-2} - \sum_{n=0}^{\infty}(-1)^n(z-2)^n \\ &= \sum_{n=-1}^{\infty}(-1)^{n+1}(z-2)^n. \end{aligned}$$

由于洛朗级数 $f(z) = \sum_{n=-\infty}^{+\infty} c_n (z-z_0)^n$ 的系数

$$c_n = \frac{1}{2\pi i}\oint_C \frac{f(\zeta)}{(\zeta - z_0)^{n+1}} d\zeta, \quad n=0,\ \pm1,\ \pm2,\ \cdots,$$

令 $n=-1$，则有 $c_{-1} = \dfrac{1}{2\pi i}\oint_C f(\zeta)\,d\zeta = \dfrac{1}{2\pi i}\oint_C f(z)\,dz$，即

$$\oint_C f(z)\,dz = 2\pi i c_{-1}, \tag{4.19}$$

其中 C 为在圆环域 $R_1 < |z-z_0| < R_2$ 内绕 z_0 的任何一条正向简单闭曲线，所以也可以利用洛朗系数 c_{-1} 来求积分的值，具体将在下一章留数中介绍.

习题四

1. 下列复数列是否收敛？若收敛，求出其极限.

(1) $z_n = \mathrm{i}^n + \dfrac{1}{n}$；　(2) $z_n = \dfrac{n!}{n^n}\mathrm{i}^n$；

(3) $z_n = \dfrac{1}{n} + \dfrac{\mathrm{i}}{3^n}$；　(4) $z_n = (1+\mathrm{i})^{-n}$；

(5) $z_n = \dfrac{1+n\mathrm{i}}{1-n\mathrm{i}}$；　(6) $z_n = (-1)^n + \dfrac{\mathrm{i}}{n+1}$.

2. 判断下列级数是否收敛.

(1) $1+\mathrm{i}+\mathrm{i}^2+\mathrm{i}^3+\cdots+\mathrm{i}^n+\cdots$；

(2) $\displaystyle\sum_{n=1}^{\infty}\left(\frac{1+5\mathrm{i}}{2}\right)^n$；

(3) $\displaystyle\sum_{n=1}^{\infty}\frac{(3+5\mathrm{i})^n}{n!}$；

(4) $\displaystyle\sum_{n=0}^{\infty}\frac{(3\mathrm{i})^n}{n!}$.

3. 判断下列级数是否收敛，若收敛，是绝对收敛还是条件收敛.

(1) $\displaystyle\sum_{n=0}^{\infty}\frac{n}{2^n}(1+\mathrm{i})^n$；　(2) $\displaystyle\sum_{n=0}^{\infty}(1+\mathrm{i})^n$；

(3) $\displaystyle\sum_{n=1}^{\infty}\left(\frac{1}{3^n}+\frac{\mathrm{i}}{n}\right)$；　(4) $\displaystyle\sum_{n=0}^{\infty}\left(\frac{6+5\mathrm{i}}{8}\right)^n$；

(5) $\displaystyle\sum_{n=2}^{\infty}\frac{\mathrm{i}^n}{\ln n}$.

4. 证明级数 $\displaystyle\sum_{n=1}^{\infty}\mathrm{e}^{\mathrm{i}n}$ 发散.

5. 幂级数 $\displaystyle\sum_{n=0}^{\infty}c_n(z-3)^n$ 能否在 $z=0$ 收敛，而在 $z=2$ 发散？

6. 求下列幂级数的收敛半径.

(1) $\displaystyle\sum_{n=1}^{\infty}nz^{n-1}$；　(2) $\displaystyle\sum_{n=1}^{\infty}\frac{(-1)^n}{n!}z^n$；

(3) $\displaystyle\sum_{n=0}^{\infty}\frac{z^n}{n^2}$；　(4) $\displaystyle\sum_{n=0}^{\infty}(\cos \mathrm{i}n)z^n$；

(5) $\displaystyle\sum_{n=1}^{\infty}(-\mathrm{i})^{n-1}\frac{2n-1}{2^n}z^{2n-1}$；

(6) $\displaystyle\sum_{n=0}^{\infty}(1+\mathrm{i})^n z^n$；　(7) $\displaystyle\sum_{n=1}^{\infty}\mathrm{e}^{\frac{\mathrm{i}\pi}{n}}z^n$；

(8) $\displaystyle\sum_{n=1}^{\infty}\frac{(n!)^2}{n^n}z^n$.

7. 求下列幂级数的和函数.

(1) $\displaystyle\sum_{n=0}^{\infty}(n+1)z^n$；　(2) $\displaystyle\sum_{n=1}^{\infty}(2^n-1)z^n$；

(3) $\displaystyle\sum_{n=0}^{\infty}(-1)^n\frac{1}{(2n)!}z^{2n}$.

8. 将下列函数展开为 z 的幂级数，并写出其收敛范围.

(1) $\dfrac{1}{1+z^3}$；　(2) $\dfrac{1}{(1+z^2)^2}$；

(3) $\sin^2 z$；　(4) $\dfrac{1}{(1-z)^2}$；

(5) $\dfrac{1}{3-2z}$；　(6) $\sin\dfrac{z}{1-z}$.

9. 将函数 e^{z^2} 在点 $z=0$ 处展开为幂级数.

10. 将下列函数在指定点展开成泰勒级数，并指出其收敛半径.

(1) $\dfrac{z-1}{z+1}$，$z_0=1$；　(2) $\mathrm{e}^{\frac{z}{z-1}}$，$z_0=0$；

(3) $\dfrac{1}{z^2}$，$z_0=1$；

(4) $\dfrac{z}{(z+1)(z+2)}$，$z_0=2$；

(5) $\dfrac{1}{3-2z}$，$z_0=-1$；　(6) $\dfrac{1}{4-3z}$，$z_0=1+\mathrm{i}$.

11. 将函数 $f(z)=\dfrac{4z^2+26z+36}{(z+3)^3(z+2)}$ 展开为 z 的幂级数.

12. 将函数 $f(z)=\dfrac{1}{z^2(z-\mathrm{i})}$ 展开为洛朗级数，圆环域为

(1) $0<|z-\mathrm{i}|<1$；　(2) $1<|z-\mathrm{i}|<+\infty$.

13. 将函数$f(z)=\dfrac{1}{z-5}$展开为洛朗级数，圆环域为

(1) $0<|z-3|<2$；

(2) $2<|z-3|<+\infty$；

(3) $0<|z-1|<4$；

(4) $4<|z-1|<+\infty$.

14. 将函数$f(z)=\dfrac{1}{(z-a)(z-b)}$展开为洛朗级数，其中$|a|<|b|$，$a$，$b$都是复数，圆环域为

(1) $0<|a|<|z|<|b|$；　(2) $|z|>|b|$.

15. 将下列各函数在指定圆环域内展开为洛朗级数.

(1) $ze^{\frac{1}{z}}$，$0<|z|<\infty$；

(2) $\dfrac{z+1}{z^2(z-1)}$，$1<|z|<\infty$；

(3) $\dfrac{z^2-2z+5}{(z-2)(z^2+1)}$，$1<|z|<2$；

(4) $\sin\dfrac{1}{1-z}$，$0<|z-1|<1$；

(5) $\dfrac{1}{z(1-z)^2}$，$0<|z|<1$，$0<|z-1|<1$.

16. 将函数$f(z)=\dfrac{1}{z^2-3z+2}$在$z=1$处展开为洛朗级数.

小　结　四

在用微分和积分的方法研究了解析函数之后，本章中，我们介绍了如何用级数来研究解析函数的性质. 复数列和复数项级数的收敛定义及判定条件与实数列和级数的基本相同，因此我们依旧可以将复数列的敛散性判别问题转化为对其实部和虚部这两个实数列的敛散性的判别问题.

复变函数项级数要更为复杂一些，其中最简单的一类是幂级数. 我们也可以认为幂级数是复变函数项级数的特殊情况. 幂级数的收敛范围是一个圆域，其收敛半径可以用比值法或根值法求得. 在把一个复变函数展开成幂级数时，我们经常会用到代换运算，而在求幂级数的和函数时，幂级数的代数运算和逐项积分、逐项求导都是常用的工具.

定理4.9（泰勒定理）说明的是在某个区域内解析的函数可以展开成泰勒级数. 定理4.10更是进一步揭示了解析函数的级数本质. 本章还给出了两个泰勒级数展开的常用方法：直接法和间接展开法. 读者可以通过课后的练习掌握这两种方法.

洛朗级数是幂级数的进一步发展，它实际上是由一个双边幂级数，即由一个通常的幂级数同一个负幂项的级数组合而成. 洛朗级数的和函数是圆域内的解析函数，而在实用上却往往需要把一个函数在围绕它的孤立奇点的圆域内展开成级数，所以本章的重点之一就是将一个在圆域内解析的函数展开为洛朗级数. 这时我们一般要利用一些已知函数的幂级数展开式间接地去求洛朗级数的展开式.

第5章 留数

留数理论在复变函数中占有重要地位，它是复积分与复级数理论相结合的产物. 本章先以洛朗级数为工具，对解析函数的孤立奇点进行分类，并在此基础上引进留数的概念、介绍留数的计算方法及留数定理. 利用留数定理解决一些利用高等数学方法难以解决的积分计算问题. 最后介绍对数留数，辐角原理，路西定理，供有关专业选用.

5.1 孤立奇点

5.1.1 孤立奇点的分类

在第2章第2.1节中曾定义函数不解析的点为奇点，下面在此基础上给出孤立奇点的定义.

定义 5.1 如果函数 $f(z)$ 虽在 z_0 不解析，但在 z_0 的某一个去心邻域 $0<|z-z_0|<\delta$ 内处处解析，那么 z_0 称为 $f(z)$ 的孤立奇点.

解析就是指在一点及其邻域内处处可导.

例如 $z=0$ 是函数 $\frac{1}{z}$ 的孤立奇点.

但应指出，函数的奇点不一定总是孤立的.

例如函数 $f(z)=\frac{1}{\sin\frac{1}{z}}$，$z=0$ 是它的一个奇点，除此以外，$z_n=\frac{1}{n\pi}$ $(n=\pm1,\ \pm2,\ \pm3,\ \cdots)$ 也都是它的奇点. 当 n 的绝对值逐渐增大时，$\frac{1}{n\pi}$ 可任意接近 $z=0$. 换句话说，在 $z=0$ 的不论怎样小的去心邻域内总有 $f(z)$ 的奇点存在，所以 $z=0$ 不是 $\frac{1}{\sin\frac{1}{z}}$ 的孤立奇点.

由第 4 章知，$f(z)$ 可以在它的孤立奇点 z_0 的去心邻域内展开成洛朗级数，根据展开式的不同情况将孤立奇点作如下的分类.

1. 可去奇点

如果在洛朗展开式中不含 $z-z_0$ 的负幂项，那么孤立奇点 z_0 称为 $f(z)$ 的可去奇点.

这时，$f(z)$ 在 z_0 的去心邻域内的洛朗级数实际上就是一个普通的幂级数：

$$c_0+c_1(z-z_0)+\cdots+c_n(z-z_0)^n+\cdots,$$

因此，这个幂级数的和函数 $F(z)$ 是在 z_0 解析的函数，且当 $z\neq z_0$ 时，$F(z)=f(z)$，当 $z=z_0$ 时，$F(z_0)=c_0$. 但是，由于

$$\lim_{z\to z_0}f(z)=\lim_{z\to z_0}F(z)=F(z_0)=c_0,$$

所以不论 $f(z)$ 原来在 z_0 是否有定义，如果我们令 $f(z_0)=c_0$，那么在圆域 $|z-z_0|<\delta$ 内就有

$$f(z)=c_0+c_1(z-z_0)+\cdots+c_n(z-z_0)^n+\cdots,$$

从而函数 $f(z)$ 在 z_0 就成为解析的了. 由于这个原因，所以 z_0 称为可去奇点.

例如，$z=0$ 是 $\dfrac{\sin z}{z}$ 的可去奇点，因为这个函数在 $z=0$ 的去心邻域内的洛朗级数

$$\frac{\sin z}{z}=\frac{1}{z}\left(z-\frac{1}{3!}z^3+\frac{1}{5!}z^5-\cdots\right)=1-\frac{1}{3!}z^2+\frac{1}{5!}z^4-\cdots$$

中不含负幂项. 如果我们约定 $\dfrac{\sin z}{z}$ 在 $z=0$ 的值为 1（即 c_0），那么 $\dfrac{\sin z}{z}$ 在 $z=0$ 就成为解析的了.

2. 极点

如果在洛朗展开式中只有有限多个 $(z-z_0)$ 的负幂项，且其中关于 $(z-z_0)^{-1}$ 的最高幂为 $c_{-m}(z-z_0)^{-m}$，即

$$f(z)=c_{-m}(z-z_0)^{-m}+c_{-m+1}(z-z_0)^{-m+1}+c_{-m+2}(z-z_0)^{-m+2}+\cdots+c_0+c_1(z-z_0)+\cdots\qquad(m\geqslant 1,\ c_{-m}\neq 0).$$

那么孤立奇点 z_0 称为函数 $f(z)$ 的 m 级极点，上式也可写成

$$f(z)=\frac{1}{(z-z_0)^m}g(z),\tag{5.1}$$

其中，$g(z)=c_{-m}+c_{-m+1}(z-z_0)+c_{-m+2}(z-z_0)^2+\cdots$在$|z-z_0|<\delta$内是解析的函数，且$g(z_0)\neq 0$，反过来，当任何一个函数$f(z)$能表示为式(5.1)的形式，且$g(z_0)\neq 0$时，那么$z_0$是$f(z)$的$m$级极点.

例如，对有理分式函数$f(z)=\dfrac{z-2}{(z^2+1)(z-1)^3}$来说，$z=1$是它的一个三级极点，$z=\pm i$都是它的一级极点.

如果z_0为$f(z)$的极点，由式(5.1)，就有$\lim\limits_{z\to z_0}|f(z)|=+\infty$或写作$\lim\limits_{z\to z_0}f(z)=\infty$.

3. 本性奇点

如果在洛朗展开式中含有无穷多个$z-z_0$的负幂项，那么孤立奇点z_0称为$f(z)$的本性奇点.

例如，函数$f(z)=e^{\frac{1}{z}}$以$z=0$为它的本性奇点，因为在级数

$$e^{\frac{1}{z}}=1+z^{-1}+\frac{1}{2!}z^{-2}+\cdots+\frac{1}{n!}z^{-n}+\cdots$$

中含有无穷多个z的负幂项.

在本性奇点的邻域内，函数有如下的性质(证明略)：

如果z_0为$f(z)$的本性奇点，那么$\lim\limits_{z\to z_0}f(z)$不存在且不为∞.

综合以上三种情况可知：

(1) 如果z_0为$f(z)$的可去奇点，那么$\lim\limits_{z\to z_0}f(z)$存在且有限；

(2) 如果z_0为$\lim\limits_{z\to z_0}f(z)$的极点，那么$\lim\limits_{z\to z_0}f(z)=\infty$；

(3) 如果z_0为$f(z)$的本性奇点，那么$\lim\limits_{z\to z_0}f(z)$不存在且不为∞.

因为已经讨论了孤立奇点的一切可能情形，所以反过来的结论也成立. 这就是说，我们可以利用上述极限的不同情形对孤立奇点进行分类.

5.1.2 函数的零点与极点的关系

定义 5.2 若$f(z)=(z-z_0)^m\varphi(z)$，其中$\varphi(z)$在z_0解析，并且$\varphi(z_0)\neq 0$，m为某一正整数，那么z_0称为$f(z)$的m级零点.

注意定义中必须要求$\varphi(z)$在z_0点解析，在进行零点级别判断时务必注意这一点.

例如$z=0$与$z=1$分别是函数$f(z)=z(z-1)^3$的一级与三级零点.

由定义 5.2，可以得到下面定理：

当直观判断无法运用 m 级零点的定义进行零点级别判断时，可以利用该充要条件对零点的级别进行判断.

定理 5.1 如果 $f(z)$ 在 z_0 解析，那么 z_0 为 $f(z)$ 的 m 级零点的充要条件是

$$f^{(n)}(z_0)=0,\ (n=0,\ 1,\ 2,\ \cdots,\ m-1),\ f^{(m)}(z_0)\neq 0. \quad (5.2)$$

证明：如果 z_0 是 $f(z)$ 的 m 级零点，那么 $f(z)$ 可表成 $f(z)=(z-z_0)^m\varphi(z)$，其中 $\varphi(z_0)\neq 0$.

设 $\varphi(z)$ 在 z_0 的泰勒展开式为

$$\varphi(z)=c_0+c_1(z-z_0)+\cdots+c_n(z-z_0)^2+\cdots,$$

其中，$c_0=\varphi(z_0)\neq 0$，从而 $f(z)$ 在 z_0 的泰勒展开式为

$$f(z)=c_0(z-z_0)^m+c_1(z-z_0)^{m+1}+c_2(z-z_0)^{m+2}+\cdots.$$

这个式子说明，$f(z)$ 在 z_0 的泰勒展开式的前 m 项系数都为零.

由泰勒级数展开式的唯一性可知，这时 $f^{(n)}(z_0)=0$，$(n=0,\ 1,\ 2,\ \cdots,\ m-1)$ 而 $\dfrac{f^{(m)}(z_0)}{m!}=c_0\neq 0$. 这就证明了式(5.2)是 z_0 为 $f(z)$ 的 m 级零点的必要条件.

充分性可由读者自己证明.

例如 $z=1$ 是 $f(z)=z^3-1$ 的零点，由于 $f'(1)=3z^2|_{z=1}=3\neq 0$，从而知 $z=1$ 是 $f(z)$ 的一级零点.

函数的零点与极点有下面的关系：

在对一些分式函数的极点级别进行判断时，通常运用该定理先对分母零点的级别进行判断.

定理 5.2 如果 z_0 是 $f(z)$ 的 m 级极点，那么 z_0 就是 $\dfrac{1}{f(z)}$ 的 m 级零点，反之也成立.

证明：如果 z_0 是 $f(z)$ 的 m 级极点，根据式 (5.1)，便有

$$f(z)=\frac{1}{(z-z_0)^m}g(z),$$

其中，$g(z)$ 在 z_0 解析，且 $g(z_0)\neq 0$，所以当 $z\neq z_0$ 时，有

$$\frac{1}{f(z)}=(z-z_0)^m\frac{1}{g(z)}=(z-z_0)^m h(z),$$

函数 $h(z)$ 也在 z_0 解析，且 $h(z_0)\neq 0$，所以，z_0 是 $\dfrac{1}{f(z)}$ 的 m 级零点.

反过来，如果 z_0 是 $\dfrac{1}{f(z)}$ 的 m 级零点，那么

$$\frac{1}{f(z)}=(z-z_0)^m\varphi(z),$$

这里 $\varphi(z)$ 在 z_0 解析，并且 $\varphi(z_0)\neq 0$，由此，当 $z\neq z_0$ 时，得

$$\frac{1}{f(z)}=\frac{1}{(z-z_0)^m}\psi(z).$$

而 $\psi(z)=1/\varphi(z)$ 在 z_0 解析，并且 $\psi(z_0)\neq 0$，所以 z_0 是 $f(z)$ 的 m 级极点.

这个定理为判断函数的极点提供了一个较为简便的方法.

例 5.1 函数 $\frac{1}{\sin z}$ 有些什么奇点？如果是极点，指出它的级.

解：函数 $\frac{1}{\sin z}$ 的奇点显然是使 $\sin z=0$ 的点，这些奇点是 $z=k\pi$ ($k=0, \pm 1, \pm 2, \cdots$). 因为从 $\sin z=0$ 得 $e^{iz}=e^{-iz}$ 或 $e^{2iz}=1$，从而有 $2iz=2k\pi i$，所以 $z=k\pi$. 很明显它们是孤立奇点. 由于

$$(\sin z)'\big|_{z=k\pi}=\cos z\big|_{z=k\pi}=(-1)^k\neq 0,$$

所以 $z=k\pi$ 都是 $\sin z$ 的一级零点，也就是 $\frac{1}{\sin z}$ 的一级极点.

应当注意，我们在求函数的孤立奇点时，不能乍一看到函数的表面形式就急于作出结论. 像函数 $\frac{e^z-1}{z^2}$，初一看 $z=0$ 似乎是它的二级极点，其实是一级极点. 因为

$$\frac{e^z-1}{z^2}=\frac{1}{z^2}\left(\sum_{n=0}^{\infty}\frac{z^n}{n!}-1\right)=\frac{1}{z}+\frac{1}{2!}+\frac{z}{3!}+\cdots=\frac{1}{z}\varphi(z),$$

其中，$\varphi(z)$ 在 $z=0$ 解析，并且 $\varphi(0)\neq 0$.

5.1.3 函数在无穷远点的性态

到现在为止，我们在讨论函数 $f(z)$ 的解析性和它的孤立奇点时，都是在有限复平面上进行的，而对于引入无穷远点的扩充复平面也有一些与有限复平面类似的定义、结论.

定义 5.3 如果函数 $f(z)$ 在无穷远点 $z=\infty$ 的去心邻域 $R<|z|<+\infty$ 内解析，那么称点 ∞ 为 $f(z)$ 的**孤立奇点**.

在 $R<|z|<+\infty$ 内，函数 $f(z)$ 有洛朗展开式

$$f(z)=\sum_{n=1}^{\infty}c_{-n}z^{-n}+\sum_{n=0}^{\infty}c_nz^n=\sum_{n=1}^{\infty}c_{-n}z^{-n}+c_0+\sum_{n=0}^{\infty}c_nz^n, \tag{5.3}$$

$$c_n=\frac{1}{2\pi i}\oint_C\frac{f(\zeta)}{\zeta^{n+1}}d\zeta \quad (n=0, \pm 1, \pm 2, \cdots), \tag{5.4}$$

其中，C 为在圆环域 $R<|z|<+\infty$ 内绕原点的任何一条正向简单闭

曲线.

令 $t=\dfrac{1}{z}$，则此映射将扩充 t 平面上∞的去心邻域 $R<|z|<+\infty$ 映射成扩充 t 平面上原点的去心邻域 $0<|t|<\dfrac{1}{R}$，又 $f(z)=f\left(\dfrac{1}{t}\right)=\varphi(t)$.

这样，通过上面的变换把扩充平面 z 上的无穷远点 $z=\infty$ 映射成扩充 t 平面上的点 $t=0$，那么把函数 $f(z)$ 在无穷远点的分类问题转化为函数 $\varphi(t)$ 在 $t=0$ 的分类问题. 我们有以下结论：

定理 5.3 如果 $t=0$ 是 $\varphi(t)$ 的可去奇点，m 级极点或本性奇点，那么就称点 $z=\infty$ 是 $f(z)$ 的可去奇点，m 级极点或本性奇点.

例 5.2 函数 $f(z)=\dfrac{(z^2-1)(z-2)^2}{(\sin\pi z)^3}$ 在有限复平面内有些什么类型的奇点？如果是极点，指出它的级.

解：易知，函数 $f(z)$ 除使分母为零的点 $z=0$，±1，$\pm2\cdots$ 外，在 $|z|<+\infty$ 内解析. 由于 $(\sin\pi z)'=\pi\cos\pi z$ 在 $z=0$，±1，$\pm2\cdots$ 处均不为零，因此这些点都是 $\sin\pi z$ 的一级零点，从而是 $(\sin\pi z)^3$ 的三级零点，所以这些点中除去 1，-1，2 外都是 $f(z)$ 的三级极点.

因 $z^2-1=(z-1)(z+1)$ 以 1 与 -1 为一级零点，所以 1 与 -1 是 $f(z)$ 的二级极点.

至于 $z=2$，因为

$$\lim_{z\to2}f(z)=\lim_{z\to2}\frac{(z^2-1)(z-2)^3}{(\sin\pi z)^3}=\lim_{z\to2}(z^2-1)\left(\frac{z-2}{\sin\pi z}\right)^3$$

$$=\lim_{\zeta\to0}[(\zeta+2)^2-1]\left(\frac{\pi\zeta}{\sin\pi\zeta}\right)^3\frac{1}{\pi^3}=\frac{3}{\pi^3},$$

所以 $z=2$ 是 $f(z)$ 的可去奇点.

5.2 留数

5.2.1 留数的定义及留数定理

如果函数 $f(z)$ 在 z_0 的邻域内解析，那么根据柯西-古萨定理有：$\oint_C f(z)\,\mathrm{d}z=0$，其中 C 为 z_0 邻域内的任意一条正向简单闭曲线.

但是，如果 z_0 为 $f(z)$ 的一个孤立奇点，那么沿在 z_0 的某个去心邻域 $0<|z-z_0|<R$ 内包含 z_0 的任意一条正向简单闭曲线的积分 $\oint_C f(z)\mathrm{d}z$ 一般都不等于零. 因此先将函数 $f(z)$ 在此邻域内展开成洛朗级数

$$f(z)=\cdots+c_{-n}(z-z_0)^{-n}+\cdots+c_{-1}(z-z_0)^{-1}+c_0+$$
$$c_1(z-z_0)+\cdots+c_n(z-z_n)^n+\cdots,$$

再对此展开式的两端沿 C 逐项积分，右端各项的积分除留下 $c_{-1}(z-z_0)^{-1}$ 的一项等于 $2\pi \mathrm{i}c_{-1}$ 外，其余各项的积分都等于零，所以

$$\oint_C f(z)\mathrm{d}z=2\pi \mathrm{i}c_{-1}.$$

定义 5.4 把（留下的）这个积分值除以 $2\pi\mathrm{i}$ 后得到的数称为 $f(z)$ 在 z_0 的**留数**，记作 $\mathrm{Res}[f(z),z_0]$，即

$$\mathrm{Res}[f(z),z_0]=\frac{1}{2\pi \mathrm{i}}\oint_C f(z)\mathrm{d}z=c_{-1}. \tag{5.5}$$

时刻牢记留数本质上就是函数的洛朗展开式中负一次项的系数.

也就是说，$f(z)$ 在 z_0 的留数 $f(z)$ 就是在以 z_0 为中心的圆环域内的洛朗级数中负幂项 $(z-z_0)^{-1}$ 的系数.

关于留数，我们有下面的基本定理.

定理 5.4（留数定理） 设函数 $f(z)$ 在区域 D 内除有限个孤立奇点 $z_1,z_2,\cdots,z_n$ 外处处解析，C 是 D 内包围诸奇点的一条正向简单闭曲线，那么

$$\oint_C f(z)\mathrm{d}z=2\pi \mathrm{i}\sum_{k=1}^{n}\mathrm{Res}[f(z),z_k]. \tag{5.6}$$

该定理可将函数沿闭曲线积分的计算转化为留数的计算.

证明： 把在 C 内的孤立奇点 z_k（$k=1,2,\cdots,n$）用互不包含且互不相交的正向简单闭曲线 C_k 围绕起来（如图 5.1 所示），那么根据复合闭路定理有

$$\oint_C f(z)\mathrm{d}z=\oint_{C_1} f(z)\mathrm{d}z+\oint_{C_2} f(z)\mathrm{d}z+\cdots+\oint_{C_n} f(z)\mathrm{d}z,$$

以 $2\pi\mathrm{i}$ 除等式两边，由留数定义得

$$\frac{1}{2\pi \mathrm{i}}\oint_C f(z)\mathrm{d}z=\mathrm{Res}[f(z),z_1]+\mathrm{Res}[f(z),z_2]+\cdots+\mathrm{Res}[f(z),z_n]$$

$$\oint_C f(z)\mathrm{d}z=2\pi \mathrm{i}\sum_{k=1}^{n}\mathrm{Res}[f(z),z_k].$$

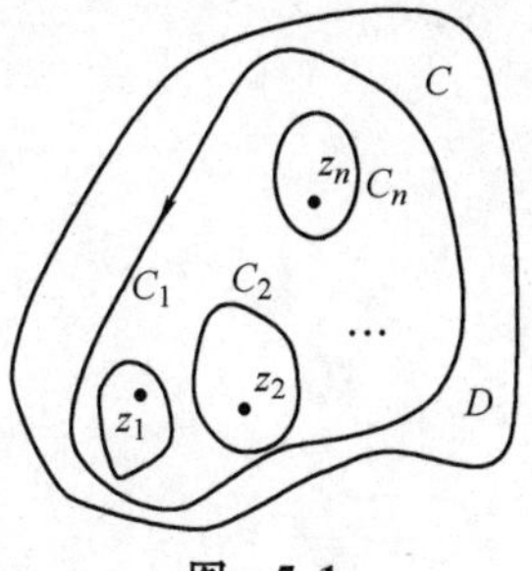

图 5.1

利用这个定理，求沿封闭曲线 C 的积分，就转化为求被积函数

在 C 中的各孤立奇点处的留数. 可见，求函数在孤立奇点处的留数是应用留数定理的关键.

一般说来，求函数在其奇点 z_0 处的留数只需求出它在以 z_0 为中心的圆环域内的洛朗级数中 $c_{-1}(z-z_0)^{-1}$ 项的系数 c_{-1} 就可以了.

5.2.2 留数的计算

但是如果能事先判断出奇点的类型，求留数就会变得简单一些.

例如，如果 z_0 是 $f(z)$ 的可去奇点，那么 $\mathrm{Res}[f(z), z_0]=0$，因为此时 $f(z)$ 在 z_0 的展开式是泰勒展开式，所以 $c_{-1}=0$. 如果 z_0 是本性奇点，那就往往只能用把 $f(z)$ 在 z_0 展开成洛朗级数的方法来求 c_{-1}. 在 z_0 是极点的情形，则可用求导数与求极限的方法得到留数.

运用该公式计算极点处的留数时，不需要对极点的级别进行具体判断，m 取值为极点在分母中对应的多项式的次数即可.

定理 5.5 如果 z_0 为 $f(z)$ 的 m 级极点，那么

$$\mathrm{Res}[f(z), z_0]=\frac{1}{(m-1)!}\lim_{z\to z_0}\frac{\mathrm{d}^{m-1}}{\mathrm{d}z^{m-1}}\{(z-z_0)^m f(z)\}. \qquad (5.7)$$

证明：由于 z_0 为 $f(z)$ 的 m 级极点，则有

$$f(z)=c_{-m}(z-z_0)^{-m}+\cdots+c_{-2}(z-z_0)^{-2}+c_{-1}(z-z_0)^{-1}$$
$$+c_0+c_1(z-z_0)+c_2(z-z_0)^2+\cdots,$$

以 $(z-z_0)^m$ 乘上式的两端，得

$$(z-z_0)^m f(z)=c_{-m}+\cdots+c_{-2}(z-z_0)^{m-2}+c_{-1}(z-z_0)^{m-1}+c_0(z-z_0)^m$$
$$+c_1(z-z_0)^{m+1}+c_2(z-z_0)^{m+2}+\cdots,$$

两边求 $m-1$ 阶导数，得

$$\frac{\mathrm{d}^{m-1}}{\mathrm{d}z^{m-1}}\{(z-z_0)^m f(z)\}=(m-1)!\ c_{-1}+\{\text{含有 } z-z_0 \text{ 正幂的项}\}.$$

令 $z\to z_0$，两端求极限，右端的极限是 $(m-1)!\ c_{-1}$，两端再同除以 $(m-1)!$ 就是 $\mathrm{Res}[f(z), z_0]$，因此即得式 (5.7).

推论 5.1 如果 z_0 为 $f(z)$ 的一级极点，那么

$$\mathrm{Res}[f(z), z_0]=\lim_{z\to z_0}(z-z_0)f(z). \qquad (5.8)$$

例 5.3 求函数 $f(z)=\dfrac{1}{z(z-2)}$ 在 $z=2$ 处的留数.

解：由于 $z=2$ 是函数 $f(z)$ 的一级极点，由式 (5.8) 有

$$\mathrm{Res}\left[\frac{1}{z(z-2)}, 2\right]=\lim_{z\to 2}\left[(z-2)\frac{1}{z(z-2)}\right]=\lim_{z\to 2}\frac{1}{z}=\frac{1}{2}.$$

推论 5.2 设 $f(z)=\dfrac{P(z)}{Q(z)}$，$P(z)$ 及 $Q(z)$ 在 z_0 都解析，如果 $P(z_0)\neq 0$，$Q(z_0)=0$，$Q'(z_0)\neq 0$，那么 z_0 为 $f(z)$ 的一级极点，并且

$$\operatorname{Res}[f(z),z_0]=\frac{P(z_0)}{Q'(z_0)}. \tag{5.9}$$

例 5.4 计算积分 $\oint_C \dfrac{ze^z}{z^2-1}dz$，$C$ 为正向圆周：$|z|=2$.

解：由于 $f(z)=\dfrac{ze^z}{z^2-1}$ 有两个一级极点 $+1$，-1，而这两个极点都在圆周 $|z|=2$ 内，所以

$$\oint_C \frac{ze^z}{z^2-1}dz = 2\pi i\{\operatorname{Res}[f(z),1]+\operatorname{Res}[f(z),-1]\},$$

由式（5.9），有 $\operatorname{Res}[f(z),1]=\left.\dfrac{ze^z}{2z}\right|_{z=1}=\dfrac{e}{2}$；$\operatorname{Res}[f(z),-1]=\left.\dfrac{ze^z}{2z}\right|_{z=-1}=\dfrac{e^{-1}}{2}$.

因此

$$\oint_C \frac{ze^z}{z^2-1}dz = 2\pi i\left(\frac{e}{2}+\frac{e^{-1}}{2}\right)=2\pi i\operatorname{ch}1.$$

例 5.5 计算积分 $\oint_C \dfrac{e^z}{z(z-1)^2}dz$，$C$ 为正向圆周：$|z|=2$.

解：$z=0$ 为被积函数的一级极点，$z=1$ 为二级极点，而

$$\operatorname{Res}[f(z),0]=\lim_{z\to 0} z\frac{e^z}{z(z-1)^2}=\lim_{z\to 0}\frac{e^z}{(z-1)^2}=1,$$

$$\operatorname{Res}[f(z),1]=\frac{1}{(2-1)!}\lim_{z\to 1}\frac{d}{dz}\left[(z-1)^2\frac{e^z}{(z-1)^2}\right]$$

$$=\lim_{z\to 1}\frac{d}{dz}\left(\frac{e^z}{z}\right)=\lim_{z\to 1}\frac{e^z(z-1)}{z^2}=0,$$

所以

$$\oint_C \frac{e^z}{z(z-1)^2}dz = 2\pi i\{\operatorname{Res}[f(z),0]+\operatorname{Res}[f(z),1]\}$$

$$=2\pi i(1+0)=2\pi i.$$

例 5.6 计算 $\dfrac{z-\sin z}{z^6}$ 在 $z=0$ 的留数.

解：利用洛朗展开式求 c_{-1} 比较方便，因为

$$\frac{z-\sin z}{z^6}=\frac{1}{z^6}\left[z-\left(z-\frac{1}{3!}z^3+\frac{1}{5!}z^5-\cdots\right)\right]$$
$$=\frac{1}{3!\ z^3}-\frac{1}{5!\ z}+\cdots,$$

所以

$$\mathrm{Res}\left[\frac{z-\sin z}{z^6},0\right]=c_{-1}=-\frac{1}{5!}.$$

可见解题的关键在于根据具体问题灵活选择方法，不要拘泥于套用公式.

还应指出，细察公式（5.7）的推导过程，不难发现，如果函数$f(z)$的极点z_0的级数不是m，它的实际级数要比m低，这时表达式$f(z)=c_{-m}(z-z_0)^{-m}+c_{-m+1}(z-z_0)^{-m+1}+\cdots+c_{-1}(z-z_0)^{-1}+c_0+\cdots$的系数$c_{-m}$，$c_{-m+1}$，…中可能有一个或几个等于零，显然公式仍然有效.

一般说来，在应用公式（5.7）时，为了计算方便不要将m取得比实际的级数高. 但把m取得比实际的级数高反而使计算方便的情形也是有的. 例如上面这个例子. 实际上$z=0$是函数$\frac{z-\sin z}{z^6}$的三级极点，如果像下面那样取$m=6$计算在$z=0$处的留数，还是比较简便的.

$$\mathrm{Res}\left[\frac{z-\sin z}{z^6},0\right]=\frac{1}{(6-1)!}\lim_{z\to0}\frac{\mathrm{d}^5}{\mathrm{d}z^5}\left[z^6\left(\frac{z-\sin z}{z^6}\right)\right]$$
$$=\frac{1}{5!}\lim_{z\to0}(-\cos z)=-\frac{1}{5!}.$$

5.2.3 在无穷远点的留数

设函数$f(z)$在圆环域$R<|z|<+\infty$内解析，C为这圆环域内绕原点的任何一条正向简单闭曲线，那么积分$\frac{1}{2\pi\mathrm{i}}\oint_{C^{-1}}f(z)\mathrm{d}z$的值与$C$无关，我们称此定值为$f(z)$在∞点的留数，记作

$$\mathrm{Res}[f(z),\infty]=\frac{1}{2\pi\mathrm{i}}\oint_{C^-}f(z)\mathrm{d}z=-c_{-1},$$

值得注意的是这里积分路线的方向是负的，也就是取顺时针的方向.

下面的定理在计算留数时是很有用的.

定理 5.6 如果函数 $f(z)$ 在扩充复平面内只有有限个孤立奇点，那么 $f(z)$ 在所有各奇点(包括∞点)的留数的总和必然等于零.

当函数的奇点个数比较多时，可将该定理与留数定理结合使用，来计算该函数沿某闭曲线的积分值.

证明：除∞点外，设 $f(z)$ 的有限个奇点为 $z_k(k=1, 2, \cdots, n)$. 又设 C 为一条绕原点的并将 $z_k(k=1, 2, \cdots, n)$ 包含在它内部的正向简单闭曲线，那么根据留数定理与在无穷远点的留数定义，就有

$$\mathrm{Res}[f(z), \infty] + \sum_{k=1}^{n}\mathrm{Res}[f(z), z_k] = \frac{1}{2\pi \mathrm{i}}\oint_{C^-} f(z)\,\mathrm{d}z + \frac{1}{2\pi \mathrm{i}}\oint_{C} f(z)\,\mathrm{d}z = 0.$$

关于在无穷远点的留数计算，我们有以下的定理：

定理 5.7 $\mathrm{Res}[f(z), \infty] = -\mathrm{Res}\left[f\left(\frac{1}{z}\right)\cdot\frac{1}{z^2}, 0\right].$ (5.10)

当函数的表达式为有理分式函数时，一般都运用该公式计算该函数在无穷远点处的留数.

定理 5.6 与定理 5.7 为我们提供了计算函数沿闭曲线积分的又一种方法，在很多情况下，它比利用上一段中的方法更简便.

例 5.7 计算积分 $\oint_C \frac{z}{z^4-1}\mathrm{d}z$，$C$ 为正向圆周：$|z|=2$.

解：函数 $f(z)=\frac{z}{z^4-1}$ 在 $|z|=2$ 的外部，除∞点外没有其他奇点，因此根据定理 5.6 与定理 5.7，有

$$\begin{aligned}\oint_C \frac{z}{z^4-1}\mathrm{d}z &= -2\pi \mathrm{i}\,\mathrm{Res}[f(z), \infty]\\ &= 2\pi \mathrm{i}\,\mathrm{Res}\left[f\left(\frac{1}{z}\right)\cdot\frac{1}{z^2}, 0\right]\\ &= 2\pi \mathrm{i}\,\mathrm{Res}\left[\frac{z}{1-z^4}, 0\right] = 0.\end{aligned}$$

例 5.8 计算积分 $\oint_C \frac{\mathrm{d}z}{z(z+1)^4(z-4)}$，$C$ 为正向圆周：$|z|=2$.

解：除∞点外，被积函数的奇点是：0，-1 与 4. 根据定理 5.6，有

$$\mathrm{Res}[f(z), 0] + \mathrm{Res}[f(z), -1] + \mathrm{Res}[f(z), 4] + \mathrm{Res}[f(z), \infty] = 0,$$

其中

$$f(z) = \frac{1}{z(z+1)^4(z-4)}.$$

由于 0 与 -1 在 C 的内部，所以从上式、留数定理与定理 5.7 得到

$$\begin{aligned}&\oint_C \frac{\mathrm{d}z}{z(z+1)^4(z-4)}\\ &= 2\pi \mathrm{i}\{\mathrm{Res}[f(z), 0] + \mathrm{Res}[f(z), -1]\}\end{aligned}$$

$$= -2\pi i\{\text{Res}[f(z), 4] + \text{Res}[f(z), \infty]\}$$

$$= -2\pi i\left\{\frac{1}{4.5^4} + 0\right\} = -\frac{\pi i}{1250}.$$

5.3 留数在定积分计算上的应用

留数定理为某些类型的实变函数积分计算，提供了极为有效的方法，尤其是当被积函数的原函数不易求得时显得更为有效. 应用留数定理计算实变函数定积分的方法，就是把求实函数的积分转化为求复变函数沿闭曲线的积分，然后应用留数定理，将沿闭曲线的积分计算，转化为留数的计算.

要应用留数定理，需要两个条件. 首先，被积函数必须要与某个解析函数密切相关. 一般讲来，这一点关系不大，因为被积函数常常是初等函数，而初等函数是可以推广到复数域中去的. 其次，定积分的积分域是区间，而用留数来计算要牵涉到把问题化为沿闭曲线的积分. 这是比较困难的一点. 下面我们来阐述怎样利用留数来求某几种特殊形式的定积分的值.

5.3.1 形如$\int_0^{2\pi} R(\cos\theta, \sin\theta)\mathrm{d}\theta$ 的积分

求形如 $\int_0^{2\pi} R(\cos\theta, \sin\theta)\mathrm{d}\theta$ 的积分，其中 $R(\cos\theta, \sin\theta)$ 为 $\cos\theta$ 与 $\sin\theta$ 的有理函数. 令 $z = e^{i\theta}$，那么 $\mathrm{d}z = ie^{i\theta}\mathrm{d}\theta$,

$$\sin\theta = \frac{1}{2i}(e^{i\theta} - e^{-i\theta}) = \frac{z^2-1}{2iz},$$

$$\cos\theta = \frac{1}{2}(e^{i\theta} + e^{-i\theta}) = \frac{z^2+1}{2z}.$$

从而，所求积分化为沿正向单位圆周的积分为

$$\oint_{|z|=1} R\left[\frac{z^2+1}{2z}, \frac{z^2-1}{2iz}\right]\frac{\mathrm{d}z}{iz} = \oint_{|z|=1} f(z)\mathrm{d}z,$$

其中，$f(z)$为 z 的有理函数，且在单位圆周$|z|=1$ 上分母不为零，所以满足留数定理条件. 根据留数定理，得所求的积分值为

$$2\pi i\sum_{k=1}^{n} \text{Res}[f(z), z_k],$$

其中，$z_k(k=1, 2, \cdots, n)$ 为包含在单位圆周$|z|=1$ 内的 $f(z)$的孤

立奇点.

例 5.9 计算积分 $\int_0^{2\pi}\frac{1}{5+3\sin\theta}\mathrm{d}\theta$.

解: $\int_0^{2\pi}\frac{1}{5+3\sin\theta}\mathrm{d}\theta=\int_{|z|=1}\frac{1}{5+3\frac{z^2-1}{2\mathrm{i}z}}\frac{\mathrm{d}z}{\mathrm{i}z}=\int_{|z|=1}\frac{2}{3z^2+10\mathrm{i}z-3}\mathrm{d}z=\frac{\pi}{2}$.

例 5.10 计算积分 $I=\int_0^{\frac{\pi}{2}}\frac{\mathrm{d}\theta}{a^2+\cos^2\theta}(a>0)$.

解: $I=\frac{1}{2}\int_{-\frac{\pi}{2}}^{\frac{\pi}{2}}\frac{\mathrm{d}\theta}{a^2+\cos^2\theta}=\int_{-\frac{\pi}{2}}^{\frac{\pi}{2}}\frac{\mathrm{d}\theta}{1+2a^2+\cos2\theta}$(令 $2\theta=t$)

$$=\frac{1}{2}\int_{-\pi}^{\pi}\frac{\mathrm{d}t}{1+2a^2+\cos t}=\frac{1}{2}\int_0^{2\pi}\frac{\mathrm{d}t}{1+2a^2+\cos t}=\frac{\pi}{2a\sqrt{a^2+1}}.$$

5.3.2 形如 $\int_{-\infty}^{+\infty}R(x)\mathrm{d}x$ 的积分

当被积函数 $R(x)$ 是 x 的有理函数，而分母的次数至少比分子的次数高二次，并且 $R(x)$ 在实轴上没有孤立奇点时，积分是存在的. 现在来说明它的求法.

不失一般性，设

$$R(z)=\frac{z^n+a_1z^{n-1}+\cdots+a_n}{z^m+b_1z^{m-1}+\cdots+b_m},\ m-n\geqslant2$$

为一既约分式.

我们取积分路线如图 5.2 所示，其中 C_R 是以原点为中心，R 为半径的在上半平面的半圆周. 取 R 适当大，使 $R(z)$ 所有的在上半平面内的极点 z_k 都包在这积分路径内. 根据留数定理，得

$$\int_{-R}^{R}R(x)\mathrm{d}x+\int_{C_R}R(z)\mathrm{d}z=2\pi\mathrm{i}\sum\mathrm{Res}[R(x),z_k].\tag{5.11}$$

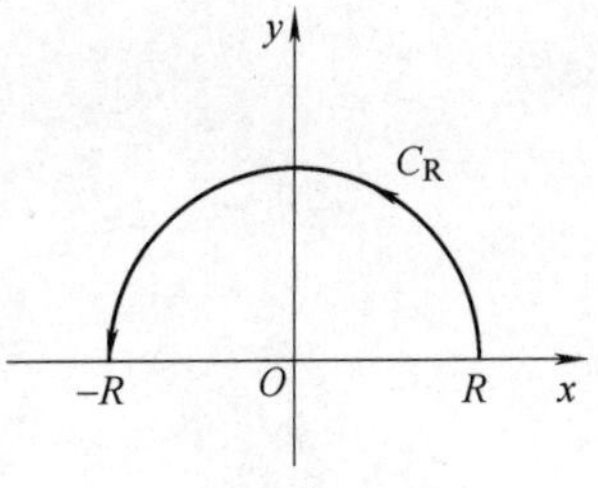

图 5.2

因为

$$|R(z)|=\frac{1}{|z|^{m-n}}\cdot\frac{|1+a_1z^{-1}+\cdots+a_nz^{-n}|}{|1+b_1z^{-1}+\cdots+b_mz^{-m}|}$$

$$\leqslant\frac{1}{|z|^{m-n}}\cdot\frac{1+|a_1z^{-1}+\cdots+a_nz^{-n}|}{1-|b_1z^{-1}+\cdots+b_mz^{-m}|},$$

而当 $|z|$ 充分大时，总可使

$$|a_1z^{-1}+\cdots+a_nz^{-n}|<\frac{1}{10},\ |b_1z^{-1}+\cdots+b_mz^{-m}|<\frac{1}{10}.$$

由于 $m-n\geqslant 2$，故有

$$|R(z)|=\frac{1}{|z|^{m-n}}\cdot\frac{1+\frac{1}{10}}{1-\frac{1}{10}}<\frac{2}{|z|^2}.$$

因此，在半径 R 充分大的 C_R 上，有

$$\left|\int_{C_R}R(z)\,\mathrm{d}z\right|\leqslant\int_{C_R}|R(z)|\,\mathrm{d}s\leqslant\frac{2}{R^2}\cdot\pi R=\frac{2\pi}{R}.$$

所以，当 $R\to\infty$时，$\int_{C_R}R(z)\,\mathrm{d}z\to 0$，从而由式(5.11)得

$$\int_{-\infty}^{+\infty}R(x)\,\mathrm{d}x=2\pi\mathrm{i}\sum\mathrm{Res}[R(z),z_k],\tag{5.12}$$

如果 $R(x)$ 为偶函数，那么

$$\int_{0}^{+\infty}R(x)\,\mathrm{d}x=\pi\mathrm{i}\sum\mathrm{Res}[R(z),z_k].\tag{5.13}$$

例 5.11 计算积分 $I=\int_{-\infty}^{+\infty}\frac{x^2\mathrm{d}x}{(x^2+a^2)(x^2+b^2)}(a>0,\ b>0)$ 的值.

解：这里 $m=4$，$n=2$，$m-n=2$，并且实轴上 $R(z)$ 没有孤立奇点，因此积分是存在的. 函数

$$\frac{z^2}{(z^2+a^2)(z^2+b^2)}$$

的一级极点为 $\pm a\mathrm{i}$，$\pm b\mathrm{i}$，其中 $a\mathrm{i}$ 与 $b\mathrm{i}$ 在上半平面内. 由于

$$\mathrm{Res}[R(z),a\mathrm{i}]=\lim_{x\to a\mathrm{i}}\left[(z-a\mathrm{i})\frac{z^2}{(z^2+a^2)(z^2+b^2)}\right]$$

$$=\frac{-a^2}{2a\mathrm{i}(b^2-a^2)}=\frac{a}{2\mathrm{i}(a^2-b^2)},$$

$$\mathrm{Res}[R(z),b\mathrm{i}]=\frac{b}{2\mathrm{i}(b^2-a^2)},$$

所以

$$I=2\pi\mathrm{i}\left[\frac{a}{2\mathrm{i}(a^2-b^2)}+\frac{b}{2\mathrm{i}(b^2-a^2)}\right]=\frac{\pi}{a+b}.$$

5.4* 对数留数与辐角原理

在上一节中，我们介绍了利用留数理论来计算定积分. 在这一节中，我们仍以留数理论为依据来介绍对数留数与辐角原理，它们可帮助我们判断一个方程$f(z)=0$各个根所在的范围，这对研究运动的稳定性往往是有用的.

5.4.1 对数留数

我们把具有下列形式的积分

$$\frac{1}{2\pi i}\oint_C \frac{f'(z)}{f(z)}dz$$

称为$f(z)$关于曲线C的对数留数. 事实上，对数留数就是函数$f(z)$的对数的导数$\frac{f'(z)}{f(z)}$在它位于C内的孤立奇点处的留数的代数和.

关于对数留数，我们有下面的重要定理：

定理 5.8 如果$f(z)$在简单闭曲线C上解析且不为零，在C的内部除去有限个极点以外也处处解析，那么

$$\frac{1}{2\pi i}\oint_C \frac{f'(z)}{f(z)}dz = N - P, \tag{5.14}$$

其中，N为$f(z)$在C内零点的总个数，P为$f(z)$在C内极点的总个数，且C取正向. 在计算零点与极点的个数时，m级的零点或极点算作m个零点或极点.

证明略.

该定理可将函数沿闭曲线的积分的计算问题转化为判断函数在闭曲线内零点与极点的个数问题.

5.4.2 辐角原理

现在我们来解释式（5.14）左端的几何意义. 为此，考虑变换$w=f(z)$. 当z沿C的正向绕行一周，对应的w在w平面内就画出一条连续的封闭曲线Γ，它不一定是简单的，既可以按正向绕原点若干圈，也可以按负向绕原点若干圈. 由于$f(z)$在C上不为零，所以Γ不经过原点，如图 5.3b 所示.

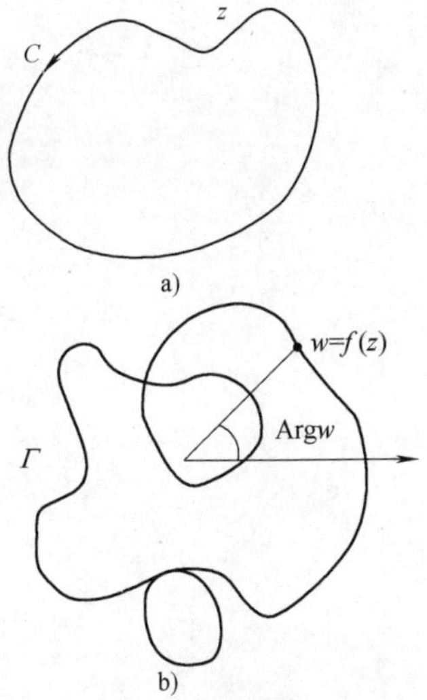

图 5.3

因为

$$d\mathrm{Ln}f(z)=\frac{f'(z)}{f(z)}dz,$$

所以

$$\frac{1}{2\pi i}\oint_C \frac{f'(z)}{f(z)}dz = \frac{1}{2\pi i}\oint_C d\mathrm{Ln}f(z)$$

$= \dfrac{1}{2\pi i}$[当 z 沿着 C 的正向绕行一周 $\mathrm{Ln}f(z)$ 的改变量]

$= \dfrac{1}{2\pi i}$[当 z 沿着 C 的正向绕行一周 $|\ln f(z)|$ 的改变量 + $\mathrm{i}\,\mathrm{Arg}\,f(z)$ 的改变量].

显然，由于 $|\ln f(z)|$ 是单值函数，因此当 z 从 C 上某点 z_0 出发沿 C 的正向绕行一周回到 z_0 时，$|\ln f(z)|$ 的值也回到原来的值 $|\ln f(z_0)|$，所以方括号中的第一项为零. 但是方括号中的第二项，即 $\mathrm{iArg}f(z)$ 的量，当 z 从 z_0 出发沿 C 的正向绕行一周回到 z_0 时，如果 z 的对应点 $\omega=f(z)$ 从 $\omega_0=f(z_0)$ 出发沿不包含原点的 Γ 绕行回到 ω_0，那么改变量为零；如果 Γ 包含原点，那么改变量等于 $\pm 2k\pi i$，其中 k 为 ω 沿 Γ 围绕原点的圈数，而 ± 号取法是逆时针围绕时带正号，反之取负号.

由此可见，对数留数的几何意义是 Γ 绕原点的回转次数 k，总是一个整数.

如果把 z 沿 C 的正向绕行一周，$f(z)$ 的辐角的改变量记作

$$\Delta c + \mathrm{Arg}f(z),$$

那么式（5.14）可以写成

$$N - P = \frac{1}{2\pi}\Delta c + \mathrm{Arg}f(z). \tag{5.15}$$

当 $f(z)$ 在 C 内解析时，$P=0$，上式变为

$$N = \frac{1}{2\pi}\Delta c + \mathrm{Arg}f(z). \tag{5.16}$$

我们可以用这个公式来计算 $f(z)$ 在 C 内零点的个数，这个结果称为辐角原理.

定理 5.9（辐角原理） 如果 $f(z)$ 在简单闭曲线 C 上与 C 内解析，且在 C 上不等于零，那么 $f(z)$ 在 C 内零点的个数等于 $\dfrac{1}{2\pi}$ 乘以当 z 沿 C 的正向绕行一周 $f(z)$ 的辐角的改变量.

5.4.3 路西（Rouché）定理

利用辐角原理，我们还能对两个函数的零点的个数进行比较，

这就是著名的路西定理.

定理 5.10（路西定理） 设 $f(z)$ 与 $g(z)$ 在简单闭曲线 C 上和 C 内解析，且在 C 上满足条件 $|f(z)|>|g(z)|$，那么在 C 内 $f(z)$ 与 $f(z)+g(z)$ 的零点的个数相同.

证明：设 $f(z)$ 和 $g(z)$ 在简单闭曲线 C 上和 C 内解析，且在 C 上满足条件 $|g(z)|<|f(z)|$. 这样，在 C 上 $|f(z)|>0$，$|f(z)+g(z)|\geqslant|f(z)|-|g(z)|>0$. 这就是说，在 C 上 $f(z)$ 和 $f(z)+g(z)$ 都不等于零.

设 N 和 N' 分别为函数 $f(z)$ 与 $f(z)+g(z)$ 在 C 的内部的零点个数，由于这两个函数在 C 的内部解析，因此根据辐角原理，依公式(5.14)，有

$$N=\frac{1}{2\pi}\Delta c+\operatorname{Arg}f(z),\ N'=\frac{1}{2\pi}\Delta c+\operatorname{Arg}[f(z)+g(z)].$$

由于在 C 上，$f(z)$ 不等于零，$f(z)+g(z)$ 可以写成

$$f(z)+g(z)=f(z)\left(1+\frac{g(z)}{f(z)}\right),$$

故有

$$\Delta c+\operatorname{Arg}[f(z)+g(z)]=\Delta c+\operatorname{Arg}f(z)+\Delta c+\operatorname{Arg}\left[1+\frac{g(z)}{f(z)}\right].$$

令 $\omega=1+\dfrac{g(z)}{f(z)}$，那么 $|\omega-1|=\left|\dfrac{g(z)}{f(z)}\right|<1$，即 ω 在以 1 为中心的单位圆内，所以 C 的像曲线 Γ 不围绕原点，从而有 $\Delta c+\operatorname{Arg}\left[1+\dfrac{g(z)}{f(z)}\right]=0$，故

$$\Delta c+\operatorname{Arg}[f(z)+g(z)]=\Delta c+\operatorname{Arg}f(z).$$

即 $N=N'$. 这就是说，$f(z)$ 与 $f(z)+g(z)$ 在 C 内的零点的个数相同.

例 5.12 求方程 $z^8+5z^5-2z+1=0$ 在 $|z|<1$ 内根的个数.

解：设 $f(z)=5z^5+1$，$g(z)=z^8+5z^5-2z+1$，则当 $|z|=1$ 时，有

$$|f(z)-g(z)|=|z^8-2z|\leqslant|z|^8+2|z|=3,$$

$$|f(z)|=|5z^5+1|\geqslant5|z|^5-1=4.$$

可见

$$|f(z)-g(z)|<|f(z)|\qquad(|z|=1).$$

已知方程 $5z^5+1=0$ 在 $|z|<1$ 内有五个根. 由路西定理，可知方程 $z^8+5z^5-2z+1=0$ 与方程 $5z^5+1=0$ 在 $|z|<1$ 内的根的个数相同，即五个.

习 题 五

1. 下列函数有些什么奇点？如果是极点，指出它是几级极点.

(1) $\dfrac{1}{z(z^2+1)^2}$；　(2) $\dfrac{\sin z}{z^3}$；

(3) $\dfrac{z}{(1+z^2)(1+e^{\pi z})}$；　(4) $e^{\frac{1}{z-1}}$；

(5) $\dfrac{1}{z^2(e^z-1)}$；　(6) $\dfrac{1}{\sin z^2}$.

2. 验证：$z=\dfrac{\pi i}{2}$是 $\cosh z$ 的一级极点.

3. 求下列函数在有限奇点处的留数.

(1) $\dfrac{z+1}{z^2-2z}$；　(2) $\dfrac{1-e^{2z}}{z^4}$；

(3) $\dfrac{z}{\cos z}$；　(4) $\dfrac{1}{z^3-z^5}$；

(5) $\dfrac{z^2}{(1+z^2)^2}$；　(6) $\dfrac{1}{\sin z}$.

4. 计算下列积分（利用留数，圆周均取正向）.

(1) $\oint\limits_{|z|=1}\dfrac{\sin z}{z}dz$；　(2) $\oint\limits_{|z|=1}\dfrac{e^{2z}}{(z-1)^2}dz$；

(3) $\oint\limits_{|z-2i|=1}\text{th}z\,dz$；

(4) $\oint\limits_{|z-2|=\frac{1}{2}}\dfrac{z\,dz}{(z-1)(z-2)^2}$.

5. 计算下列各积分的值.

(1) $\oint_C\dfrac{z^{15}}{(z^2+1)^2(z^4+2)^3}dz$，$C$：$|z|=3$ 正向；

(2) $\oint_C\dfrac{dz}{z^3(z^{10}-2)}$，$C$：$|z|=2$；

(3) $\int_0^{2\pi}\dfrac{d\theta}{a+\cos\theta}$ $(a>1)$.

6. 证明方程 $z^7-z^3+12=0$ 的根都在圆环域 $1\leqslant|z|\leqslant2$ 内.

7. 证明：当$|a|>e$ 时，方程 $e^z-az^n=0$ 在单位圆内有 n 个根.

小 结 五

1. 解析函数的孤立奇点的分类及其在孤立奇点邻域内的性态

设 z_0 为解析函数 $f(z)$ 的孤立奇点，如果 $f(z)$ 在以 z_0 为中心的洛朗展开式

$$f(z)=\sum_{n=1}^{\infty}c_{-n}(z-z_0)^{-n}+\sum_{n=0}^{\infty}c_n(z-z_0)^n$$

中，不含、只含有有限个、含无穷多个 $z-z_0$ 的负幂项，那么称 z_0 分别为$f(z)$的可去奇点、极点、本性奇点.

z_0 为$f(z)$的可去奇点、极点、本性奇点的充要条件分别为当 $z\to z_0$ 时，$f(z)$的极限为有限数、为无穷大、不存在，且不为无穷大.

如果函数$f(z)$在无穷远点 $z=\infty$ 的去心邻域 $R<|z|<+\infty$ 内解析，那么称点∞ 为 $f(z)$的孤立奇点.

$f(z)$在无穷远点的性态就是函数 $\varphi(t)=f\left(\dfrac{1}{t}\right)$在 $t=0$ 的性态. 如果 $t=0$ 是 $\varphi(t)$的可去奇点，m 级极点或本性奇点，那么就称点 $z=\infty$ 是$f(z)$的可去奇点，m 级极点或本性奇点.

$z=\infty$ 为$f(z)$的可去奇点、极点、本性奇点的充要条件分别为当 $z\to\infty$ 时，$f(z)$的极限为有限数、为无穷大、不存在，且不为无穷大.

2. 零点与极点

不恒等于零的解析函数 $f(z)$，若 $f(z)=(z-z_0)^m\varphi(z)$，其中$\varphi(z)$在 z_0 解析，并且$\varphi(z_0)\neq0$，m 为某一正整数，那么 z_0 称为$f(z)$的 m 级零点. z_0 为$f(z)$的 m 级零点的充要条件是

$f^{(n)}(z_0)=0,(n=0,1,2,\cdots,m-1),f^{(m)}(z_0)\neq 0.$

不恒等于零的解析函数的零点是孤立的.

如果函数$f(z)$可表示成

$$f(z)=\frac{1}{(z-z_0)^m}g(z),$$

其中$g(z)$在z_0解析，并且$g(z_0)\neq 0$，m为某一正整数，那么z_0称为$f(z)$的m级极点.

如果z_0是$f(z)$的m级极点，那么z_0就是$\frac{1}{f(z)}$的m级零点，反之也成立.

3. 留数

(1) 留数定义　如果z_0为$f(z)$的一个孤立奇点，那么$f(z)$在z_0的留数

$$\mathrm{Res}[f(z),z_0]=\frac{1}{2\pi i}\oint_C f(z)\,\mathrm{d}z=c_{-1}.$$

其中C为去心邻域$0<|z-z_0|<R$内包含z_0的任意一条正向简单闭曲线.

设$z=\infty$为$f(z)$的孤立奇点，$f(z)$在∞点的留数

$$\mathrm{Res}[f(z),\infty]=\frac{1}{2\pi i}\oint_{C-} f(z)\,\mathrm{d}z=-c_{-1},$$

C为圆环域$R<|z|<+\infty$内绕原点的任何一条正向简单闭曲线.

(2) 留数定理　设函数$f(z)$在区域D内除有限个孤立奇点z_1，z_2，…，z_n外处处解析，C是D内包围诸奇点的一条正向简单闭曲线，那么

$$\oint_C f(z)\,\mathrm{d}z=2\pi i\sum_{k=1}^{n}\mathrm{Res}[f(z),z_k].$$

利用这个定理，把求沿封闭曲线C的积分，转化为求被积函数在C中的各孤立奇点处的留数.

(3) 留数的计算

一般说来，求函数在其奇点z_0处的留数只需求出它在以z_0为中心的圆环域内的洛朗级数中$c_{-1}(z-z_0)^{-1}$项的系数c_{-1}就可以了，这是一个基本方法，但是这个方法有时不很方便，因为洛朗级数可能不容易求出. 但是如果能事先判断出奇点的类型，求留数就会变得简单一些. 例如，如果z_0是$f(z)$的可去奇点，那么$\mathrm{Res}[f(z),z_0]=0$，因为此时$f(z)$在z_0的展开式是泰勒展开式，所以$c_{-1}=0$. 如果z_0是本性奇点，那就往往只能用把$f(z)$在z_0展开成洛朗级数的方法来求c_{-1}. 如果z_0是$f(z)$的极点，当然可以将$f(z)$展开成洛朗级数来求，但我们还有几个求极点处留数的规则可以利用.

规则Ⅰ　如果z_0为$f(z)$的一级极点，那么

$$\mathrm{Res}[f(z),z_0]=\lim_{z\to z_0}(z-z_0)f(z).$$

规则Ⅱ　如果z_0为$f(z)$的m级极点，那么

$$\mathrm{Res}[f(z),z_0]=\frac{1}{(m-1)!}\lim_{z\to z_0}\frac{\mathrm{d}^{m-1}}{\mathrm{d}z^{m-1}}\{(z-z_0)^m f(z)\}.$$

一般说来，在应用规则Ⅱ时，为了计算方便不要将m取得比实际的级数高. 但把m取得比实际的级数高反而使计算方便的情形也是有的. 例如上面这个例子. 实际上，$z=0$是函数$\frac{z-\sin z}{z^6}$的三级极点，如果像下面那样取$m=6$计算在$z=0$处的留数，还是比较简便的.

$$\mathrm{Res}\left[\frac{z-\sin z}{z^6},\ 0\right]=\frac{1}{(6-1)!}\lim_{z\to 0}\frac{\mathrm{d}^5}{\mathrm{d}z^5}\left[z^6\left(\frac{z-\sin z}{z^6}\right)\right]$$

$$=\frac{1}{5!}\lim_{z\to 0}(-\cos z)=-\frac{1}{5!}.$$

规则Ⅲ　设$f(z)=\frac{P(z)}{Q(z)}$，$P(z)$及$Q(z)$在z_0都解析，如果$P(z_0)\neq 0$，$Q(z_0)=0$，$Q'(z_0)\neq 0$，那么z_0为$f(z)$的一级极点，而且

$$\mathrm{Res}[f(z),z_0]=\frac{P(z_0)}{Q'(z_0)}.$$

规则Ⅳ　$\mathrm{Res}[f(z),\infty]=-\mathrm{Res}\left[f\left(\frac{1}{z}\right)\cdot\frac{1}{z^2},\ 0\right].$

下面的定理为计算无穷远点处的留数提供了另一途径.

定理　如果函数$f(z)$在扩充复平面内只有有限个孤立奇点，那么$f(z)$在所有各奇点（包括∞点）的留数的总和必然等于零.

在利用留数定理来计算某些沿封闭曲线的积分时，

当被积函数在积分曲线内部的奇点比较多且极点的级数比较高时，逐个计算有限奇点处的留数比较繁琐，这时我们可以考虑利用无穷远点处的留数来计算有限奇点处的留数.

(4) 留数的应用

关于留数的应用我们介绍了：复变函数沿封闭曲线的积分 $\oint_C f(z)\,\mathrm{d}z$ 的计算方法以及两种不同类型的积分：

1) $\int_0^{2\pi} R(\cos\theta,\sin\theta)\,\mathrm{d}\theta$；2) $\int_{-\infty}^{+\infty} R(x)\,\mathrm{d}x$ 的计算方法，这两种积分计算法的一个共同思路，概括地说，就是把所求的积分化为一个复变函数沿某条封闭曲线的积分.

第6章*

共形映射

前面几章主要运用分析的方法讨论了复变函数的性质及应用问题. 本章我们将从几何的角度来研究由解析函数所构成的映射的一些重要特性, 重点讨论分式线性函数及初等函数所构成的映射的特点, 这将使我们对解析函数有更深刻、更直观的了解.

6.1 共形映射的概念

我们已经知道, z 平面内的一条有向连续曲线 C 可用

$$z=z(t),\ \alpha\leqslant t\leqslant\beta$$

表示, 它的正向取为 t 增大时点 z 移动的方向, $z(t)$ 为一连续函数.

如果 $z'(t_0)\neq 0$, $\alpha<t_0<\beta$, 那么表示 $z'(t_0)$ 的向量 (把起点取在 z_0, 以下不一一说明) 与 C 相切于点 $z_0=z(t_0)$ (见图 6.1), 且方向与 C 的正向一致. $\operatorname{Arg}z'(t_0)$ 就是在 C 上点 z_0 处的切线的正向与 x 轴正向之间的夹角.

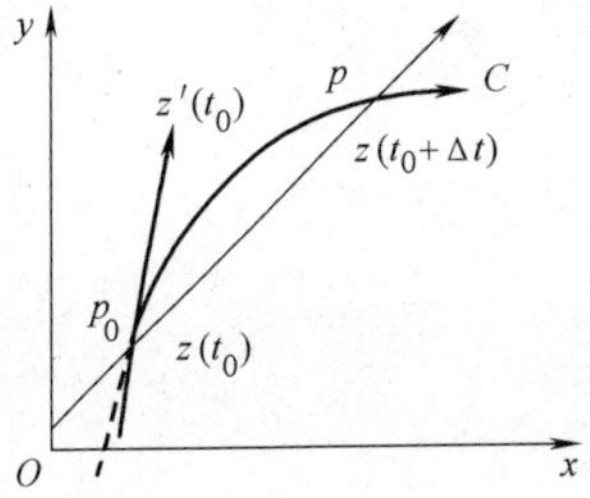

图 6.1

规定: 相交于一点的两条曲线 C_1 与 C_2 正向之间的夹角就是 C_1 与 C_2 在交点处的两条切线正向之间的夹角.

下面, 我们将应用上述的论断和规定来讨论解析函数的导数的几何意义, 并由此引出共形映射这一重要概念.

6.1.1 解析函数的导数的几何意义

设函数 $w=f(z)$ 在区域 D 内解析, z_0 为 D 内的一点, 且 $f'(z_0)\neq 0$. 又设 C 为 z 平面内通过点 z_0 的一条有向光滑曲线 (见图 6.2a), 它的参数方程是

$$z=z(t),\ \alpha\leqslant t\leqslant\beta,$$

它的正向相应于参数 t 增大的方向, 且 $z_0=z(t_0)$, $z'(t_0)\neq 0$, $\alpha<t_0<\beta$.

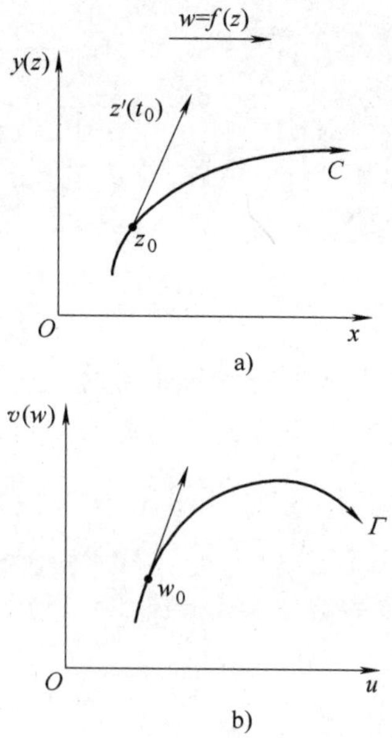

图 6.2

这样，映射 $w=f(z)$ 就将曲线 C 映射成 w 平面内通过点 z_0 的对应点 $w_0=f(z_0)$ 的一条有向光滑曲线 Γ（图 6.2b），它的参数方程是

$$w=f[z(t)],\ \alpha\leqslant t\leqslant\beta,$$

正向相应于参数 t 增大的方向.

根据复合函数求导法，有

$$w'(t_0)=f'(z_0)z'(t_0)\neq 0,$$

因此，在 Γ 上点 w_0 处也有切线存在，且切线的正向与 u 轴正向之间的夹角是

$$\operatorname{Arg}w'(t_0)=\operatorname{Arg}f'(z_0)+\operatorname{Arg}z'(t_0),$$

这个式子也可以写成

$$\operatorname{Arg}w'(t_0)-\operatorname{Arg}z'(t_0)=\operatorname{Arg}f'(z_0). \tag{6.1}$$

如果我们假定图 6.2 中的 x 轴与 u 轴、y 轴与 v 轴的正向相同，而且将原来的切线的正向与映射过后的切线的正向之间的夹角理解为曲线 C 经过 $w=f(z)$ 映射后在 z_0 处的转动角，那么式（6.1）表明：

（1）导数 $f'(z_0)\neq 0$ 的辐角 $\operatorname{Arg}f'(z_0)$ 是曲线经 $w=f(z)$ 映射后在 z_0 处的转动角；

（2）转动角的大小与方向跟曲线 C 的形状与方向无关，所以这种映射具有转动角的不变性.

现在假设曲线 C_1 与 C_2 相交于点 z_0，它们的参数方程分别是 $z=z_1(t)$ 与 $z=z_2(t)$，$\alpha\leqslant t\leqslant\beta$；并且 $z_0=z_1(t_0)=z_2(t_0')$，$z_1'(t_0)\neq 0$，$z_2'(t_0')\neq 0$，$\alpha<t_0<\beta$，$\alpha<t_0'<\beta$. 又设映射 $w=f(z)$ 将 C_1 与 C_2 分别映射为相交于点 $w_0=f(z_0)$ 的曲线 Γ_1 及 Γ_2，它们的参数方程分别是 $w=w_1(t)$ 与 $w=w_2(t)$，$\alpha\leqslant t\leqslant\beta$. 由式（6.1），有

$$\operatorname{Arg}w_1'(t_0)-\operatorname{Arg}z_1'(t_0)=\operatorname{Arg}w_2'(t_0')-\operatorname{Arg}z_2'(t_0'),$$

即

$$\operatorname{Arg}w_1'(t_0)-\operatorname{Arg}w_2'(t_0')=\operatorname{Arg}z_1'(t_0)-\operatorname{Arg}z_2'(t_0'). \tag{6.2}$$

上式两端分别是 Γ_1 与 Γ_2 以及 C_1 与 C_2 之间的夹角，因此，式（6.2）表明：相交于点 z_0 的任何两条曲线 C_1 与 C_2 之间的夹角，在其大小和方向上都等同于经过 $w=f(z)$ 映射后跟 C_1 与 C_2 对应的曲线 Γ_1 与 Γ_2 之间的夹角（见图 6.3），所以这种映射具有保持两曲线间夹角的大小与方向不变的性质. 这种性质称为**保角性**.

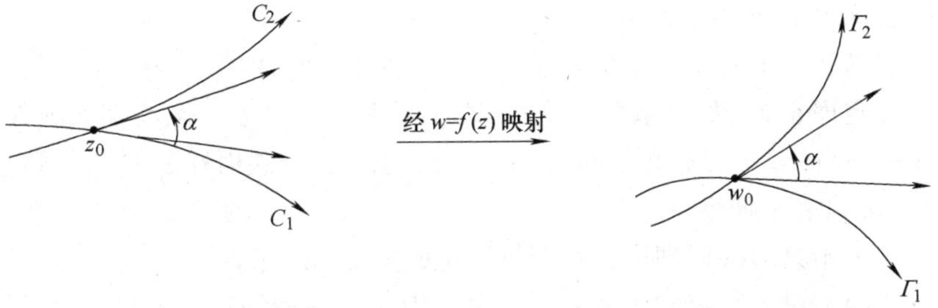

图 6.3

下面将揭示解析函数 $f(z)$ 在 z_0 的导数的模 $|f'(z_0)|$ 的几何意义. 设 $z-z_0=re^{i\theta}$, $w-w_0=\rho e^{i\varphi}$, 且用 Δs 表示 C 上的点 z_0 与 z 之间的一段弧长, $\Delta\sigma$ 表示 Γ 上的对应点 w_0 与 w 之间的弧长（见图6.2）. 由

$$\frac{w-w_0}{z-z_0}=\frac{f(z)-f(z_0)}{z-z_0}=\frac{\rho e^{i\varphi}}{re^{i\theta}}=\frac{\Delta\sigma}{\Delta s}\cdot\frac{\rho}{\Delta\sigma}\cdot\frac{\Delta s}{r}e^{i(\varphi-\theta)},$$

得

$$|f'(z_0)|=\lim_{z\to z_0}\frac{\Delta\sigma}{\Delta s}. \tag{6.3}$$

（注意：$\lim\limits_{z\to z_0}\frac{\rho}{\Delta\sigma}=1$，$\lim\limits_{z\to z_0}\frac{\Delta s}{r}=1$）. 这个极限值称为曲线 C 在 z_0 的**伸缩率**. 因此式（6.3）表明：$|f'(z_0)|$ 是经过映射 $w=f(z)$ 后通过点 z_0 的任何曲线 C 在 z_0 的伸缩率, 它与曲线 C 的形状及方向无关, 所以这种映射又具有伸缩率的不变性.

综上所述, 我们有下面的定理：

定理 6.1 设函数 $w=f(z)$ 在区域 D 内解析, z_0 为 D 内的一点, 且 $f'(z_0)\neq0$, 那么映射 $w=f(z)$ 在 z_0 具有两个性质：

（1）保角性. 即通过 z_0 的两条曲线间的夹角跟经过映射后所得两曲线间的夹角在大小和方向上保持不变；

（2）伸缩率的不变性. 即通过 z_0 的任何一条曲线的伸缩率均为 $|f'(z_0)|$ 而与其形状和方向无关.

要深刻理解定理中提到的保角性和伸缩率不变性的含义.

6.1.2 共形映射的概念

定义 6.1 设函数 $w=f(z)$ 在 z_0 的邻域内是一一对应的, 在 z_0 具有保角性和伸缩率的不变性, 那么称映射 $w=f(z)$ 在 z_0 是共形映射.

如果映射 $w=f(z)$ 在 D 内的每一点都是共形的, 那么称 $w=f(z)$

在区域 D 内是共形映射.

根据以上所论以及定理 6.1 和定义 6.1，我们有

思考题 1：$w=z^2$ 在 $z=\mathrm{i}$ 处的伸缩率和旋转角分别是多少？

定理 6.2 如果函数 $w=f(z)$ 在 z_0 解析，且 $f'(z_0)\neq 0$，那么映射 $w=f(z)$ 在 z_0 是共形的，而且 $\operatorname{Arg} f'(z_0)$ 表示这个映射在 z_0 的转动角，$|f'(z_0)|$ 表示伸缩率.

关于共形映射理论，我们将探讨的主要问题是：

(1) 对于给定的区域 D 及定义在 D 上的解析函数 $w=f(z)$，如何求函数 $f(z)$ 的像集；

(2) 对于给定的两个区域 D 和 G，如何求一个解析函数 $w=f(z)$，使得 $f(z)$ 将 D 共形地映射成 G.

这类问题的求解过程往往是比较困难的，下面我们仅对比较简单的分式线性函数和初等函数所构成的映射进行讨论.

6.2 分式线性映射

6.2.1 分式线性映射的定义

分式线性函数是复变函数理论及应用中经常用到的函数，由此函数所决定的映射是一种比较简单的共形映射.

注意该定理中要求条件 $ad-bc\neq 0$ 必须成立.

定义 6.2 形如

$$w=\frac{az+b}{cz+d}\ (a,\ b,\ c,\ d \text{ 是复常数，且 } ad-bc\neq 0) \tag{6.4}$$

的函数称为分式线性函数.

分式线性函数的反函数为 $z=\dfrac{-dw+b}{cw-a}$，$ad-bc\neq 0$，可见分式线性函数的反函数也是一个分式线性函数.

6.2.2 分式线性函数的分解

对于形如式（6.4）的分式线性函数，可以认为是由如下四种简单函数复合得到的：

(1) $w=z+\alpha$（α 为一复数）；　(2) $w=\mathrm{e}^{\mathrm{i}\theta}z$（$\theta$ 为一实数）；

(3) $w=kz$（k 为一正实数）；　(4) $w=\dfrac{1}{z}$.

这样，我们就可以通过研究上述四种相对简单函数的几何特性来得到一般分式线性函数所确定的映射的特征.

1. 平移旋转及相似映射

（1）平移映射：$w=z+\alpha$，令 $z=x+\mathrm{i}y$，$w=u+\mathrm{i}v$，$\alpha=a+\mathrm{i}b$，则有$\begin{cases}u=x+a\\v=y+b\end{cases}$. 表明 $w=z+\alpha$ 是一个平移映射；

（2）旋转映射：$w=\mathrm{e}^{\mathrm{i}\theta}z$. 设 $z=|z|\mathrm{e}^{\mathrm{i}\arg z}$，则 $w=|z|\mathrm{e}^{\mathrm{i}(\theta+\arg z)}$可见 w 的模与 z 的模相同，而 w 的辐角是 z 的辐角与 θ 的和，故 $w=\mathrm{e}^{\mathrm{i}\theta}z$ 确定了一个旋转映射；

（3）相似映射：$w=kz$. 显然 w 的辐角与 z 的辐角相同，而 w 的模是 z 的模的 k 倍，故 $w=kz$ 确定了一个以原点为中心的相似映射.

2. 反演映射

通常把 $w=\dfrac{1}{z}$称为反演映射. 在讨论反演映射的几何特性之前，我们先给出一个定义.

定义 6.3 设 $C:|z-z_0|=R(0<R<+\infty)$，如果点 z_1 及 z_2 在过圆心的同一直线上，且满足$|z_1-z_0||z_2-z_0|=R^2$，则称 z_1 及 z_2 是关于圆 C 的对称点. 如图 6.4 所示.

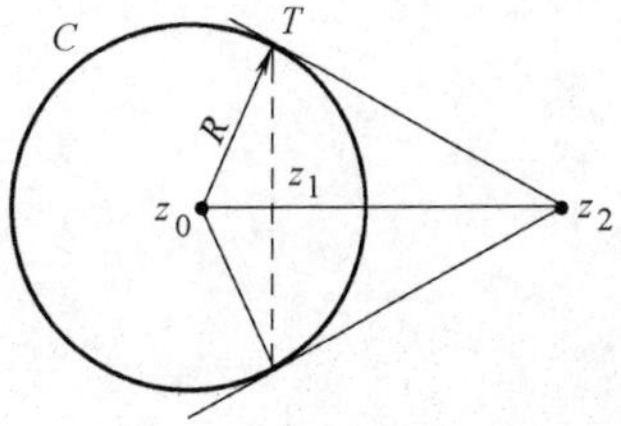

图 6.4

规定：圆心 z_0 关于圆 C 的对称点为∞.

反演映射 $w=\dfrac{1}{z}$可以看成是关于单位圆对称的映射 $w_1=\dfrac{1}{\bar{z}}$和关于实数轴对称的映射 $w=\overline{w_1}$复合得到的（见图 6.5）.

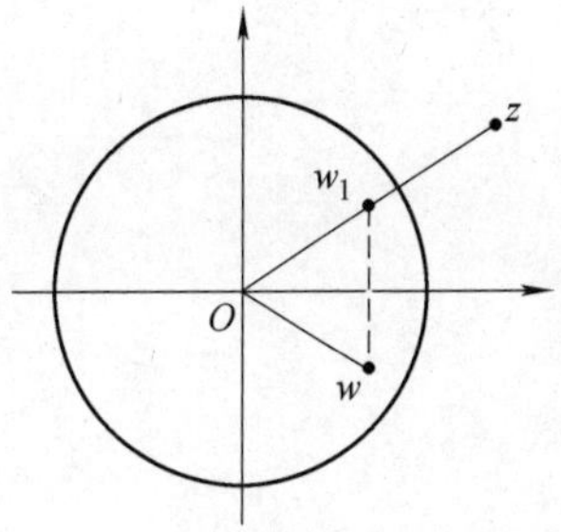

图 6.5

为了以后研究问题方便，我们对反演映射作如下两点规定：

（1）$w=\dfrac{1}{z}$将 $z=0$ 映射为 $w=\infty$；将 $z=\infty$映射为 $w=0$；

（2）函数 $f(z)$ 在 $z=\infty$及其邻域内的特性可由函数 $\phi(\xi)=\dfrac{1}{z}$在 $z=0$ 及其邻域的性态确定，这里 $\xi=\dfrac{1}{z}$，$\phi(\xi)=\phi\left(\dfrac{1}{z}\right)=f(z)$.

此规定表明：反演映射 $w=\dfrac{1}{z}$在扩充复平面上是一一对应的，也告诉我们讨论函数 $f(z)$ 在 $z=\infty$在及其附近的性态问题，往往先经过反演映射 $\xi=\dfrac{1}{z}$将其转化为函数 $\phi(\xi)$ 在原点及其附近的问题进行研究.

6.2.3 分式线性映射的性质

1. 分式线性映射的共形性

(1) 对于映射 $w=az+b(a\neq0)$

当 $z\neq\infty$时，由于 $w=az+b(a\neq0)$解析，并且有 $w'=a\neq0$，因此该映射在有限复平面上是共形的.

当 $z=\infty$时，令 $z=\frac{1}{\xi}$，$\mu=\frac{1}{w}$得：$w=a\frac{1}{\xi}+b$，$\mu=\phi(\xi)=\frac{1}{w}$ $=\frac{\xi}{b\xi+a}$.

这样我们就把研究函数 $w=az+b(a\neq0)$在 $z=\infty$是否共形的问题转化为研究函数 $\phi(\xi)=\frac{\xi}{b\xi+a}$在 $\xi=0$ 是否共形的问题.

显然，$\phi(\xi)$在 $\xi=0$ 解析且 $\phi'(0)=\frac{1}{a}\neq0$，表明映射 $\mu=\phi(\xi)$在 $\xi=0$ 处是共形的，所以映射 $w=az+b$ 在 $z=\infty$处也是共形的.

(2) 对于映射 $w=\frac{1}{z}$，由前面规定知：反演映射 $w=\frac{1}{z}$在整个扩充复平面上是一一映射.

当 $z\neq0$，$z\neq\infty$时，由于 $w'=-\frac{1}{z^2}\neq0$，所以 $w=\frac{1}{z}$为一共形映射.

当 $z=\infty$时，令 $\xi=\frac{1}{z}$，则 $w=\frac{1}{z}=\phi(\xi)=\xi$，显然 $\phi(\xi)$在 $\xi=0$ 处解析且$\phi'(0)=1\neq0$，因此映射 $w=\frac{1}{z}$在∞点是共形映射.

当 $z=0$ 时，可由 $z=\frac{1}{w}$在∞点的共形性得 $w=\frac{1}{z}$为一共形映射.

因此有下面的定理：

定理 6.3 分式线性映射在扩充复平面是共形的.

2. 分式线性映射的保圆性

以下如无特殊说明，我们把直线看做是圆的一个特例，即将直线看作是半径为无穷大的圆，在此一一分式线性映射能把扩充复平面上的圆周映射成圆周.

事实上，分式线性映射可看做平移、旋转、相似及反演映射的复合. 前三种映射显然能将圆映射成圆，现在说明反演映射 $w=\dfrac{1}{z}$ 也把圆映射成圆.

令 $z=x+\mathrm{i}y$，$w=u+\mathrm{i}v$，则由 $w=\dfrac{1}{z}$ 得

$$x=\frac{u}{u^2+v^2},\ y=-\frac{v}{u^2+v^2}.$$

对于平面上任意给定的圆：$a(x^2+y^2)+bx+cy+d=0$（$a=0$ 时蜕化为直线），其像曲线满足方程：

$$d(u^2+v^2)+bu-cv+a=0,\quad (d=0\text{ 时蜕化为直线}),$$

显然它仍然是一个圆.

定理 6.4 分式线性映射能把扩充 z 复平面上的圆周映射成 w 扩充平面上的圆周，即具有保圆性.

3. 分式线性映射的保对称点性

为讨论分式线性映射关于对称点的性质，先引入关于对称点的引理.

引理 6.1 设点 z_1，z_2 是关于圆周 C 的对称点，那么在分式线性映射下，它们的像点 w_1，w_2 是关于 C 的像曲线 Γ 的对称点.（证明略）

4. 唯一决定分式线性映射的条件

分式线性函数中含有四个系数 a，b，c，d，但是由于比例关系，实际上只有三个系数是独立的，因此只需给定三个条件，就能决定一个分式线性映射.

定理 6.5 在平面上任意给定三个不同的点 z_1，z_2，z_3，在 w 平面上也任意给定三个不同的点 w_1，w_2，w_3，那么就存在唯一的分式线性映射，将 $z_k(k=1, 2, 3)$ 依次映射成 $w_k(k=1, 2, 3)$.（证明略）

思考题 2：如何求该定理中的分式线性映射的表达式？

关于分式线性映射需要作如下几点说明：

（1）在分式线性映射下，如果给定的圆周没有点被映射成无穷远点，那么它就映射成半径为有限的圆. 如果有一点被映射成无穷远点，那么它就映射成直线，特别是后者，它给出了一种由圆（或弧）映射成直线的方法.

（2）对于已知的两个圆周 C 和 C'，在其上分别取定三个定点后，一定存在分式线性映射将圆周 C 映成 C'.

在分式线性映射下，C 的内部是映成 C'的内部还是外部可由下面两种方法判别：

如果对于 C 内部一点，其像在 C'的内部，则 C 的内部就映成 C'的内部；反之，C'的内部就映成 C 的外部.

在 C 上任取三点 z_1，z_2，z_3，他们在 C'上的像分别为 w_1，w_2，w_3，如果 C 依 $z_1 \to z_2 \to z_3$ 的绕向与 C'依 $w_1 \to w_2 \to w_3$ 的绕向相同，则 C 的内部就映成 C'的内部；绕向相反时，C 的内部就映成 C'的外部.

(3) 当 C 为圆周 C'为直线时，分式线性映射将 C 的内部映射成 C'的某一侧半平面，最终是哪一侧由绕向而定.

6.3 几个初等函数所构成的映射

6.3.1 幂函数

$w = z^n$（$n \geqslant 2$ 为自然数）这个函数在 z 平面内是处处可导的，它的导数是

$$\frac{\mathrm{d}w}{\mathrm{d}z} = nz^{n-1}.$$

因而当 $z \neq 0$ 时，

$$\frac{\mathrm{d}w}{\mathrm{d}z} \neq 0,$$

所以，在 z 平面内除去原点外，由 $w = z^n$ 所构成的映射是处处共形的.

为了讨论这映射在 $z=0$ 处的性质，我们令

$$z = r\mathrm{e}^{\mathrm{i}\theta},\ w = \rho \mathrm{e}^{\mathrm{i}\varphi},$$

那么

$$\rho = r^n,\ \varphi = n\theta, \tag{6.5}$$

由此可得以下结果：

(1) 在 $w = z^n$ 映射下，z 平面上的圆周 $|z| = r$ 映射成 w 平面上的圆周 $|w| = r^n$，特别是单位圆周 $|z| = 1$ 映射成单位圆周 $|w| = 1$；

(2) 在 $w = z^n$ 映射下，射线 $\theta = \theta_0$ 映射成射线 $\varphi = n\theta_0$；角形域 $0 < \theta < \theta_0 \left(< \dfrac{2\pi}{n} \right)$ 映射成角形域 $0 < \varphi < n\theta_0$（见图 6.6），特别地，将正实轴 $\theta = 0$ 映射成正实轴 $\varphi = 0$；

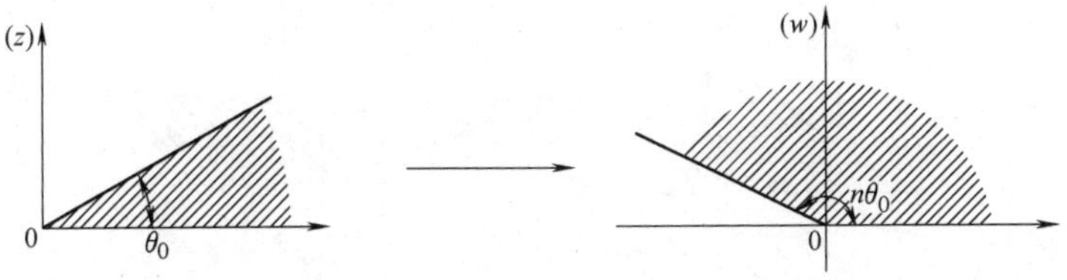

图 6.6

(3) 在 $w=z^n$ 映射下，角形域 $0<\theta<\dfrac{2\pi}{n}$映射成沿正实轴剪开的 w 平面 $0<\varphi<2\pi$（见图 6.7），它的一边 $\theta=0$ 映射成 w 平面正实轴的上岸 $\varphi=0$；另外一边 $\theta=\dfrac{2\pi}{n}$映射成 w 平面正实轴的下岸 $\varphi=2\pi$.

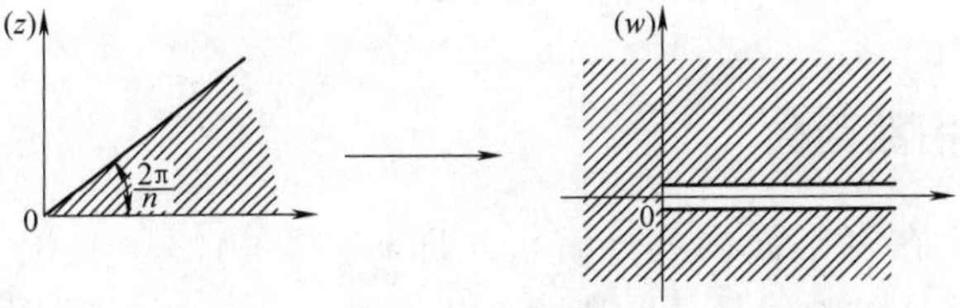

图 6.7

由此可见，幂函数 $w=z^n$ 的映射特点是：把以原点为顶点的角形域映射成以原点为顶点的角形域，张角变成了原来的 n 倍. 因此，如果要把角形域映射成角形域，我们经常利用幂函数.

例 6.1 求把角形域 $0<\arg z<\dfrac{\pi}{4}$映射成单位圆 $|w|<1$ 的一个映射.

解：如图 6.8 所示，$\zeta=z^4$将所给角形域 $0<\arg z<\dfrac{\pi}{4}$映射成上半平面$\mathrm{Im}(\zeta)>0$，$w=\dfrac{\zeta-\mathrm{i}}{\zeta+\mathrm{i}}$将上半平面映射成单位圆 $|w|<1$. 因此所求的映射为

$$w=\frac{z^4-\mathrm{i}}{z^4+\mathrm{i}}.$$

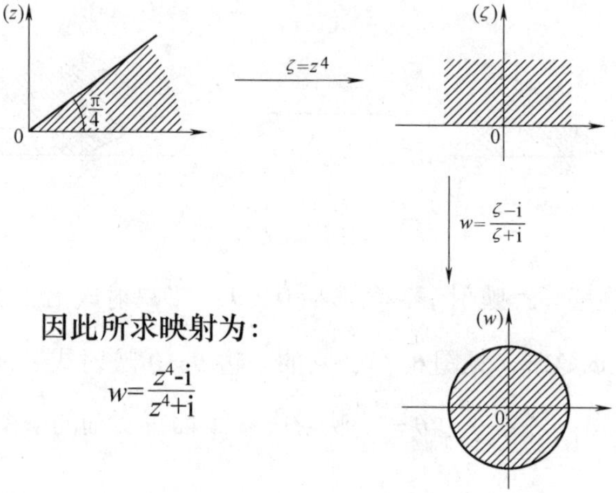

因此所求映射为:

$$w=\frac{z^4-\mathrm{i}}{z^4+\mathrm{i}}$$

图 6.8

6.3.2 指数函数

$w=\mathrm{e}^z$ 在复平面内处处解析，且 $w'=(\mathrm{e}^z)'=\mathrm{e}^z\neq0$，所以，由 $w=\mathrm{e}^z$ 所构成的映射是共形映射. 设 $z=x+\mathrm{i}y$，$w=\rho\mathrm{e}^{\mathrm{i}\varphi}$，那么

$$\rho=\mathrm{e}^x,\ \varphi=y. \tag{6.6}$$

由此可得以下结果:

(1) z 平面上的直线 $x=$ 常数，被映射成 w 平面上的圆周 $\rho=$ 常数；而直线 $y=$ 常数，被映射成射线 $\varphi=$ 常数；

(2) 带形域 $0<\mathrm{Im}(z)<a$ 映射成角形域 $0<\arg w<a$. 特别是，带形域 $0<\mathrm{Im}(z)<2\pi$ 映射成沿正实轴剪开的 w 平面 $0<\arg w<2\pi$ (见图 6.9).

由此可见，指数函数 $w=\mathrm{e}^z$ 所构成的映射的特点是：把水平的带形域 $0<\mathrm{Im}(z)<a(a\leqslant2\pi)$ 映射成角形域 $0<\arg w<a$. 因此，如果要把带形域映射成角形域，我们常常利用指数函数.

例 6.2 求把带形域 $0<\mathrm{Im}(z)<\pi$ 映射成单位圆 $|w|<1$ 的一个映射.

解：如图 6.10 所示，映射 $\zeta=\mathrm{e}^z$ 将所给的带形域映射成 ζ 平面的

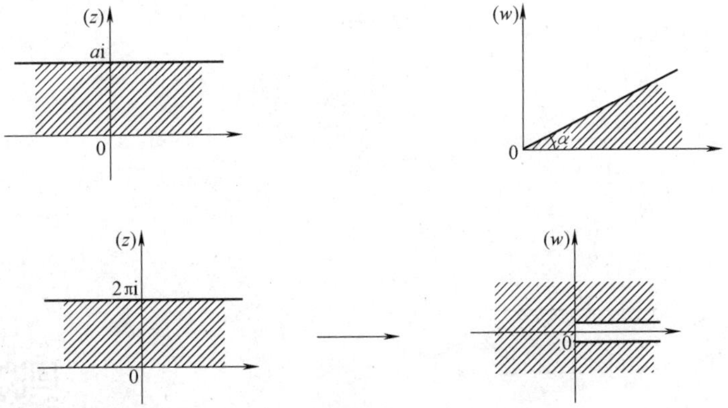

图 6.9

上半平面 $\mathrm{Im}(\zeta)>0$，映射 $w=\dfrac{\zeta-\mathrm{i}}{\zeta+\mathrm{i}}$将上半平面 $\mathrm{Im}(\zeta)>0$ 映射成单位圆$|w|<1$,因此所求的映射为

$$w=\frac{\mathrm{e}^z-\mathrm{i}}{\mathrm{e}^z+\mathrm{i}}.$$

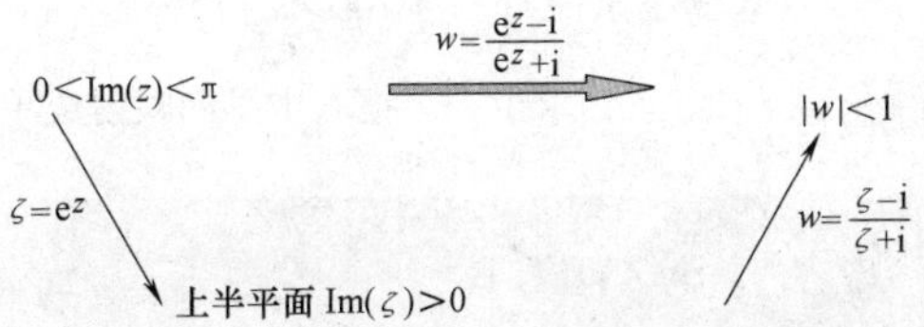

图 6.10

例 6.3 求把带形域 $a<\mathrm{Re}(z)<b$ 映射成上半平面 $\mathrm{Im}(w)>0$ 的一个映射.

解：如图 6.11 所示，映射 $\zeta=\dfrac{\pi\mathrm{i}}{b-a}(z-a)$将带形域 $a<\mathrm{Re}(z)<b$ 经过平移、伸缩及旋转映射成带形域 $0<\mathrm{Im}(\zeta)<\pi$；而映射 $w=\mathrm{e}^{\zeta}$ 可把带形域 $0<\mathrm{Im}(\zeta)<\pi$ 映射成上半平面 $\mathrm{Im}(w)>0$. 因此所求的映射为

$$w=\mathrm{e}^{\frac{\pi\mathrm{i}}{b-a}(z-a)}$$

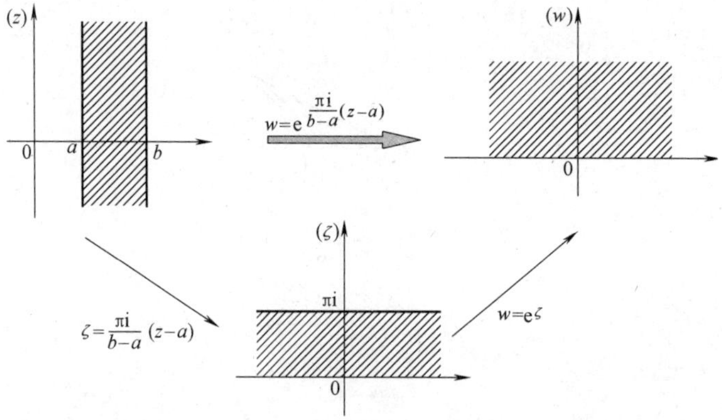

图 6.11

习 题 六

1. 求 $w=z^2$ 在 $z=i$ 处的伸缩率和旋转角.

2. 在映射 $w=iz$ 下，下列图形映射成什么图形？

(1) 以 $z_1=i$，$z_2=-1$，$z_3=1$ 为顶点的三角形；

(2) 闭圆域 $|z-1|\leqslant 1$.

3. 求把上半平面映射成单位圆的分式线性映射 $w=f(z)$，并满足条件 $f(i)=0$，$f(-1)=1$.

4. 求把单位圆映射成单位圆的分式线性映射，并满足条件 $f\left(\frac{1}{2}\right)=0$，$f(-1)=1$.

5. 求出一个把右半平面映射成单位圆的映射.

小 结 六

1. 解析函数的导数的辐角与模的几何意义及其性质

设函数 $w=f(z)$ 在区域 D 内解析，z_0 为 D 内的一点.

(1) 导数 $f'(z_0)\neq 0$ 的辐角 $\operatorname{Arg}f'(z_0)$ 是曲线经 $w=f(z)$ 映射后在 z_0 处的转动角；它的大小与方向跟曲线 C 的形状与方向无关，即这种映射具有转动角的不变性.

(2) $|f'(z_0)|$ 是经过映射 $w=f(z)$ 后通过点 z_0 的任何曲线 C 在 z_0 的伸缩率，它与曲线 C 的形状及方向无关，即映射具有伸缩率的不变性.

2. 共形映射或保形映射的概念

设函数 $w=f(z)$ 在 z_0 的邻域内是一一对应的，在 z_0 具有保角性和伸缩率的不变性，那么称映射 $w=f(z)$ 在 z_0 是共形映射.

如果映射 $w=f(z)$ 在 D 内的每一点都是共形的，那么称 $w=f(z)$ 在区域 D 内是共形映射.

因为共形映射在导数不为零的点 z_0 的邻域内，将一个任意小三角形映射成含 z_0 对应点 w_0 的一个区域内的一个曲边三角形. 这两个三角形的对应角相等（保角性），对应边也近似成比例（伸缩率的不变性），因此这两个三角形相似，这是共形映射名称的由来.

3. 分式线性映射 $w=\dfrac{az+b}{cz+d}$（a，b，c，d 是复常数，且 $ad-bc\neq 0$）可看成是由如下四种简单函数复合得到的

（1）$w=z+\alpha$（α 为一复数）；

（2）$w=e^{i\theta}z$（θ 为一实数）；

（3）$w=kz$（k 为一正实数）；（4）$w=\dfrac{1}{z}$.

由于它们在扩充复平面上都是一一对应，且具有保角性、保圆性、保对称性，因此，分式线性映射也具有保角性、保圆性、保对称性．除此之外，它还有可用三对相异的对应点唯一确定的性质：设在 z 平面上任意给定三个不同的点 z_1，z_2，z_3，在 w 平面上也任意给定三个不同的点 w_1，w_2，w_3，那么就存在唯一的分式线性映射，将 $z_k(k=1,2,3)$ 依次映射成 $w_k(k=1,2,3)$.

分式线性映射是共形映射的一个重点内容，所以我们必须对它所具有的各种性质彻底弄懂，要熟练掌握并会应用．这些性质常被用来寻找一些简单而典型的区域之间的共形映射．

4. 几个初等函数所构成的映射

（1）幂函数 $w=z^n$ 的映射特点是：把以原点为顶点的角形域映射成以原点为顶点的角形域，张角变成了原来的 n 倍．

（2）指数函数 $w=e^z$ 所构成的映射的特点是：把水平的带形域 $0<\mathrm{Im}(z)<a(a\leqslant 2\pi)$ 映射成角形域 $0<\arg w<a$.

把这两个函数构成的映射与分式线性映射联合起来使用可以解决一部分简单区域之间的变换问题．

第7章 傅里叶变换

数学上，为了计算较复杂的运算，而常常采用一种手段，把它转化为较简单的运算，这就是所谓的变换.

所谓的积分变换，就是通过积分运算，把一个函数变成另一个函数的变换. 一般是含参变量的积分：

$$F(\alpha) = \int_a^b f(t)K(t,\alpha)\,\mathrm{d}t.$$

其实质就是把某函数类 A 中的函数 $f(t)$ 通过上述积分的运算变成另一函数类 B 中的函数 $F(\alpha)$，这里 $K(t,\alpha)$ 是一个确定的二元函数，称为积分变换的核. 选取不同的积分域和变换核，就得到不同名称的积分变换. $f(t)$ 称为象原函数，$F(\alpha)$ 称为 $f(t)$ 的象函数. 理论上，我们还要求这种变换是一个可逆变换，所以在一定条件下 $f(t)$ 和 $F(\alpha)$ 是一一对应的.

我们这里要介绍的是在工程技术中最常用的两类积分变换：傅里叶变换和拉普拉斯变换.

用积分变换去求解微分方程或其他方程，是比较方便的，因为它能够将分析运算（如微分、积分）转化为代数运算. 通过积分变换，原来的偏微分方程可以减少自变量的个数直至变成常微分方程；原来的常微分方程可以变成代数方程，从而积分变换成为求解微分方程和其他方程的重要方法之一.

积分变换起源于19世纪的运算微积，英国著名的无线电工程师赫维赛德（Heaviside）在求解电工学、物理学等领域中的线性微分方程的过程中逐步形成了一种所谓的符号法，后来符号法又演变成现在的积分变换法.

积分变换的理论和方法不仅在数学的诸多分支中得到广泛应用，而且作为一种研究工具在许多科学技术领域中，例如在物理学、力学、无线电技术以及信号处理等方面，无论是过去还是现在都在发挥着极为重要的作用.

7.1 傅氏积分

我们从函数在区间 $\left[-\frac{T}{2}, \frac{T}{2}\right]$ 上的傅里叶级数展开式出发讨论当 $T\to+\infty$ 时，它的极限形式，得出一般函数的傅里叶积分展开式，然后在这个基础上定义傅里叶变换并讨论其性质.

在正式讨论之前，先回顾一些已知的结论.

在高等数学中，我们讨论了如何把一个周期性的函数（波）表示成傅里叶级数. 具体描述如下：

定理 7.1（收敛定理、狄利克雷（Dirichlet）条件） 设$f(x)$是周期为2π的周期函数. 如果它满足：

（1）在一个周期内连续或只有有限个第一类间断点；

（2）在一个周期内至多有有限个极值点.

则$f(x)$的傅里叶级数收敛，并且：当x是$f(x)$的连续点时，级数收敛于$f(x)$；当x是$f(x)$的间断点时，级数收敛于$\frac{1}{2}[f(x+0)+f(x-0)]$.

当x是$f(x)$的连续点时，$f(x)$的傅里叶级数收敛于$f(x)$；当x是$f(x)$的间断点时，级数收敛于$\frac{1}{2}[f(x+0)+f(x-0)]$，其中，$f(x-0)$，$f(x+0)$分别是$f(x)$的左、右极限.

我们之后的结论基本上就是建立在上述的定理基础上的.

我们还要用到$e^{i\theta}=\cos\theta+i\sin\theta$和$e^{-i\theta}=\cos\theta-i\sin\theta$，将这两个式子相加和相减即可以得到欧拉公式（由于电工学中用i表示电流强度，所以这里改用“j”表示虚数单位）.

$$\cos\varphi = \frac{e^{j\varphi}+e^{-j\varphi}}{2},$$

$$\sin\varphi = \frac{e^{j\varphi}-e^{-j\varphi}}{2j} = -j\,\frac{e^{j\varphi}-e^{-j\varphi}}{2}.$$

7.1.1 周期函数的傅里叶展开式

我们限制函数为以T为周期的函数$f_T(t)$，如果在$\left[-\frac{T}{2},\frac{T}{2}\right]$上满足狄利克雷（Dirichlet）条件，那么在$\left[-\frac{T}{2},\frac{T}{2}\right]$上函数$f_T(t)$就可以展开成傅里叶级数. 在$f_T(t)$的连续点处，级数的三角形式为

$$f_T(t) = \frac{a_0}{2} + \sum_{n=1}^{+\infty}(a_n\cos n\omega t + b_n\sin n\omega t) \tag{7.1}$$

其中，$\omega=\frac{2\pi}{T}$，ω为角频率（圆频率），它是质点沿圆周运动的角速度（设旋转一周的时间为T）. $a_n\cos n\omega t+b_n\sin n\omega t$被称为第$n$次谐波，振幅为$A_n=\sqrt{a_n^2+b_n^2}$

$$a_0 = \frac{2}{T}\int_{-\frac{T}{2}}^{\frac{T}{2}} f_T(t)\,\mathrm{d}t,$$

$$a_n = \frac{2}{T}\int_{-\frac{T}{2}}^{\frac{T}{2}} f_T(t)\cos n\omega t\,\mathrm{d}t,\ n = 1,2,3,\cdots,$$

$$b_n = \frac{2}{T}\int_{-\frac{T}{2}}^{\frac{T}{2}} f_T(t)\sin n\omega t\,\mathrm{d}t,\ n = 1,2,3,\cdots,$$

由于正弦函数与余弦函数可以统一地由指数函数表示，所以我们下面再把傅里叶级数的三角形式转换为复指数形式. 利用欧拉公式，式（7.1）可以写成

$$\begin{aligned} f_T(t) &= \frac{a_0}{2} + \sum_{n=1}^{+\infty}\left[a_n\frac{\mathrm{e}^{\mathrm{j}n\omega t} + \mathrm{e}^{-\mathrm{j}n\omega t}}{2} + b_n\frac{\mathrm{e}^{\mathrm{j}n\omega t} - \mathrm{e}^{-\mathrm{j}n\omega t}}{2\mathrm{j}}\right] \\ &= \frac{a_0}{2} + \sum_{n=1}^{+\infty}\left[a_n\frac{\mathrm{e}^{\mathrm{j}n\omega t} + \mathrm{e}^{-\mathrm{j}n\omega t}}{2} - \mathrm{j}b_n\frac{\mathrm{e}^{\mathrm{j}n\omega t} - \mathrm{e}^{-\mathrm{j}n\omega t}}{2}\right] \\ &= \frac{a_0}{2} + \sum_{n=1}^{+\infty}\left[\frac{a_n - \mathrm{j}b_n}{2}\mathrm{e}^{\mathrm{j}n\omega t} + \frac{a_n + \mathrm{j}b_n}{2}\mathrm{e}^{-\mathrm{j}n\omega t}\right]. \end{aligned}$$

记

$$c_0 = \frac{a_0}{2} = \frac{1}{T}\int_{-\frac{T}{2}}^{\frac{T}{2}} f_T(t)\,\mathrm{d}t,$$

$$\begin{aligned} c_n = \frac{a_n - \mathrm{j}b_n}{2} &= \frac{1}{T}\left[\int_{-\frac{T}{2}}^{\frac{T}{2}} f_T(t)\cos n\omega t\,\mathrm{d}t - \mathrm{j}\int_{-\frac{T}{2}}^{\frac{T}{2}} f_T(t)\sin n\omega t\,\mathrm{d}t\right] \\ &= \frac{1}{T}\int_{-\frac{T}{2}}^{\frac{T}{2}} f_T(t)[\cos n\omega t - \mathrm{j}\sin n\omega t]\,\mathrm{d}t \\ &= \frac{1}{T}\int_{-\frac{T}{2}}^{\frac{T}{2}} f_T(t)\mathrm{e}^{-\mathrm{j}n\omega t}\,\mathrm{d}t,\ n = 1,\ 2,\ 3,\ \cdots, \end{aligned}$$

$$c_{-n} = \frac{a_n + \mathrm{j}b_n}{2} = \frac{1}{T}\int_{-\frac{T}{2}}^{\frac{T}{2}} f_T(t)\mathrm{e}^{\mathrm{j}n\omega t}\,\mathrm{d}t,\ n = 1,\ 2,\ 3,\cdots,$$

再令 $\omega_n = n\omega\,(n = 0,\ \pm 1,\ \pm 2,\ \cdots)$，则得到

$$f_T(t) = c_0 + \sum_{n=1}^{+\infty}[c_n\mathrm{e}^{\mathrm{j}\omega_n t} + c_{-n}\mathrm{e}^{-\mathrm{j}\omega_n t}] = \sum_{n=-\infty}^{+\infty} c_n\mathrm{e}^{\mathrm{j}\omega_n t}.$$

上式就是傅里叶级数的复指数形式，或者写为

$$f_T(t) = \frac{1}{T}\sum_{n=-\infty}^{+\infty}\left[\int_{-\frac{T}{2}}^{\frac{T}{2}} f_T(\tau)\mathrm{e}^{-\mathrm{j}\omega_n\tau}\,\mathrm{d}\tau\right]\mathrm{e}^{\mathrm{j}\omega_n t}, \tag{7.2}$$

其中，$\int_{-\frac{T}{2}}^{\frac{T}{2}} f_T(\tau)\mathrm{e}^{-\mathrm{j}\omega_n\tau}\mathrm{d}\tau$为确定的数，与 $\mathrm{e}^{\mathrm{j}\omega_n t}$无关.

7.1.2 非周期函数的傅里叶级数展开

由前面的介绍，我们知道一个周期函数可以展开成傅里叶级数，那么对于非周期函数呢？

应该指出的是，在下面的推导过程中，每一步都应该是要满足一定条件的. 这里我们只作一个形式推导，其目的只在于让读者对傅里叶级数与傅里叶积分之间的渊源关系有一个直观的认识. 详细的证明可以参考其他相关教材.

设$f(t)$是定义在（$-\infty$，$+\infty$）上的非周期函数. 假定它只有第一类间断点，在间断点t_0处规定$f(t_0)=\frac{1}{2}[f(t_0+0)+f(t_0-0)]$.

若$f(t)$在任何有限区间内满足狄利克雷（Dirichlet）条件，则可以在有限区间$\left[-\frac{T}{2},\ \frac{T}{2}\right]$内把它展开为傅里叶级数.

事实上，我们在这里定义一个新的函数$f_T(t)$，使得

$$f_T(t)=\begin{cases} f(t),t\in\left[-\frac{T}{2},\frac{T}{2}\right], \\ f(t-nT),t\in\left[-\frac{T}{2}+nT,\frac{T}{2}+nT\right], \end{cases}\qquad n=\pm1,\pm2,\cdots,$$

则$f_T(t)$是周期为T的周期函数，且满足狄利克雷（Dirichlet）条件，故可以展开成傅里叶级数. 如图7.1所示.

该函数限制在$\left[-\frac{T}{2},\ \frac{T}{2}\right]$内就等于$f(t)$，即

$$f(t)=f_T(t)=\frac{1}{T}\sum_{n=-\infty}^{+\infty}\left[\int_{-\frac{T}{2}}^{\frac{T}{2}}f_T(\tau)\mathrm{e}^{-\mathrm{j}\omega_n\tau}\mathrm{d}\tau\right]\mathrm{e}^{\mathrm{j}\omega_n t},\qquad t\in\left(-\frac{T}{2},\frac{T}{2}\right).$$

由图7.1容易看到，T越大，$f_T(t)$与$f(t)$相等的范围也越大，即

$$f(t)=\lim_{T\to+\infty}f_T(t)$$

这样，任何一个非周期函数$f(t)$都可以看成是由某个以T为周期的函数$f_T(t)$当T趋向于$+\infty$时转化而来的. 这个结论为我们将非周期函数展开为无穷多个周期函数的叠加提供了途径.

令$T\to+\infty$，式（7.2）变为

当$T\to+\infty$时，$\Delta\omega_n\to0$.

$$f(t)=\lim_{T\to+\infty}f_T(t)=\lim_{T\to+\infty}\frac{1}{T}\sum_{n=-\infty}^{+\infty}\left[\int_{-\frac{T}{2}}^{\frac{T}{2}}f(\tau)\mathrm{e}^{-\mathrm{j}\omega_n\tau}\mathrm{d}\tau\right]\mathrm{e}^{\mathrm{j}\omega_n t}$$

$$= \lim_{\Delta\omega_n\to 0}\frac{1}{2\pi}\sum_{n=-\infty}^{+\infty}\left[\int_{-\frac{T}{2}}^{\frac{T}{2}} f_T(\tau)\,\mathrm{e}^{-\mathrm{j}\omega_n\tau}\mathrm{d}\tau\right]\mathrm{e}^{\mathrm{j}\omega_n t}\Delta\omega_n,$$

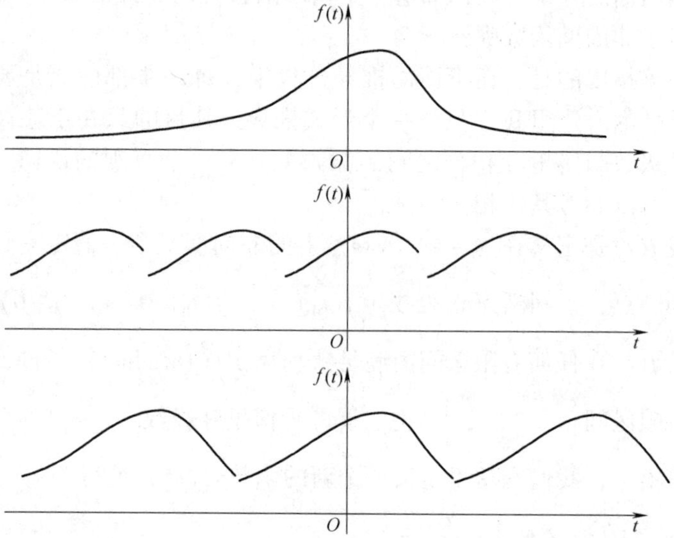

图 7.1

其中，$\Delta\omega_n=\omega_n-\omega_{n-1}=\frac{2\pi}{T}$，或$\frac{1}{T}=\frac{1}{2\pi}\Delta\omega_n$.

当 t 固定时，$\frac{1}{2\pi}\left[\int_{-\frac{T}{2}}^{\frac{T}{2}} f_T(\tau)\,\mathrm{e}^{-\mathrm{j}\omega_n\tau}\mathrm{d}\tau\right]\mathrm{e}^{\mathrm{j}\omega_n t}$ 是 ω_n 的函数，

令
$$\Phi_T(\omega_n)=\frac{1}{2\pi}\left[\int_{-\frac{T}{2}}^{\frac{T}{2}} f_T(\tau)\,\mathrm{e}^{-\mathrm{j}\omega_n\tau}\mathrm{d}\tau\right]\mathrm{e}^{\mathrm{j}\omega_n t},$$

于是
$$f(t)=\lim_{\Delta\omega_n\to 0}\sum_{n=-\infty}^{+\infty}\Phi_T(\omega_n)\Delta\omega_n.$$

当 $\Delta\omega_n\to 0$ 时，即 $T\to+\infty$时，$\Phi_T(\omega_n)\to\Phi(\omega_n)$，其中

$$\Phi(\omega_n)=\frac{1}{2\pi}\left[\int_{-\infty}^{+\infty} f(\tau)\,\mathrm{e}^{-\mathrm{j}\omega_n\tau}\mathrm{d}\tau\right]\mathrm{e}^{\mathrm{j}\omega_n t}.$$

从而有
$$f(t)=\int_{-\infty}^{+\infty}\Phi(\omega_n)\,\mathrm{d}\omega_n,$$

即
$$f(t)=\int_{-\infty}^{+\infty}\Phi(\omega)\,\mathrm{d}\omega,$$

亦即
$$f(t)=\frac{1}{2\pi}\int_{-\infty}^{+\infty}\left[\int_{-\infty}^{+\infty} f(\tau)\,\mathrm{e}^{-\mathrm{j}\omega\tau}\mathrm{d}\tau\right]\mathrm{e}^{\mathrm{j}\omega t}\mathrm{d}\omega.$$

7.1.3 傅氏积分定理及傅氏积分公式的三角形式

把前面的结论严格地叙述一下，就得到下面的定理.

定理 7.2（傅氏积分定理） 若$f(t)$在$(-\infty,+\infty)$上满足下列条件：① $f(t)$在任一有限区间上满足狄利克雷条件；② $f(t)$在无限区间$(-\infty,+\infty)$上绝对可积（即积分$\int_{-\infty}^{+\infty}|f(t)|\mathrm{d}t$收敛），则有

$$f(t)=\frac{1}{2\pi}\int_{-\infty}^{+\infty}\left[\int_{-\infty}^{+\infty}f(\tau)\mathrm{e}^{-\mathrm{j}\omega\tau}\mathrm{d}\tau\right]\mathrm{e}^{\mathrm{j}\omega t}\mathrm{d}\omega \tag{7.3}$$

成立，而左端的$f(t)$在它的间断点t处，应以$\frac{f(t+0)+f(t-0)}{2}$来代替.

与定理 7.1 相对应.

式（7.3）中的广义积分是在主值意义下的积分，即

$$\int_{-\infty}^{+\infty}f(t)\mathrm{d}t=\lim_{N\to+\infty}\int_{-N}^{+N}f(t)\mathrm{d}t.$$

按高等数学中广义积分的定义：

$$\int_{-\infty}^{+\infty}f(t)\mathrm{d}t=\lim_{\substack{A\to-\infty\\B\to+\infty}}\int_{A}^{B}f(t)\mathrm{d}t=\lim_{A\to-\infty}\int_{A}^{a}f(t)\mathrm{d}t+\lim_{B\to+\infty}\int_{a}^{B}f(t)\mathrm{d}t,$$

其中，A，B各自相互独立地分别趋向$-\infty$和$+\infty$. 如果上式右端的两个极限都存在，则称广义积分$\int_{-\infty}^{+\infty}f(t)\mathrm{d}t$收敛. 显然，当此广义积分收敛时，对称极限$\lim\limits_{N\to+\infty}\int_{-N}^{+N}f(t)\mathrm{d}t$也必存在且两者的值相等. 这个对称极限的值称为广义积分的主值，所以当广义积分收敛时，它的主值就是它的值.

在主值意义下的广义积分有性质：

当$f(t)$是奇函数时，$\int_{-\infty}^{+\infty}f(t)\mathrm{d}t=\lim\limits_{N\to+\infty}\int_{-N}^{+N}f(t)\mathrm{d}t=0$；

当$f(t)$是偶函数时，$\int_{-\infty}^{+\infty}f(t)\mathrm{d}t=2\int_{0}^{+\infty}f(t)\mathrm{d}t$.

顺便，我们给出一个定义.

定义 7.1 如果函数$f(t)$满足傅氏积分定理的条件，则$f(t)$有积分表达式：$f(t)=\frac{1}{2\pi}\int_{-\infty}^{+\infty}\left[\int_{-\infty}^{+\infty}f(\tau)\mathrm{e}^{-\mathrm{j}\omega\tau}\mathrm{d}\tau\right]\mathrm{e}^{\mathrm{j}\omega t}\mathrm{d}\omega$，我们称之为**傅里叶积分公式**（简称傅氏积分公式）.

可以注意到式（7.3）是$f(t)$的傅氏积分公式的复指数形式，利用欧拉公式，我们可以将它转化为三角形式. 因为

$$\begin{aligned} f(t) &= \frac{1}{2\pi}\int_{-\infty}^{+\infty}\left[\int_{-\infty}^{+\infty} f(\tau)\mathrm{e}^{-\mathrm{j}\omega\tau}\mathrm{d}\tau\right]\mathrm{e}^{\mathrm{j}\omega t}\mathrm{d}\omega \\ &= \frac{1}{2\pi}\int_{-\infty}^{+\infty}\left[\int_{-\infty}^{+\infty} f(\tau)\mathrm{e}^{\mathrm{j}\omega(t-\tau)}\mathrm{d}\tau\right]\mathrm{d}\omega \\ &= \frac{1}{2\pi}\int_{-\infty}^{+\infty}\left[\int_{-\infty}^{+\infty} f(\tau)\cos\omega(t-\tau)\mathrm{d}\tau + \mathrm{j}\int_{-\infty}^{+\infty} f(\tau)\sin\omega(t-\tau)\mathrm{d}\tau\right]\mathrm{d}\omega. \end{aligned}$$

由于积分$\int_{-\infty}^{+\infty} f(\tau)\sin\omega(t-\tau)\mathrm{d}\tau$是$\omega$的奇函数，根据前面所说的主值积分的性质，有$\int_{-\infty}^{+\infty}\left[\int_{-\infty}^{+\infty} f(\tau)\sin\omega(t-\tau)\mathrm{d}\tau\right]\mathrm{d}\omega = 0$，从而

$$f(t) = \frac{1}{2\pi}\int_{-\infty}^{+\infty}\left[\int_{-\infty}^{+\infty} f(\tau)\cos\omega(t-\tau)\mathrm{d}\tau\right]\mathrm{d}\omega, \tag{7.4}$$

又考虑到积分$\int_{-\infty}^{+\infty} f(\tau)\cos\omega(t-\tau)\mathrm{d}\tau$是$\omega$的偶函数，式（7.4）又可写为

$$f(t) = \frac{1}{\pi}\int_{0}^{+\infty}\left[\int_{-\infty}^{+\infty} f(\tau)\cos\omega(t-\tau)\mathrm{d}\tau\right]\mathrm{d}\omega. \tag{7.5}$$

式（7.4）和式（7.5）都是$f(t)$的傅氏积分公式的三角形式.

由三角函数的和差公式，式（7.5）可展为

广义积分是主值意义下的积分.

$$f(t) = \frac{1}{\pi}\int_{0}^{+\infty}\left[\int_{-\infty}^{+\infty} f(\tau)(\cos\omega t\cos\omega\tau + \sin\omega t\sin\omega\tau)\mathrm{d}\tau\right]\mathrm{d}\omega.$$

当$f(t)$是奇函数时，$f(\tau)\cos\omega\tau$和$f(\tau)\sin\omega\tau$分别是关于τ的奇函数和偶函数，则有：

$$f(t) = \frac{2}{\pi}\int_{0}^{+\infty}\left[\int_{0}^{+\infty} f(\tau)\sin\omega\tau\mathrm{d}\tau\right]\sin\omega t\mathrm{d}\omega. \tag{7.6}$$

当$f(t)$是偶函数时，类似有

$$f(t) = \frac{2}{\pi}\int_{0}^{+\infty}\left[\int_{0}^{+\infty} f(\tau)\cos\omega\tau\mathrm{d}\tau\right]\cos\omega t\mathrm{d}\omega. \tag{7.7}$$

式（7.6）和式（7.7）分别称为$f(t)$的傅里叶正弦积分公式和傅里叶余弦积分公式.

例 7.1 求矩形脉冲函数$f(t) = \begin{cases} E, |t| < \dfrac{\tau}{2} \\ 0, |t| \geqslant \dfrac{\tau}{2} \end{cases}$ $(\tau, E > 0)$的傅氏

积分表达式.

解: $f(t)=\dfrac{1}{2\pi}\displaystyle\int_{-\infty}^{+\infty}\left[\int_{-\infty}^{+\infty}f(\tau)e^{-j\omega\tau}d\tau\right]e^{j\omega t}d\omega$

$$=\frac{1}{2\pi}\int_{-\infty}^{+\infty}\left[\int_{-\frac{\tau}{2}}^{\frac{\tau}{2}}Ee^{-j\omega\tau}d\tau\right]e^{j\omega t}d\omega$$

$$=\frac{E}{\pi}\int_{-\infty}^{+\infty}\frac{\sin\dfrac{\omega\tau}{2}}{\omega}e^{j\omega t}d\omega$$

$$=\frac{E}{\pi}\int_{-\infty}^{+\infty}\frac{\sin\dfrac{\omega\tau}{2}}{\omega}\cos\omega t d\omega=\frac{2E}{\pi}\int_{0}^{+\infty}\frac{\sin\dfrac{\omega\tau}{2}}{\omega}\cos\omega t d\omega.$$

顺便，我们还得到了一个含参量广义积分的结果

$$\int_{0}^{+\infty}\frac{\sin\dfrac{\omega\tau}{2}}{\omega}\cos\omega t d\omega=\begin{cases}\dfrac{\pi}{2},|t|<\dfrac{\tau}{2},\\ \dfrac{\pi}{4},|t|=\dfrac{\tau}{2},\\ 0,|t|>\dfrac{\tau}{2}.\end{cases}$$

注意: $|t|=\dfrac{\tau}{2}$是$f(t)$的间断点.

例 7.2 求指数衰减函数 $f(t)=\begin{cases}0,t<0\\ e^{-\beta t},t\geqslant0\end{cases}$ 的积分表达式，其中 $\beta>0$. 这个$f(t)$是工程技术中常碰到的一个函数.

解: 利用式（7.5）可以得到:

$$\int_{-\infty}^{+\infty}f(\tau)\cos\omega(t-\tau)d\tau=\int_{0}^{+\infty}e^{-\beta\tau}\cos\omega(t-\tau)d\tau$$

$$=\frac{\beta\cos\omega t+\omega\sin\omega t}{\beta^2+\omega^2},$$

所以

$$f(t)=\frac{1}{\pi}\int_{0}^{+\infty}\frac{\beta\cos\omega t+\omega\sin\omega t}{\beta^2+\omega^2}d\omega.$$

7.2 傅氏变换

7.2.1 傅氏变换的概念

由上一节的傅氏积分公式，我们给出定义:

$F(\omega)=\mathscr{F}[f(t)]=\int_{-\infty}^{+\infty}f(t)\mathrm{e}^{-\mathrm{j}\omega t}\mathrm{d}t$,

$f(t)=\mathscr{F}^{-1}[F(\omega)]=\frac{1}{2\pi}\int_{-\infty}^{+\infty}F(\omega)\mathrm{e}^{\mathrm{j}\omega t}\mathrm{d}\omega$.

定义 7.2 若函数 $f(t)$ 满足傅氏积分定理中的条件，则令

$$F(\omega)=\int_{-\infty}^{+\infty}f(t)\mathrm{e}^{-\mathrm{j}\omega t}\mathrm{d}t \tag{7.8}$$

$$f(t)=\frac{1}{2\pi}\int_{-\infty}^{+\infty}F(\omega)\mathrm{e}^{\mathrm{j}\omega t}\mathrm{d}\omega \tag{7.9}$$

我们把式（7.7）叫做 $f(t)$ 的**傅氏变换式**，可记为 $F(\omega)=\mathscr{F}[f(t)]$. 称函数 $F(\omega)$ 为 $f(t)$ 的傅氏变换. $F(\omega)$ 叫做 $f(t)$ 的**象函数**. 式（7.9）叫做 $F(\omega)$ 的**傅氏逆变换式**，可记为 $f(t)=\mathscr{F}^{-1}[F(\omega)]$. 称函数 $f(t)$ 为 $F(\omega)$ 的傅氏逆变换. $f(t)$ 叫做 $F(\omega)$ 的**象原函数**.

象函数 $F(\omega)$ 与象原函数 $f(t)$ 构成了一个傅氏变换对.

在定义中，我们要求函数 $f(t)$ 满足傅氏积分定理的条件，目的在于保证式（7.8）和式（7.9）中的广义积分收敛，即 $f(t)$ 的傅氏变换 $F(\omega)$ 存在，且 $F(\omega)$ 的傅氏逆变换也同时存在. 事实上，根据傅氏积分定理，有

$$\frac{1}{2\pi}\int_{-\infty}^{+\infty}F(\omega)\mathrm{e}^{\mathrm{j}\omega t}\mathrm{d}\omega=\begin{cases}f(t), & \text{在}f(t)\text{ 的连续点处}\\ \frac{1}{2}[f(t+0)+f(t-0)], & \text{在}f(t)\text{ 的不连续点处}\end{cases}$$

对比定理 7.1、7.2. 一般地，两个函数相等当且仅当任意点处的函数值相等，这里扩展为去掉有限个或可列个点之外的函数值相等. 因此有些函数在间断点处的函数值可忽略，不予定义.

换一句话说，只要函数 $f(t)$ 满足傅氏积分定理的条件，则 $F(\omega)$ 存在，且 $f(t)$ 与 $F(\omega)$ 可通过相应的积分相互表达，但是要略去间断点式（7.9）才成立.

例 7.3 求矩形脉冲函数 $f(t)=\begin{cases}E & |t|<\frac{\tau}{2}\\ 0 & |t|\geqslant\frac{\tau}{2}\end{cases}$ $(\tau,E>0)$ 的傅氏变换及其积分表达式.

解: $F(\omega)=\mathscr{F}[f(t)]=\int_{-\infty}^{+\infty}f(t)\mathrm{e}^{-\mathrm{j}\omega t}\mathrm{d}t$

$$=\int_{-\frac{\tau}{2}}^{+\frac{\tau}{2}}E\mathrm{e}^{-\mathrm{j}\omega t}\mathrm{d}t=2\int_{0}^{+\frac{\tau}{2}}E\cos\omega t\mathrm{d}t$$

$$=\frac{2E}{\omega}\sin\frac{\omega\tau}{2},$$

引入符号 $\mathrm{sinc}(t)=\frac{\sin t}{t}$，此函数被称为辛格函数，又记作 $Sa(t)$，也被称为抽样信号. 此例结果可以简单叙述为：矩形脉冲函数和辛格函数构成一个傅氏变换对.

此时，求 $f(t)$ 的积分表达式只需对 $F(\omega)$ 求傅氏逆变换即可：

$$f(t)=\mathscr{F}^{1}[F(\omega)]=\frac{1}{2\pi}\int_{-\infty}^{+\infty}F(\omega)\mathrm{e}^{\mathrm{j}\omega t}\mathrm{d}\omega$$

$$= \frac{1}{2\pi}\int_{-\infty}^{+\infty}\frac{2E}{\omega}\sin\frac{\omega\tau}{2}e^{j\omega t}d\omega = \frac{2E}{\pi}\int_0^{+\infty}\frac{\sin\frac{\omega\tau}{2}\cdot\cos\omega t}{\omega}d\omega.$$

例 7.4 求$f(t)=\begin{cases}0, & t<0\\ e^{-\beta t}, & t\geqslant 0\end{cases}$的傅氏变换及其积分表达式，其中$\beta>0$.

解: $F(\omega) = \mathscr{F}[f(t)] = \int_{-\infty}^{+\infty}f(t)e^{-j\omega t}dt$

$$= \int_0^{+\infty}e^{-\beta t}e^{-j\omega t}dt = \int_0^{+\infty}e^{-(\beta+j\omega)t}dt$$

$$= \frac{-1}{\beta+j\omega}e^{-(\beta+j\omega)t}\Big|_0^{+\infty}$$

$$= \frac{-1}{\beta+j\omega}\left[\lim_{t\to+\infty}e^{-(\beta+j\omega)t} - e^0\right]$$

$$= \frac{-1}{\beta+j\omega}\lim_{t\to+\infty}e^{-\beta t}(\cos\omega t - j\sin\omega t) + \frac{1}{\beta+j\omega}$$

$$= \frac{1}{\beta+j\omega} = \frac{\beta-j\omega}{\beta^2+\omega^2}.$$

$$f(t) = \mathscr{F}^{-1}[F(\omega)] = \frac{1}{2\pi}\int_{-\infty}^{+\infty}F(\omega)e^{j\omega t}d\omega$$

$$= \frac{1}{2\pi}\int_{-\infty}^{+\infty}\frac{\beta-j\omega}{\beta^2+\omega^2}e^{j\omega t}d\omega$$

$$= \frac{1}{2\pi}\int_{-\infty}^{+\infty}\frac{\beta-j\omega}{\beta^2+\omega^2}(\cos\omega t + j\sin\omega t)d\omega$$

$$= \frac{1}{2\pi}\int_{-\infty}^{+\infty}\frac{\beta\cos\omega t+\omega\sin\omega t}{\beta^2+\omega^2}d\omega$$

$$= \frac{1}{\pi}\int_0^{+\infty}\frac{\beta\cos\omega t+\omega\sin\omega t}{\beta^2+\omega^2}d\omega.$$

引入符号 $u(t)=\begin{cases}1, & t>0,\\ 0, & t<0,\end{cases}$ 此函数被称为单位阶跃函数. 于是指数衰减函数可以简记为 $e^{-\beta t}u(t)$，进而有 $\mathscr{F}[e^{-\beta t}u(t)] = \frac{1}{\beta+j\omega}$.

顺便，我们还得到了一个含参量广义积分的结果.

$$\int_0^{+\infty}\frac{\beta\cos\omega t+\omega\sin\omega t}{\beta^2+\omega^2}d\omega = \begin{cases}0, & t<0,\\ \frac{\pi}{2}, & t=0,\\ \pi e^{-\beta t}, & t>0.\end{cases}$$

7.2.2 单位脉冲函数及其傅氏变换

工程上，还经常用到单位脉冲函数. 如电学中，要研究线性电路具有脉冲性质的电势作用后所产生的电流；力学中，要研究机械系统受冲击力作用后的运动情况等.

引例 7.1 考察原来电流为零的电路，在某一瞬时（设为 $t=0$）进入一单位电量的脉冲，确定电路上的电流强度 $i(t)$.

解：把电路中的电荷函数表示为 $q(t)$，则

$$q(t)=\begin{cases}0, t\neq 0\\1, t=0\end{cases}$$

由于电流强度 $i(t)$ 是电荷函数对时间 t 的变化率，即

$$i(t)=\frac{\mathrm{d}q(t)}{\mathrm{d}t}=\lim_{\Delta t\to 0}\frac{q(t+\Delta t)-q(t)}{\Delta t},$$

于是当 $t\neq 0$ 时，有

$$i(t)=\lim_{\Delta t\to 0}\frac{q(t+\Delta t)-q(t)}{\Delta t}=\lim_{\Delta t\to 0}\frac{0}{\Delta t}=0,$$

当 $t=0$ 时，有

$$i(0)=\lim_{\Delta t\to 0}\frac{q(0+\Delta t)-q(0)}{\Delta t}=\lim_{\Delta t\to 0}\frac{-1}{\Delta t}=\infty,$$

此时记电路在 $t=0$ 以后的总电量为 q，还有

$$q=\int_{-\infty}^{+\infty}i(t)\,\mathrm{d}t=1.$$

引例 7.2 设 x 轴上只在点 $x=x_0$ 处集中分布一单位质量的某物质，而其他点处都没有该物质分布，确定 x 轴上各点处的该物质分布密度函数 $\rho(x)$.

解：设 $m[a,b]$ 表示分布在区间 $[a,b]$ 上的物质总质量，则

$$\rho(x)=\lim_{\substack{b-a\to 0\\x\in[a,b]}}\frac{m[a,b]}{b-a}=\begin{cases}0, x\neq x_0,\\\infty, x=x_0\end{cases}$$

和前例一样，考虑分布在整个 x 轴上的物质总质量

$$m(-\infty,+\infty)=\int_{-\infty}^{+\infty}\rho(x)\,\mathrm{d}x=1.$$

从上述两个例子可以看出，在通常意义下的函数类中找不到一个函数能够表示上述两个函数. 为此，引入一个新的函数，这个函数称为狄拉克（Dirac）函数，简单地记为 δ – 函数. δ – 函数是一个广义函数，它没有普通意义下的“函数值”，所以，它不能用通常意义下的“值的对应关系”来定义.

定义 7.3 如果一个函数满足

$$\delta(t)=\begin{cases}0, & t\neq 0\\ \infty, & t=0\end{cases},\qquad \int_{-\infty}^{+\infty}\delta(t)\,\mathrm{d}t=1, \tag{7.10}$$

我们称之为 δ - 函数，并记之为 $\delta(t)$.

很粗略的定义，只是希望给予读者以直观地认识.

从定义中也可以看出，δ - 函数不是普通高等数学中的函数了. 因为在高等数学中，无穷大（∞）意思是指“无限变大”，而任何一个普通函数，其定义域中都不应该在某一点处等于∞. 另外，在高等数学中有结论：改变有限个点处的函数值不会影响该函数的积分值. 由此我们应该得出 $\int_{-\infty}^{+\infty}\delta(t)\,\mathrm{d}t=0$，此结果显然与式（7.10）相矛盾. 所以，不能按“逐点对应”的普通函数来理解 δ - 函数. 要想真正正确地理解 δ - 函数，就必须去学具有严格数学基础的广义函数理论. 这一部分已超出工科数学的大纲，为了方便起见，我们可以把 δ - 函数看做是弱收敛函数序列的弱极限.

例如令 $\delta_\varepsilon(t)=\begin{cases}\dfrac{1}{\varepsilon}, & 0\leqslant t\leqslant\varepsilon\\ 0, & \text{其他}\end{cases}$，则 $\delta_\varepsilon(t)$ 的弱极限为 δ - 函数，记作 $\delta(t)$. 其具体含义可理解为对于任何在（$-\infty$，$+\infty$）内连续的函数 $f(t)$，恒有

$$\int_{-\infty}^{+\infty}\delta(t)f(t)\,\mathrm{d}t=\lim_{\varepsilon\to 0}\int_{-\infty}^{+\infty}\delta_\varepsilon(t)f(t)\,\mathrm{d}t. \tag{7.11}$$

对比定义 7.3，$\delta(t)$ 还可以理解为 $\lim\limits_{\varepsilon\to 0}\delta_\varepsilon(t)=\delta(t)$，但是更完美的理解还应该是式（7.11）.

对任何 $\varepsilon>0$，显然有

$$\int_{-\infty}^{+\infty}\delta(t)\,\mathrm{d}t=\lim_{\varepsilon\to 0}\int_{0}^{\varepsilon}\frac{1}{\varepsilon}\mathrm{d}t=1.$$

有了 δ - 函数，对于许多集中于一点或一瞬时的量，例如前面提到的点电荷、集中于一点的质量以及点热源、脉冲技术中的非常窄的脉冲等，就能像处理连续分布的量那样，以统一的方式加以解决.

工程上，将 δ - 函数称为**单位脉冲函数**，甚至可以将 δ - 函数用一个长度等于 1 的有向线段来表示，如图 7.2 所示. 这个线段的长度表示 δ - 函数的积分值，称为 δ - 函数的强度. 如图 7.3 所示为 δ - 函数平移 t_0 所得到的 $\delta(t-t_0)$ - 函数.

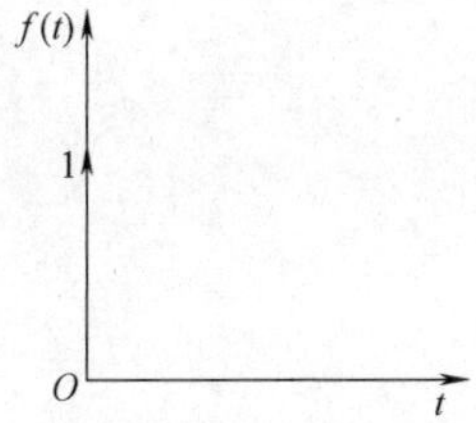

图 7.2

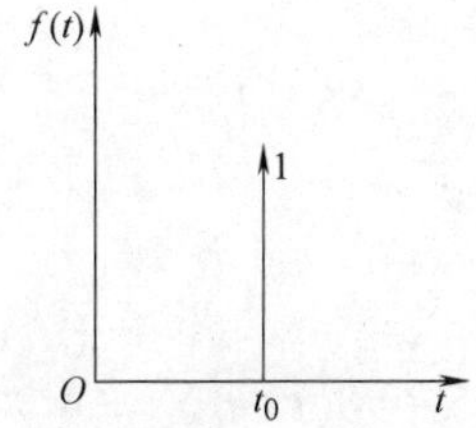

图 7.3

δ - 函数有如下一些性质：

性质 7.1 若 $f(t)$ 为无穷次可微函数，则有

$$\int_{-\infty}^{+\infty}\delta(t)f(t)\,\mathrm{d}t = f(0), \tag{7.12}$$

这一性质又称为δ-函数的筛选性质，更一般地还成立

$$\int_{-\infty}^{+\infty}\delta(t-t_0)f(t)\,\mathrm{d}t = f(t_0). \tag{7.13}$$

性质 7.2 设函数$g(t)$在$(-\infty, +\infty)$上连续，则

$$g(t)\delta(t) = g(0)\delta(t), \tag{7.14}$$

更一般地还成立

$$g(t)\delta(t-t_0) = g(t_0)\delta(t-t_0),\ t_0 \in (-\infty, +\infty). \tag{7.15}$$

性质 7.3 设$a \in R$，$a \neq 0$，则

$$\delta(at) = \frac{1}{|a|}\delta(t). \tag{7.16}$$

性质 7.4 δ-函数为偶函数，即$\delta(t)=\delta(-t)$.

性质 7.5 设单位阶跃函数$u(t)=\begin{cases}1, & t>0,\\ 0, & t<0,\end{cases}$则有$\int_{-\infty}^{t}\delta(t)\,\mathrm{d}t = u(t), \frac{\mathrm{d}u(t)}{\mathrm{d}t} = \delta(t)$.

对于性质 7.1 我们作如下的证明：

$$\begin{aligned}\int_{-\infty}^{+\infty}\delta(t)f(t)\,\mathrm{d}t &= \lim_{\varepsilon\to 0}\int_{-\infty}^{+\infty}\delta_\varepsilon(t)f(t)\,\mathrm{d}t \\ &= \lim_{\varepsilon\to 0}\int_0^{\varepsilon}\frac{1}{\varepsilon}f(t)\,\mathrm{d}t = \lim_{\varepsilon\to 0}\frac{1}{\varepsilon}\int_0^{\varepsilon}f(t)\,\mathrm{d}t \\ &= \lim_{\varepsilon\to 0}f(\theta\varepsilon) = f(0),(0<\theta<1).\end{aligned}$$

我们不加以证明的引入性质 7.2 ~ 性质 7.5. 性质 7.2 可以用来化简含有$\delta(t)$的等式，如：$\delta(t-1)t^2=\delta(t-1)$，$\delta(t)\sin t=0$，$\frac{\omega}{\omega_0}\delta(\omega+\omega_0)=-\delta(\omega+\omega_0)$，$\frac{\omega}{\omega_0}\delta(\omega-\omega_0)=\delta(\omega-\omega_0)$等.

由性质 7.1，我们可以得到δ-函数的傅氏变换为

$\mathscr{F}[\delta(t)]=1.$

$$\mathscr{F}[\delta(t)] = \int_{-\infty}^{+\infty}\delta(t)\mathrm{e}^{-\mathrm{j}\omega t}\,\mathrm{d}t = \mathrm{e}^{-\mathrm{j}\omega t}\Big|_{t=0} = 1.$$

可见，单位脉冲函数$\delta(t)$与常数 1 构成了一个傅氏变换对. 同理，$\delta(t-t_0)$和$\mathrm{e}^{-\mathrm{j}\omega t_0}$也构成了一个傅氏变换对. 即

$\mathscr{F}[\delta(t-t_0)]=\mathrm{e}^{-\mathrm{j}\omega t_0}.$

$$\mathscr{F}[\delta(t-t_0)] = \int_{-\infty}^{+\infty}\delta(t-t_0)\mathrm{e}^{-\mathrm{j}\omega t}\,\mathrm{d}t = \mathrm{e}^{-\mathrm{j}\omega t}\Big|_{t=t_0} = \mathrm{e}^{-\mathrm{j}\omega t_0}$$

反之 $\delta(t)=\mathscr{F}^{-1}[1]=\dfrac{1}{2\pi}\int_{-\infty}^{+\infty}1\cdot e^{j\omega t}d\omega=\dfrac{1}{2\pi}\int_{-\infty}^{+\infty}e^{j\omega t}d\omega$

$$\delta(t-t_0)=\mathscr{F}^{-1}[e^{-j\omega t_0}]=\frac{1}{2\pi}\int_{-\infty}^{+\infty}e^{-j\omega t_0}\cdot e^{j\omega t}d\omega=\frac{1}{2\pi}\int_{-\infty}^{+\infty}e^{j\omega(t-t_0)}d\omega.$$

至此我们得到了以后要经常用到的两个广义积分结果

$$\int_{-\infty}^{+\infty}e^{j\omega t}d\omega=2\pi\delta(t),\tag{7.17}$$

$$\int_{-\infty}^{+\infty}e^{j\omega(t-t_0)}d\omega=2\pi\delta(t-t_0).\tag{7.18}$$

例 7.5 证明单位阶跃函数 $u(t)=\begin{cases}0, & t<0\\ 1, & t>0\end{cases}$ 的傅氏变换为 $\dfrac{1}{j\omega}+\pi\delta(\omega)$.

解：
$$\begin{aligned}f(t)&=\mathscr{F}^{-1}[F(\omega)]=\frac{1}{2\pi}\int_{-\infty}^{+\infty}F(\omega)e^{j\omega t}d\omega\\&=\frac{1}{2\pi}\int_{-\infty}^{+\infty}\left[\frac{1}{j\omega}+\pi\delta(\omega)\right]e^{j\omega t}d\omega\\&=\frac{1}{2}\int_{-\infty}^{+\infty}\delta(\omega)e^{j\omega t}d\omega+\frac{1}{2\pi}\int_{-\infty}^{+\infty}\frac{\sin\omega t}{\omega}d\omega\\&=\frac{1}{2}+\frac{1}{\pi}\int_{0}^{+\infty}\frac{\sin\omega t}{\omega}d\omega.\end{aligned}$$

利用狄利克雷积分 $\displaystyle\int_0^{+\infty}\frac{\sin\omega}{\omega}d\omega=\frac{\pi}{2}$，则有

$$\int_0^{+\infty}\frac{\sin\omega t}{\omega}d\omega=\begin{cases}-\dfrac{\pi}{2}, & t<0,\\ 0, & t=0,\\ \dfrac{\pi}{2}, & t>0.\end{cases}$$

从而命题得证.

> $f(t)$ 的计算结果应为 $f(t)=\begin{cases}0, & t<0,\\ \dfrac{1}{2}, & t=0,\\ 1, & t>0,\end{cases}$ 与 $u(t)$ 显然不同，但由前所述，略去 $t=0$ 点，所以 $f(t)=u(t)$.

另外，还得到单位阶跃函数的积分表达式

$$u(t)=\frac{1}{2}+\frac{1}{\pi}\int_0^{+\infty}\frac{\sin\omega t}{\omega}d\omega,\quad t\neq 0.$$

以及以后要经常用到的广义积分结果

$$\int_0^{+\infty}e^{-j\omega t}dt=\frac{1}{j\omega}+\pi\delta(\omega).\tag{7.19}$$

单位阶跃函数又称为 Heaviside 函数，记作 $H(t)$，不过本书中仍记作 $u(t)$. 这个函数是赫维赛德最先提出的. 它在电工学上很有用

处：设在电路上有一个断开的开关，而在 $t=0$ 时将开关闭合使电路中有电流为1，描述这个电流变化的函数就是单位阶跃函数 $u(t)$. 这个间断函数的"微商"就是单位脉冲函数 $\delta(t)$. 在数学处理上，单位阶跃函数 $u(t)$ 也有着极为重要的应用，例如阶梯函数可以利用单位阶跃函数的线性组合来表示.

$\mathscr{F}[1]=2\pi\delta(\omega)$.

若 $F(\omega)=2\pi\delta(\omega)$，则

$$f(t)=\mathscr{F}^{-1}[F(\omega)]=\frac{1}{2\pi}\int_{-\infty}^{+\infty}F(\omega)e^{j\omega t}d\omega=\frac{1}{2\pi}\int_{-\infty}^{+\infty}2\pi\delta(\omega)e^{j\omega t}d\omega=1,$$

即1与 $2\pi\delta(\omega)$ 构成了一个傅氏变换对.

由 $\mathscr{F}[1]=2\pi\delta(\omega)$ 易得

$$\int_{-\infty}^{+\infty}e^{-j\omega t}dt=2\pi\delta(\omega). \tag{7.20}$$

$\mathscr{F}[e^{j\omega_0 t}]=2\pi\delta(\omega-\omega_0)$.

同理，设 $F(\omega)=2\pi\delta(\omega-\omega_0)$，则

$$f(t)=\mathscr{F}^{-1}[F(\omega)]=\frac{1}{2\pi}\int_{-\infty}^{+\infty}F(\omega)e^{j\omega t}d\omega$$

$$=\frac{1}{2\pi}\int_{-\infty}^{+\infty}2\pi\delta(\omega-\omega_0)e^{j\omega t}d\omega=e^{j\omega_0 t},$$

即 $e^{j\omega_0 t}$ 与 $2\pi\delta(\omega-\omega_0)$ 构成了一个傅氏变换对.

从而有

$$\int_{-\infty}^{+\infty}e^{-j(\omega-\omega_0)t}dt=2\pi\delta(\omega-\omega_0), \tag{7.21}$$

$$\int_{-\infty}^{+\infty}e^{-j(\omega+\omega_0)t}dt=2\pi\delta(\omega+\omega_0), \tag{7.22}$$

将式（7.15）和式（7.18）二式进行对比可得出结论，δ - 函数是偶函数.

例 7.6 求正弦函数 $f(t)=\sin\omega_0 t$ 的傅氏变换.

解：
$$F(\omega)=\mathscr{F}[f(t)]=\int_{-\infty}^{+\infty}f(t)e^{-j\omega t}dt=\int_{-\infty}^{+\infty}\sin\omega_0 t e^{-j\omega t}dt$$

$$=\int_{-\infty}^{+\infty}\frac{e^{j\omega_0 t}-e^{-j\omega_0 t}}{2j}e^{-j\omega t}dt$$

$$=\frac{1}{2j}\int_{-\infty}^{+\infty}[e^{-j(\omega-\omega_0)t}-e^{-j(\omega+\omega_0)t}]dt$$

$$=\frac{1}{2j}[2\pi\delta(\omega-\omega_0)-2\pi\delta(\omega+\omega_0)]$$

$$=j\pi[\delta(\omega+\omega_0)-\delta(\omega-\omega_0)].$$

通过前面的讨论，我们可以看出引进 δ - 函数的重要性. 它使得在普通意义下的一些不存在的积分（如式 7.17 ~ 式 7.22），有了确定的结果；而且利用 δ - 函数及其傅氏变换可以很方便地得到工程技术上许多重要函数的傅氏变换，使得许多变换的推导大大地简化. 因此值得着重说明的是，我们介绍 δ - 函数的主要目的是为读者提供一个有用的数学工具，而不是去追求它在数学上的严谨叙述或证明. 对 δ - 函数理论的详尽内容有兴趣的读者可阅读有关的参考书.

7.3 傅氏变换的性质

在本节中我们假设，凡是需要求傅氏变换的函数都满足傅氏积分定理中的条件，证明时，不再重述.

7.3.1 傅氏变换的基本性质

性质7.6（线性性质）设 $F_1(\omega)=\mathscr{F}[f_1(t)], F_2(\omega)=\mathscr{F}[f_2(t)], \alpha$, β 是常数，则

$$\mathscr{F}[\alpha f_1(t)+\beta f_2(t)]=\alpha F_1(\omega)+\beta F_2(\omega), \tag{7.23}$$

说明函数的线性组合的傅氏变换等于函数的傅氏变换的相应线性组合. 同样，傅氏逆变换亦具有类似的线性性质，即

$$\mathscr{F}^{-1}[\alpha F_1(\omega)+\beta F_2(\omega)]=\alpha f_1(t)+\beta f_2(t). \tag{7.24}$$

例 7.7 求下列函数的傅氏变换：

(1) $f(t)=\cos\omega_0 t$;

(2) $f(t)=\begin{cases}0, & t<0,\\ 3\mathrm{e}^{-2t}+2\mathrm{e}^{-3t}, & t\geqslant 0.\end{cases}$

解：(1) 利用线性性质及已知 $\cos\omega_0 t=\dfrac{\mathrm{e}^{\mathrm{j}\omega_0 t}+\mathrm{e}^{-\mathrm{j}\omega_0 t}}{2}$

$$\mathscr{F}[\mathrm{e}^{\mathrm{j}\omega_0 t}]=2\pi\delta(\omega-\omega_0), \mathscr{F}[\mathrm{e}^{-\mathrm{j}\omega_0 t}]=2\pi\delta(\omega+\omega_0),$$

则有

$$\begin{aligned}\mathscr{F}[\cos\omega_0 t]&=\mathscr{F}\left[\frac{\mathrm{e}^{\mathrm{j}\omega_0 t}+\mathrm{e}^{-\mathrm{j}\omega_0 t}}{2}\right]\\&=\frac{1}{2}(\mathscr{F}[\mathrm{e}^{\mathrm{j}\omega_0 t}]+\mathscr{F}[\mathrm{e}^{-\mathrm{j}\omega_0 t}])\\&=\frac{1}{2}(2\pi\delta(\omega-\omega_0)+2\pi\delta(\omega+\omega_0))\end{aligned}$$

$$= \pi\delta(\omega - \omega_0) + \pi\delta(\omega + \omega_0).$$

(2) 设 $f_1(t) = \begin{cases} 0, & t < 0 \\ e^{-2t}, & t \geq 0 \end{cases}, f_2(t) = \begin{cases} 0, & t < 0, \\ e^{-3t}, & t \geq 0, \end{cases}$

则有 $f(t) = 3f_1(t) + 2f_2(t)$，$\mathscr{F}[f_1(t)] = \dfrac{1}{2 + j\omega}$，$\mathscr{F}[f_2(t)] = \dfrac{1}{3 + j\omega}$.

从而

$$\mathscr{F}[f(t)] = 3\mathscr{F}[f_1(t)] + 2\mathscr{F}[f_2(t)] = \frac{3}{2 + j\omega} + \frac{2}{3 + j\omega}.$$

$\mathscr{F}[f(t \pm t_0)] = e^{\pm j\omega t_0}\mathscr{F}[f(t)]$.

$\mathscr{F}[f(t)e^{\pm j\omega_0 t}] = F(\omega \mp \omega_0)$.

性质 7.7（位移性质）

$$\mathscr{F}[f(t \pm t_0)] = e^{\pm j\omega t_0}\mathscr{F}[f(t)], \tag{7.25}$$

$$\mathscr{F}^{-1}[F(\omega \mp \omega_0)] = f(t)e^{\pm j\omega_0 t}. \tag{7.26}$$

式（7.25）表明时间函数 $f(t)$ 沿 t 轴向左或向右位移 t_0 的傅氏变换等于 $f(t)$ 的傅氏变换乘以因子 $e^{j\omega t_0}$ 或 $e^{-j\omega t_0}$. 该性质又称为时域上的位移性质. 式（7.26）表明象函数 $F(\omega)$（后面我们把它称之为频谱函数）沿 ω 轴向右或向左位移 ω_0 的傅氏逆变换等于原来的函数 $f(t)$ 乘以因子 $e^{j\omega_0 t}$ 或 $e^{-j\omega_0 t}$. 该性质又称为频域上的位移性质.

式（7.25）的证明：
$$\begin{aligned}\mathscr{F}[f(t \pm t_0)] &= \int_{-\infty}^{+\infty} f(t \pm t_0)e^{-j\omega t}dt \\ &\xlongequal{t \pm t_0 = s} \int_{-\infty}^{+\infty} f(s)e^{-j\omega(s \mp t_0)}ds \\ &= e^{\pm j\omega t_0}\int_{-\infty}^{+\infty} f(s)e^{-j\omega s}ds \\ &= e^{\pm j\omega t_0}\mathscr{F}[f(t)].\end{aligned}$$

式(7.26) 的证明：
$$\begin{aligned}\mathscr{F}^{-1}[F(\omega \mp \omega_0)] &= \frac{1}{2\pi}\int_{-\infty}^{+\infty} F(\omega \mp \omega_0)e^{j\omega t}d\omega \\ &\xlongequal{\omega \mp \omega_0 = s} \frac{1}{2\pi}\int_{-\infty}^{+\infty} F(s)e^{j(s \pm \omega_0)t}ds \\ &= \frac{1}{2\pi}e^{\pm j\omega_0 t}\int_{-\infty}^{+\infty} F(s)e^{jst}ds \\ &= f(t)e^{\pm j\omega_0 t}.\end{aligned}$$

式（7.26）的常用方式为 $\mathscr{F}[f(t)e^{\pm j\omega_0 t}] = F(\omega \mp \omega_0)$.

例 7.8 求矩形单脉冲$f(t)=\begin{cases}E, 0<t<\tau\\0,\quad 其他\end{cases}$的傅氏变换.

方法一是按照傅氏变换的定义去进行计算；方法二是记住了一些函数的傅氏变换，再利用位移性质去计算；方法三是把函数拆开成单位阶跃函数的线性组合，利用线性性质去计算，应予以推广.

解：方法一：$F(\omega)=\mathscr{F}[f(t)]=\int_{-\infty}^{+\infty}f(t)\mathrm{e}^{-\mathrm{j}\omega t}\mathrm{d}t=\int_0^{\tau}E\mathrm{e}^{-\mathrm{j}\omega t}\mathrm{d}t$

$$
\begin{aligned}
&=-\frac{E}{\mathrm{j}\omega}\mathrm{e}^{-\mathrm{j}\omega t}\Big|_0^{\tau}=\frac{E}{\mathrm{j}\omega}(1-\cos\omega\tau+\mathrm{j}\sin\omega\tau)\\
&=\frac{E}{\omega}[\sin\omega\tau+\mathrm{j}(\cos\omega\tau-1)]\\
&=\frac{E}{\omega}\left[2\sin\frac{\omega\tau}{2}\cos\frac{\omega\tau}{2}-\mathrm{j}2\sin^2\frac{\omega\tau}{2}\right]\\
&=\frac{2E}{\omega}\sin\frac{\omega\tau}{2}\left[\cos\frac{\omega\tau}{2}-\mathrm{j}\sin\frac{\omega\tau}{2}\right]\\
&=\frac{2E}{\omega}\sin\frac{\omega\tau}{2}\mathrm{e}^{-\mathrm{j}\frac{\omega\tau}{2}}.
\end{aligned}
$$

方法二：由例 7.3，可知$f_1(t)=\begin{cases}E,&|t|<\dfrac{\tau}{2}\\0,&|t|\geqslant\dfrac{\tau}{2}\end{cases}$的傅氏变换$F_1(\omega)=\dfrac{2E}{\omega}\sin\dfrac{\omega\tau}{2}$，运用位移性质，

$$
F(\omega)=\mathscr{F}[f(t)]=\mathscr{F}\left[f_1\left(t-\frac{\tau}{2}\right)\right]=\mathrm{e}^{-\mathrm{j}\omega\frac{\tau}{2}}F_1(\omega)=\frac{2E}{\omega}\sin\frac{\omega\tau}{2}\mathrm{e}^{-\mathrm{j}\frac{\omega\tau}{2}},
$$

且

$$
|F(\omega)|=|F_1(\omega)|=2E\left|\frac{\sin\frac{\omega\tau}{2}}{\omega}\right|.
$$

方法三：根据$f(t)=E(u(t)-u(t-\tau))$，有

$$
\begin{aligned}
F(\omega)&=\mathscr{F}[f(t)]=E\left(\frac{1}{\mathrm{j}\omega}+\pi\delta(\omega)-\left[\frac{1}{\mathrm{j}\omega}+\pi\delta(\omega)\right]\cdot\mathrm{e}^{-\mathrm{j}\omega\tau}\right)\\
&=E\frac{1}{\mathrm{j}\omega}(1-\mathrm{e}^{-\mathrm{j}\omega\tau})=E\frac{1}{\mathrm{j}\omega}(\mathrm{e}^{\mathrm{j}\frac{\omega\tau}{2}}-\mathrm{e}^{-\mathrm{j}\frac{\omega\tau}{2}})\mathrm{e}^{-\mathrm{j}\frac{\omega\tau}{2}}\\
&=\frac{2E}{\omega}\sin\frac{\omega\tau}{2}\mathrm{e}^{-\mathrm{j}\frac{\omega\tau}{2}}.
\end{aligned}
$$

例 7.9 若$F(\omega)=\mathscr{F}[f(t)]$，证明：

$$
\mathscr{F}[f(t)\cos\omega_0 t]=\frac{1}{2}[F(\omega-\omega_0)+F(\omega+\omega_0)],
$$

$$
\mathscr{F}[f(t)\sin\omega_0 t]=\frac{1}{2\mathrm{j}}[F(\omega-\omega_0)-F(\omega+\omega_0)].\qquad(7.27)
$$

证明：由 $\cos\omega_0 t = \dfrac{e^{j\omega_0 t} + e^{-j\omega_0 t}}{2}$，$\mathscr{F}[f(t)e^{\pm j\omega_0 t}] = F(\omega \mp \omega_0)$，从而

$$\begin{aligned}\mathscr{F}[f(t)\cos\omega_0 t] &= \mathscr{F}\left[f(t)\ \frac{e^{j\omega_0 t} + e^{-j\omega_0 t}}{2}\right] \\ &= \frac{1}{2}\left(\mathscr{F}[f(t)e^{j\omega_0 t}] + \mathscr{F}[f(t)e^{-j\omega_0 t}]\right) \\ &= \frac{1}{2}[F(\omega - \omega_0) + F(\omega + \omega_0)].\end{aligned}$$

同理可得：$\mathscr{F}[f(t)\sin\omega_0 t] = \dfrac{1}{2j}[F(\omega - \omega_0) - F(\omega + \omega_0)]$.

例 7.10 求指数衰减振荡函数 $f(t) = \begin{cases}0, & t < 0 \\ e^{-\beta t}\sin\omega_0 t, & t \geqslant 0\end{cases}, \beta > 0$ 的傅氏变换.

解：设 $f_1(t) = \begin{cases}0, & t<0 \\ e^{-\beta t}, & t\geqslant 0\end{cases}$，则有 $F_1(\omega) = \mathscr{F}[f_1(t)] = \dfrac{1}{\beta + j\omega}$，而且 $f(t) = f_1(t)\sin\omega_0 t$. 于是由上题式（7.27），可得 $f(t)$ 的傅氏变换

$$\begin{aligned}F(\omega) = \mathscr{F}[f(t)] = \mathscr{F}[f_1(t)\sin\omega_0 t] &= \frac{1}{2j}[F_1(\omega - \omega_0) - F_1(\omega + \omega_0)] \\ &= \frac{1}{2j}\left(\frac{1}{\beta + j(\omega - \omega_0)} - \frac{1}{\beta + j(\omega + \omega_0)}\right) \\ &= \frac{\omega_0}{\omega_0^2 + (\beta + j\omega)^2}.\end{aligned}$$

性质 7.8（微分性质）如果 $f(t)$ 在 $(-\infty, +\infty)$ 上连续或只有有限个可去间断点，且当 $|t| \to +\infty$ 时，$f(t) \to 0$，则

$\mathscr{F}[f'(t)] = j\omega\mathscr{F}[f(t)]$.

$$\mathscr{F}[f'(t)] = j\omega\mathscr{F}[f(t)]. \tag{7.28}$$

$\mathscr{F}[tf(t)] = j\dfrac{d}{d\omega}F(\omega)$.

同时，设 $\mathscr{F}[f(t)] = F(\omega)$，则

$$\frac{d}{d\omega}F(\omega) = \mathscr{F}[-jtf(t)]. \tag{7.29}$$

式（7.28）的证明：由傅氏变换的定义，并利用分部积分，可得

$$\mathscr{F}[f'(t)] = \int_{-\infty}^{+\infty} f'(t)e^{-j\omega t}dt$$

$$= f(t)\mathrm{e}^{-\mathrm{j}\omega t}\Big|_{-\infty}^{+\infty} + \mathrm{j}\omega\int_{-\infty}^{+\infty} f(t)\mathrm{e}^{-\mathrm{j}\omega t}\mathrm{d}t$$

$$= \mathrm{j}\omega\mathscr{F}[f(t)].$$

式（7.28）表明一个函数的导数的傅氏变换等于这个函数的傅氏变换乘以因子 $\mathrm{j}\omega$.

推论 7.1 若 $f^{(k)}(t)(k=1,2,\cdots,n)$ 在 $(-\infty,+\infty)$ 上连续或只有有限个可去间断点，且 $\lim\limits_{|t|\to+\infty} f^{(k)}(t)=0, k=0,1,2,\cdots,n-1$，则有

$$\mathscr{F}[f^{(n)}(t)] = (\mathrm{j}\omega)^n\mathscr{F}[f(t)] \tag{7.30}$$

注：为了证明简单起见，我们附加了条件

$$\lim_{|t|\to+\infty} f^{(k)}(t) = 0,\ k = 0,1,2,\cdots,n-1.$$

事实上，这个性质在工程技术上几乎可以不受限制地使用.

式（7.29）的证明：由 $F(\omega) = \int_{-\infty}^{+\infty} f(t)\mathrm{e}^{-\mathrm{j}\omega t}\mathrm{d}t$，显然有

$$\frac{\mathrm{d}}{\mathrm{d}\omega}F(\omega) = \int_{-\infty}^{+\infty} -\mathrm{j}tf(t)\mathrm{e}^{-\mathrm{j}\omega t}\mathrm{d}t$$

$$= -\mathrm{j}\int_{-\infty}^{+\infty} tf(t)\mathrm{e}^{-\mathrm{j}\omega t}\mathrm{d}t = \mathscr{F}[-\mathrm{j}tf(t)]$$

式（7.29）的常用方式是：$\mathscr{F}[tf(t)] = \mathrm{j}\dfrac{\mathrm{d}}{\mathrm{d}\omega}F(\omega)$.

类似地有 $\dfrac{\mathrm{d}^n}{\mathrm{d}\omega^n}F(\omega) = \mathscr{F}[(-\mathrm{j}t)^n f(t)] = (-\mathrm{j})^n\mathscr{F}[t^n f(t)]$.

例 7.11 求余弦函数 $f(t)=\cos\omega_0 t$ 的傅氏变换.

解：已知 $\mathscr{F}[\sin\omega_0 t]=\mathrm{j}\pi[\delta(\omega+\omega_0)-\delta(\omega-\omega_0)]$，

又 $$(\sin\omega_0 t)'=\omega_0\cos\omega_0 t,$$

所以 $$\mathscr{F}[\omega_0\cos\omega_0 t] = \mathscr{F}[(\sin\omega_0 t)']$$

$$= \mathrm{j}\omega\mathrm{j}\pi[\delta(\omega+\omega_0) - \delta(\omega-\omega_0)]$$

$$= \omega\pi[\delta(\omega-\omega_0) - \delta(\omega+\omega_0)].$$

即 $$\mathscr{F}[\cos\omega_0 t] = \frac{\omega}{\omega_0}\pi[\delta(\omega-\omega_0) - \delta(\omega+\omega_0)]$$

$$= \pi[\delta(\omega-\omega_0) + \delta(\omega+\omega_0)],$$

其中利用了公式 $g(t)\delta(t-t_0)=g(t_0)\delta(t-t_0)$.

例 7.12 利用傅氏变换的性质，求 $\delta(t-t_0)$，$\mathrm{e}^{\mathrm{j}\omega_0 t}$ 以及 $t\cdot u(t)$ 的傅氏变换.

解：由 $\mathscr{F}[\delta(t)]=1$，按位移性质可知：

$$\mathscr{F}[\delta(t-t_0)] = \mathrm{e}^{-\mathrm{j}\omega t_0}\mathscr{F}[\delta(t)] = \mathrm{e}^{-\mathrm{j}\omega t_0}$$

由 $\mathscr{F}[1] = 2\pi\delta(\omega)$ 按象函数的位移性质可知：

$$\mathscr{F}[\mathrm{e}^{\mathrm{j}\omega_0 t}] = 2\pi\delta(\omega-\omega_0),\ \mathscr{F}[u(t)] = \frac{1}{\mathrm{j}\omega}+\pi\delta(\omega).$$

按象函数的微分性质 $\frac{\mathrm{d}}{\mathrm{d}\omega}F(\omega)=\mathscr{F}[-\mathrm{j}tf(t)]$ 可知：

$$\mathscr{F}[-\mathrm{j}t\cdot u(t)] = \frac{\mathrm{d}}{\mathrm{d}\omega}\mathscr{F}[u(t)] = \frac{\mathrm{d}}{\mathrm{d}\omega}\left[\frac{1}{\mathrm{j}\omega}+\pi\delta(\omega)\right].$$

所以
$$-\mathrm{j}\mathscr{F}[t\cdot u(t)] = \frac{-1}{\mathrm{j}\omega^2}+\pi\delta'(\omega),$$

即
$$\mathscr{F}[t\cdot u(t)] = \frac{-1}{\omega^2}+\mathrm{j}\pi\delta'(\omega).$$

$\mathscr{F}\left[\int_{-\infty}^{t}f(t)\mathrm{d}t\right]=\frac{1}{\mathrm{j}\omega}\mathscr{F}[f(t)]$

性质 7.9（积分性质） 如果当 $t\to+\infty$ 时，$g(t)=\int_{-\infty}^{t}f(t)\mathrm{d}t\to 0$，则

$$\mathscr{F}\left[\int_{-\infty}^{t}f(t)\mathrm{d}t\right]=\frac{1}{\mathrm{j}\omega}\mathscr{F}[f(t)]. \tag{7.31}$$

证明：因为

$$\frac{\mathrm{d}}{\mathrm{d}t}\int_{-\infty}^{t}f(t)\mathrm{d}t = f(t),$$

所以

$$\mathscr{F}\left[\frac{\mathrm{d}}{\mathrm{d}t}\int_{-\infty}^{t}f(t)\mathrm{d}t\right]=\mathscr{F}[f(t)].$$

又根据上述微分性质：

$$\mathscr{F}\left[\frac{\mathrm{d}}{\mathrm{d}t}\int_{-\infty}^{t}f(t)\mathrm{d}t\right]=\mathrm{j}\omega\mathscr{F}\left[\int_{-\infty}^{t}f(t)\mathrm{d}t\right],$$

故

$$\mathscr{F}\left[\int_{-\infty}^{t}f(t)\mathrm{d}t\right]=\frac{1}{\mathrm{j}\omega}\mathscr{F}[f(t)].$$

式（7.31）表明一个函数积分后的傅氏变换等于这个函数的傅氏变换除以因子 $\mathrm{j}\omega$.

根据前面的分析可知，运用傅氏变换的线性性质、微分性质以及积分性质，可以把线性常系数微分方程转化为代数方程，通过解代数方程和求傅氏逆变换，就可得到这个微分方程的解．另外，傅氏变换还是求解数学物理方程（即偏微分方程）的方法之一，其计

算过程与解常微分方程大致相似. 关于这些内容，我们都安排在后面，在此不多叙述.

性质 7.10（对称性质） 若 $F(\omega)=\mathscr{F}[f(t)]$，则有

$\mathscr{F}[F(\mp t)]=2\pi f(\pm\omega)$

$$f(\pm\omega)=\frac{1}{2\pi}\int_{-\infty}^{+\infty}F(\mp t)e^{-j\omega t}dt,$$

即

$$\mathscr{F}[F(\mp t)]=2\pi f(\pm\omega). \tag{7.32}$$

证明：方法一：$\mathscr{F}(f(\pm\omega))=\int_{-\infty}^{+\infty}f(\pm\omega)e^{-j\omega t}d\omega$ （令 $\pm\omega=\omega'$）

$$=\int_{-\infty}^{+\infty}f(\omega')e^{-j\omega'(\pm t)}d\omega'=F(\pm t),$$

所以 $f(\pm\omega)=\frac{1}{2\pi}\int_{-\infty}^{+\infty}F(\pm t)e^{j\omega t}dt$ （令 $t=-t'$）

$=\frac{1}{2\pi}\int_{-\infty}^{+\infty}F(\mp t')e^{-j\omega t'}dt'$， 将 t' 换为 t 即得所证.

方法二：由 $F(\omega)=\int_{-\infty}^{+\infty}f(t)e^{-j\omega t}dt$，$f(t)=\frac{1}{2\pi}\int_{-\infty}^{+\infty}F(\omega)e^{j\omega t}d\omega$，

可以得到

$$f(\omega)=\frac{1}{2\pi}\int_{-\infty}^{+\infty}F(t)e^{j\omega t}dt\xlongequal{t=-t'}-\frac{1}{2\pi}\int_{+\infty}^{-\infty}F(-t')e^{-j\omega t'}dt'$$

$$=\frac{1}{2\pi}\int_{-\infty}^{+\infty}F(-t')e^{-j\omega t'}dt'$$

$$=\frac{1}{2\pi}\mathscr{F}[F(-t)],$$

又因为 $$f(-t)=\frac{1}{2\pi}\int_{-\infty}^{+\infty}F(\omega)e^{-j\omega t}d\omega,$$

所以 $f(-\omega)=\frac{1}{2\pi}\int_{-\infty}^{+\infty}F(t)e^{-j\omega t}dt$，即 $f(-\omega)=\frac{1}{2\pi}\mathscr{F}[F(t)]$.

例 7.13 求 $\mathscr{F}\left[\frac{\sin t}{t}\right]$.

解 由例 7.3，可知 $f(t)=\begin{cases}1, & |t|<1,\\ 0, & |t|\geqslant 1\end{cases}$ 的傅氏变换 $F(\omega)=\frac{2\sin\omega}{\omega}$，所以由对称性质有，

$$\mathscr{F}\left[\frac{\sin t}{t}\right]=\pi f(-\omega)=\begin{cases}\pi & |\omega|<1,\\ 0, & |\omega|\geqslant 1.\end{cases}$$

$\mathscr{F}[f(at)]=\frac{1}{|a|}F\left(\frac{\omega}{a}\right)$,

$\mathscr{F}[f(-t)]=F(-\omega)$.

性质 7.11（相似性质） 若 $F(\omega)=\mathscr{F}[f(t)]$，$a$ 为非零实数，则有

$$\mathscr{F}[f(at)]=\frac{1}{|a|}F\left(\frac{\omega}{a}\right) \tag{7.33}$$

证明：$\mathscr{F}[f(at)]=\int_{-\infty}^{+\infty}f(at)e^{-j\omega t}dt$ （令 $at=x$）

$$=\begin{cases}\frac{1}{a}\int_{-\infty}^{+\infty}f(x)e^{-j\frac{\omega}{a}x}dx,\ a>0\\ -\frac{1}{a}\int_{-\infty}^{+\infty}f(x)e^{-j\frac{\omega}{a}x}dx,\ a<0\end{cases}$$

$$=\frac{1}{|a|}F\left(\frac{\omega}{a}\right).$$

这一性质又称为坐标缩放性质，该性质表明，如果函数 $f(t)$ 的图像变窄，则其傅氏变换 $F(\omega)$ 的图像将变宽变矮；反之，如果函数 $f(t)$ 的图像变宽，则其傅氏变换 $F(\omega)$ 的图像将变高变窄.

推论 7.2（翻转性质） 若 $F(\omega)=\mathscr{F}[f(t)]$，则有

$$F(-\omega)=\mathscr{F}[f(-t)]. \tag{7.34}$$

一些常见的傅氏变换可以通过附录 I 的傅氏变换表查表得到.

7.3.2 卷积

1. 卷积的概念

定义 7.4 对于已知函数 $f_1(t)$，$f_2(t)$，我们称积分 $\int_{-\infty}^{+\infty}f_1(\tau)f_2(t-\tau)d\tau$ 为函数 $f_1(t)$ 与 $f_2(t)$ 的**卷积**，记为 $f_1(t)*f_2(t)$，即

$$f_1(t)*f_2(t)=\int_{-\infty}^{+\infty}f_1(\tau)f_2(t-\tau)d\tau \tag{7.35}$$

如图 7.4 所示为从图形上看卷积的计算过程. 其中图 7.4c 中的阴影面积即为 $f_1(t)*f_2(t)$.

卷积有如下性质：

(1) 交换律：$f_1(t)*f_2(t)=f_2(t)*f_1(t)$；

(2) 结合律：$[f_1(t)*f_2(t)]*f_3(t)=f_1(t)*[f_2(t)*f_3(t)]$；

(3) 分配律：$f_1(t)*[f_2(t)+f_3(t)]=f_1(t)*f_2(t)+f_1(t)*f_3(t)$；

(4) $|f_1(t)*f_2(t)|\leqslant|f_1(t)|*|f_2(t)|$；

(5) $f(t)*\delta(t-t_0)=f(t-t_0)$.

$f(t)*\delta(t-t_0)=f(t-t_0)$,

$f(t)*\delta(t)=f(t)$.

特别地，当 $t_0=0$ 时，有 $f(t)*\delta(t)=f(t)$.

下面给出部分性质的证明.

性质 1 的证明：

证明：
$$f_1(t)*f_2(t)=\int_{-\infty}^{+\infty}f_1(\tau)f_2(t-\tau)\mathrm{d}\tau$$
$$\xlongequal{t-\tau=s}-\int_{+\infty}^{-\infty}f_1(t-s)f_2(s)\mathrm{d}s$$
$$=\int_{-\infty}^{+\infty}f_1(t-s)f_2(s)\mathrm{d}s=f_2(t)*f_1(t).$$

性质 5 的证明：

证明：
$$f(t)*\delta(t-t_0)=\int_{-\infty}^{+\infty}f(\tau)\delta(t-t_0-\tau)\mathrm{d}\tau$$
$$=\int_{-\infty}^{+\infty}f(\tau)\delta(-(\tau-(t-t_0)))\mathrm{d}\tau$$
$$=\int_{-\infty}^{+\infty}f(\tau)\delta(\tau-(t-t_0))\mathrm{d}\tau$$
$$=f(t-t_0).$$

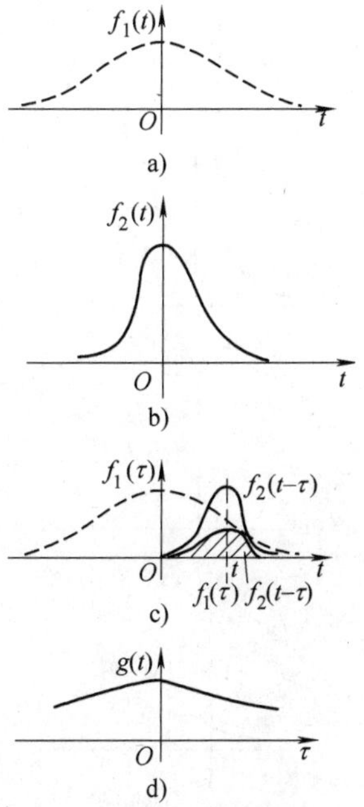

图 7.4

性质5表明函数 $f(t)$ 与 $\delta(t-t_0)$ 的卷积相当于把函数 $f(t)$ 本身延迟 t_0.

卷积是一个极为重要的概念，在工程中有着极其重要的作用. 现在，我们只是从数学的角度指出：$f_1(t)*f_2(t)$ 实际上是 $f_2(t)$ 在平移 τ（成为 $f_2(t-\tau)$）之后，按其平移量 τ 加权（$f_1(\tau)\mathrm{d}\tau$）求和（积分），因此，它应保有 $f_2(t)$ 的许多性质，如可微性. 类似地，$f_1(t)*f_2(t)$ 也应保有 $f_1(t)$ 的许多性质.

例 7.14 若 $f_1(t)=\begin{cases}0, & t<0\\1, & t\geqslant 0\end{cases}$，$f_2(t)=\begin{cases}0, & t<0\\\mathrm{e}^{-t}, & t\geqslant 0\end{cases}$，求 $f_1(t)$ 与 $f_2(t)$ 的卷积.

$u(t)*\mathrm{e}^{-t}u(t)=u(t)(1-\mathrm{e}^{-t})$.

解：如图 7.5 所示，当 $t\leqslant 0$ 时，$f_1(\tau)f_2(t-\tau)=0$，

从而
$$f_1(t)*f_2(t)=\int_{-\infty}^{+\infty}f_1(\tau)f_2(t-\tau)\mathrm{d}\tau=0.$$

当 $t>0$ 时，$f_1(\tau)f_2(t-\tau)\neq 0$ 的区间为 $[0,t]$，所以
$$f_1(t)*f_2(t)=\int_{-\infty}^{+\infty}f_1(\tau)f_2(t-\tau)\mathrm{d}\tau$$
$$=\int_0^t 1\cdot\mathrm{e}^{-(t-\tau)}\mathrm{d}\tau=\mathrm{e}^{-t}\int_0^t\mathrm{e}^{\tau}\mathrm{d}\tau$$
$$=1-\mathrm{e}^{-t},$$

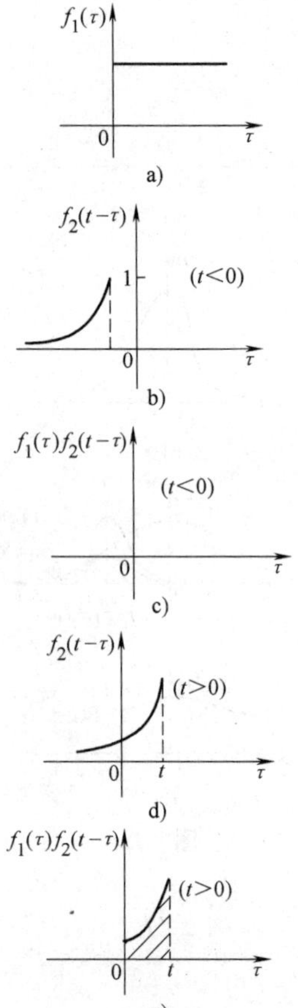

图 7.5

从而
$$f_1(t)*f_2(t)=\begin{cases}0, & t\leqslant 0,\\ 1-\mathrm{e}^{-t}, & t>0.\end{cases}$$

另外，$f_1(\tau)f_2(t-\tau)\neq 0$ 的区间也可以通过求解不等式组的方法加以解决. 以本例来说，要求$f_1(\tau)f_2(t-\tau)\neq 0$，只要求解
$$\begin{cases}\tau\geqslant 0,\\ t-\tau\geqslant 0,\end{cases}\quad \text{即}\quad \begin{cases}\tau\geqslant 0,\\ t\geqslant\tau.\end{cases}$$

从而，当 $t>0$ 时，$f_1(\tau)f_2(t-\tau)\neq 0$ 的区间为$[0,t]$.

2. 卷积定理

定理 7.3 假定$f_1(t)$, $f_2(t)$都满足傅氏积分定理中的条件，且$\mathscr{F}[f_1(t)]=F_1(\omega)$, $\mathscr{F}[f_2(t)]=F_2(\omega)$，则
$$\mathscr{F}[f_1(t)*f_2(t)]=F_1(\omega)\cdot F_2(\omega), \tag{7.36}$$
或
$$\mathscr{F}^{-1}[F_1(\omega)\cdot F_2(\omega)]=f_1(t)*f_2(t).$$

证明：
$$\begin{aligned}\mathscr{F}[f_1(t)*f_2(t)]&=\int_{-\infty}^{+\infty}[f_1(t)*f_2(t)]\mathrm{e}^{-\mathrm{j}\omega t}\mathrm{d}t\\ &=\int_{-\infty}^{+\infty}\left[\int_{-\infty}^{+\infty}f_1(\tau)f_2(t-\tau)\mathrm{d}\tau\right]\mathrm{e}^{-\mathrm{j}\omega t}\mathrm{d}t\\ &=\int_{-\infty}^{+\infty}\int_{-\infty}^{+\infty}f_1(\tau)\mathrm{e}^{-\mathrm{j}\omega\tau}f_2(t-\tau)\mathrm{e}^{-\mathrm{j}\omega(t-\tau)}\mathrm{d}\tau\,\mathrm{d}t\\ &=\int_{-\infty}^{+\infty}f_1(\tau)\mathrm{e}^{-\mathrm{j}\omega\tau}\left[\int_{-\infty}^{+\infty}f_2(t-\tau)\mathrm{e}^{-\mathrm{j}\omega(t-\tau)}\mathrm{d}t\right]\mathrm{d}\tau\\ &=F_1(\omega)\cdot F_2(\omega)\end{aligned}$$

表明两个函数卷积的傅氏变换等于这两个函数傅氏变换的乘积.

同理可得
$$\mathscr{F}[f_1(t)\cdot f_2(t)]=\frac{1}{2\pi}F_1(\omega)*F_2(\omega). \tag{7.37}$$

即两个函数乘积的傅氏变换等于这两个函数傅氏变换的卷积除以2π.

> $\mathscr{F}[f_1(t)*f_2(t)]=F_1(\omega)\cdot F_2(\omega)$,
> $\mathscr{F}^{-1}[F_1(\omega)\cdot F_2(\omega)]=f_1(t)*f_2(t)$,
> $\mathscr{F}[f_1(t)\cdot f_2(t)]=\frac{1}{2\pi}F_1(\omega)*F_2(\omega)$.

推论 7.3 若 $f_k(t)\,(k=1,2,\cdots,n)$满足傅氏积分定理中的条件，且
$$\mathscr{F}[f_k(t)]=F_k(\omega),(k=1,2,\cdots,n),$$
则有
$$\mathscr{F}[f_1(t)\cdot f_2(t)\cdots\cdots f_n(t)]=\frac{1}{(2\pi)^{n-1}}F_1(\omega)*F_2(\omega)*\cdots*F_n(\omega).$$

卷积不一定总是很容易计算的，但卷积定理提供了卷积计算的

简便方法，即化卷积运算为乘积运算. 这使得卷积在线性系统分析中成为特别有用的方法.

作为应用，我们可以再回头看一看例7.14. 我们注意到$f_1(t)=u(t)$，$f_2(t)=e^{-t}u(t)$，$\mathscr{F}[f_1(t)]=\frac{1}{j\omega}+\pi\delta(\omega)$，$\mathscr{F}[f_2(t)]=\frac{1}{1+j\omega}$，利用卷积定理有

$$\begin{aligned} f_1(t)*f_2(t) &= \mathscr{F}^{-1}[F_1(\omega)\cdot F_2(\omega)] \\ &= \mathscr{F}^{-1}\left[\left(\frac{1}{j\omega}+\pi\delta(\omega)\right)\cdot\frac{1}{1+j\omega}\right] \\ &= \mathscr{F}^{-1}\left[\frac{1}{j\omega}\cdot\frac{1}{1+j\omega}+\pi\delta(\omega)\cdot\frac{1}{1+j\omega}\right] \\ &= \mathscr{F}^{-1}\left[\frac{1}{j\omega}-\frac{1}{1+j\omega}+\pi\delta(\omega)\right] \\ &= u(t)-e^{-t}u(t), \end{aligned}$$

也得到了同样的结果.

例 7.15 若$f(t)=\cos\omega_0 t\cdot u(t)$，求$\mathscr{F}[f(t)]$.

解： $\mathscr{F}[\cos\omega_0 t\cdot u(t)]=\frac{1}{2\pi}\mathscr{F}[\cos\omega_0 t]*\mathscr{F}[u(t)]$，

而 $$\mathscr{F}[\cos\omega_0 t]=\pi[\delta(\omega-\omega_0)+\delta(\omega+\omega_0)],$$

$$\mathscr{F}[u(t)]=\frac{1}{j\omega}+\pi\delta(\omega).$$

又因为$f(t)*\delta(t-t_0)=f(t-t_0)$，所以

$$\begin{aligned} \mathscr{F}[\cos\omega_0 t\cdot u(t)] &= \frac{1}{2\pi}\cdot\pi[\delta(\omega-\omega_0)+\delta(\omega+\omega_0)]*\left[\frac{1}{j\omega}+\pi\delta(\omega)\right] \\ &= \frac{1}{2}\Big[\delta(\omega-\omega_0)*\frac{1}{j\omega}+\delta(\omega-\omega_0)*\pi\delta(\omega)+ \\ &\qquad \delta(\omega+\omega_0)*\frac{1}{j\omega}+\delta(\omega+\omega_0)*\pi\delta(\omega)\Big] \\ &= \frac{1}{2}\left[\frac{1}{j(\omega-\omega_0)}+\pi\delta(\omega-\omega_0)+\frac{1}{j(\omega+\omega_0)}+\pi\delta(\omega+\omega_0)\right] \\ &= \frac{j\omega}{(\omega_0^2-\omega^2)}+\frac{\pi}{2}[\delta(\omega-\omega_0)+\delta(\omega+\omega_0)]. \end{aligned}$$

例 7.16 若$\mathscr{F}[f(t)]=F(\omega)$，证明：$\mathscr{F}\left[\int_{-\infty}^{t}f(t)\,dt\right]=\frac{F(\omega)}{j\omega}+\pi F(0)\delta(\omega)$

证明：当 $g(t)=\int_{-\infty}^{t}f(t)\mathrm{d}t$ 为一般情况时，

记 $g(t)=f(t)*u(t)=\int_{-\infty}^{+\infty}f(\tau)\cdot u(t-\tau)\mathrm{d}\tau=\int_{-\infty}^{t}f(\tau)\mathrm{d}\tau$，

所以

$$\begin{aligned}\mathscr{F}[g(t)]=\mathscr{F}[f(t)*u(t)]&=\mathscr{F}[f(t)]\cdot\mathscr{F}[u(t)]\\&=F(\omega)\cdot\left(\frac{1}{\mathrm{j}\omega}+\pi\delta(\omega)\right)\\&=\frac{F(\omega)}{\mathrm{j}\omega}+\pi F(\omega)\delta(\omega)\\&=\frac{F(\omega)}{\mathrm{j}\omega}+\pi F(0)\delta(\omega).\end{aligned}$$

当 $\lim\limits_{t\to+\infty}g(t)=\int_{-\infty}^{+\infty}f(t)\mathrm{d}t=0$ 时，则有

$$\begin{aligned}F(0)=\lim_{\omega\to0}F(\omega)&=\lim_{\omega\to0}\int_{-\infty}^{+\infty}f(t)\mathrm{e}^{-\mathrm{j}\omega t}\mathrm{d}t\\&=\int_{-\infty}^{+\infty}f(t)[\lim_{\omega\to0}\mathrm{e}^{-\mathrm{j}\omega t}]\mathrm{d}t\\&=\int_{-\infty}^{+\infty}f(t)\mathrm{d}t=0,\end{aligned}$$

从而当 $\lim\limits_{t\to\infty}g(t)=0$ 时，有 $F(0)=0$，即

$$\mathscr{F}\left[\int_{-\infty}^{t}f(t)\mathrm{d}t\right]=\frac{F(\omega)}{\mathrm{j}\omega}.$$

7.4 傅氏变换的应用

傅氏变换在许多领域中都有着重要作用，尤其在信号处理方面，至今仍然是最基本的分析和处理工具，以至于有人说信号分析本质上就是傅氏分析（谱分析）．这里就简单介绍一些频谱的基本概念，以及利用傅氏变换求解微分方程和积分方程来作为傅里叶变换应用的简单说明．

7.4.1 频谱

1. 频谱图

频谱图通常是指频率和振幅的关系图．

频谱图通常是指频率和振幅的关系图．按频谱图的图形可分为离散频谱和连续频谱．按频谱图的象原函数又可分为周期函数的频

谱和非周期函数的频谱. 其实周期函数的频谱就对应着离散频谱，而非周期函数的频谱也就相应地对应着连续频谱.

2. 周期函数的频谱

对于以 T 为周期的非正弦函数 $f_T(t)$，由式（7.1）知，它的第 n 次谐波 $\left(\omega_n = n\omega = \dfrac{2n\pi}{T}\right) a_n\cos\omega_n t + b_n\sin\omega_n t = A_n\sin(\omega_n t + \varphi_n)$ 的振幅为 $A_n = \sqrt{a_n^2 + b_n^2}$. 而在复指数形式中，第 n 次谐波为 $c_n e^{j\omega_n t} + c_{-n}e^{-j\omega_n t}$，其中 $c_n = \dfrac{a_n - jb_n}{2}$，$c_{-n} = \dfrac{a_n + jb_n}{2}$，并且 $|c_n| = |c_{-n}| = \dfrac{1}{2}\sqrt{a_n^2 + b_n^2}$，所以，以 T 为周期的非正弦函数 $f_T(t)$ 的第 n 次谐波的振幅为

$$A_n = 2|c_n|,\ (n = 0,\ 1,\ 2,\ \cdots).$$

它描述了各次谐波的振幅随频率变化的分布情况.

所谓对周期波 $f_T(t)$ 进行频谱分析是指，分析组成 $f_T(t)$ 的各次谐波中哪些谐波起着主导作用，讨论各次谐波的振幅 A_n（或 $|c_n|$）以及初相位 φ_n（简称相位）依赖于 $\omega_n = n\omega_0$ 的变化规律，称 A_n 为 $f_T(t)$ 的振幅频谱（简称为频谱），φ_n 为 $f_T(t)$ 的相位频谱（简称为相谱）. 由于振幅 A_n 大的谐波对 $f_T(t)$ 的影响也大，因此频谱分析主要是对 A_n 进行分析. 为了便于直观分析，实际应用中经常要作振幅 $A_n = 2|c_n|$ 依赖于角频率 $\omega_n = n\omega_0$ 的图形，即周期波 $f_T(t)$ 的频谱图. 工程上还有一些说法，称 $X_1 = A_1\sin(\omega_1 t + \varphi_1)$ 为基波，它的角频率 ω 为基频；称 $X_0 = A_0$ 为直流分量，可看做角频率为零，初相位为 φ_0，即 $X_0 = |A_0|\sin(0t + \varphi_0)$，$\varphi_0 = \dfrac{\pi}{2}$.

由于 A_n 的下标 n 取离散值，决定了它的图形是不连续的. 这种类型的频谱称为离散频谱. 离散频谱清楚地刻画了 $f_T(t)$ 是由哪些频率的谐波分量叠加而成，以及各谐波分量所占的比重，这些信息恰好是系统分析必不可少的.

3. 非周期函数的频谱

在频谱分析中，傅氏变换 $F(\omega)$ 又称为 $f(t)$ 的频谱函数，而频谱函数的模 $|F(\omega)|$ 称为 $f(t)$ 的振幅频谱（简称频谱）. 由于 ω 是连续变化的，我们称之为连续频谱. 对一个时间函数作傅氏变换，就是

求这个时间函数的频谱.

例 7.17 作如图 7.6 所示的单个矩形脉冲的频谱图.

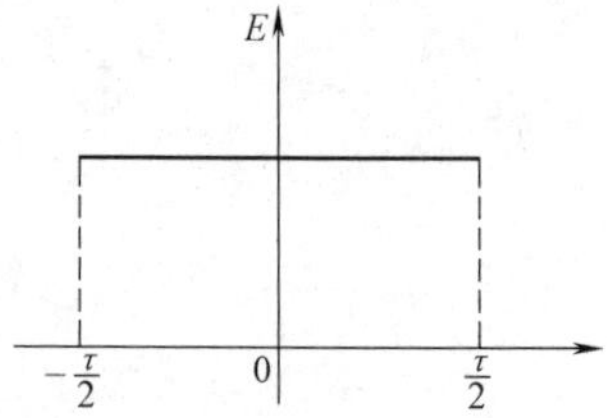

图 7.6

解: $F(\omega)=\mathscr{F}[f(t)]=\int_{-\infty}^{+\infty}f(t)\mathrm{e}^{-\mathrm{j}\omega t}\mathrm{d}t=\int_{-\frac{\tau}{2}}^{\frac{\tau}{2}}E\mathrm{e}^{-\mathrm{j}\omega t}\mathrm{d}t=\frac{2E}{\omega}\sin\frac{\omega\tau}{2}.$

振幅频谱 $|F(\omega)|=2E\left|\dfrac{\sin\frac{\omega\tau}{2}}{\omega}\right|$. 如图 7.7 所示.

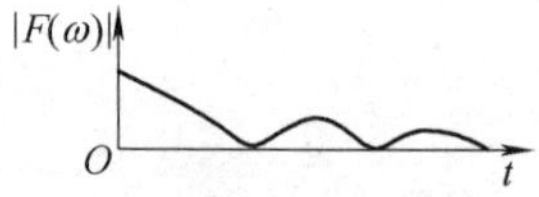

图 7.7

实际上，在本题中，我们可以看到 $f(t)=E\left(u\left(t+\frac{\tau}{2}\right)-u\left(t-\frac{\tau}{2}\right)\right)$，即函数 $f(t)$ 可以利用单位阶跃函数的线性组合来表示.

性质 7.12 振幅频谱 $|F(\omega)|$ 是频率 ω 的偶函数，即 $|F(\omega)|=|F(-\omega)|$.

证明: $F(\omega)=\mathscr{F}[f(t)]=\int_{-\infty}^{+\infty}f(t)\mathrm{e}^{-\mathrm{j}\omega t}\mathrm{d}t$

$$=\int_{-\infty}^{+\infty}f(t)\cos\omega t\mathrm{d}t-\mathrm{j}\int_{-\infty}^{+\infty}f(t)\sin\omega t\mathrm{d}t,$$

所以 $|F(\omega)|=\sqrt{\left(\int_{-\infty}^{+\infty}f(t)\cos\omega t\mathrm{d}t\right)^2+\left(\int_{-\infty}^{+\infty}f(t)\sin\omega t\mathrm{d}t\right)^2}$,

显然有 $|F(\omega)|=|F(-\omega)|$.

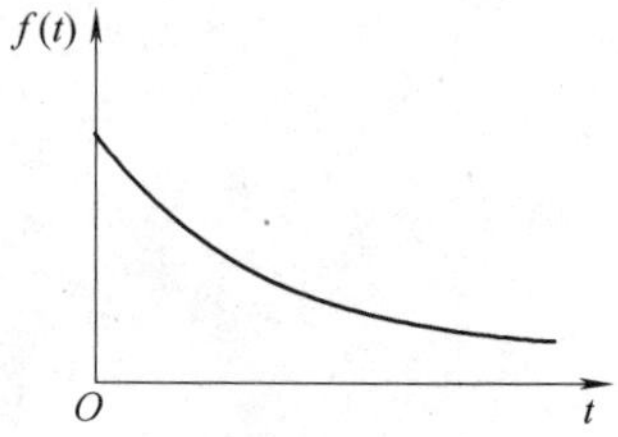

图 7.8

定义 7.5 我们称 $\varphi(\omega)=\arctan\dfrac{\int_{-\infty}^{+\infty}f(t)\sin\omega t\mathrm{d}t}{\int_{-\infty}^{+\infty}f(t)\cos\omega t\mathrm{d}t}$ 为 $f(t)$ 的**相角频谱**.

相角频谱 $\varphi(\omega)$ 是 ω 的奇函数，即 $\varphi(\omega)=-\varphi(-\omega)$.

相角频谱 $f(t)$ 反映各频率分量之间的相位关系，在系统分析中也是一个重要指标.

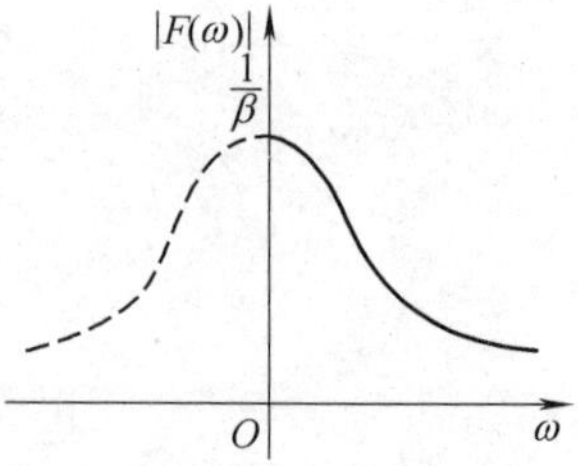

图 7.9

例 7.18 作指数衰减函数 $f(t)=\begin{cases}0, & t<0\\ \mathrm{e}^{-\beta t}, & t\geqslant 0\end{cases}(\beta>0)$ 的频谱图.

解: 由例 7.2 的结果，可得 $F(\omega)=\dfrac{1}{\beta+\mathrm{j}\omega}$,

所以 $$|F(\omega)|=\frac{1}{\sqrt{\beta^2+\omega^2}}.$$

频谱图形如图 7.9 所示.

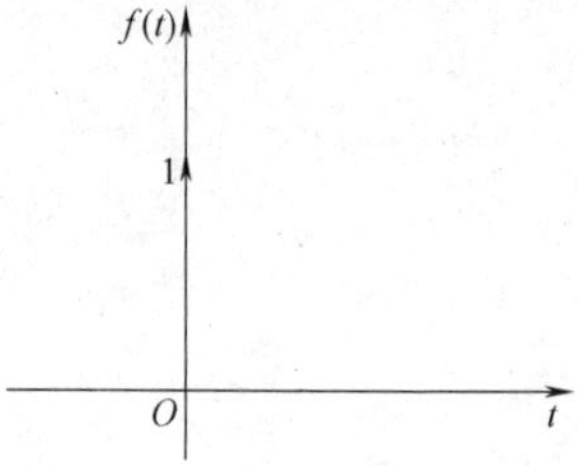

图 7.10

例 7.19 作单位脉冲函数 $\delta(t)$ 的频谱图.

解：由 $F(\omega) = \int_{-\infty}^{+\infty} \delta(t) \mathrm{e}^{-\mathrm{j}\omega t} \mathrm{d}t = \mathrm{e}^{-\mathrm{j}\omega t} \Big|_{t=0} = 1$，有 $|F(\omega)| = 1$.

频谱图形如图 7.11 所示.

当 $f(t) = \delta(t - t_0)$ 时，$F(\omega) = \mathrm{e}^{-\mathrm{j}\omega t_0}$，同样也有 $|F(\omega)| = 1$，其频谱图形如图 7.13 所示.

当 $f(t) = 1$ 时，有 $F(\omega) = 2\pi\delta(\omega)$，其频谱图形如图 7.15 所示.

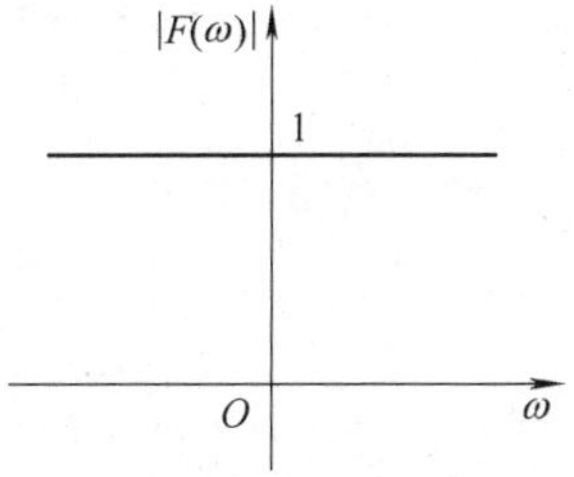

图 7.11

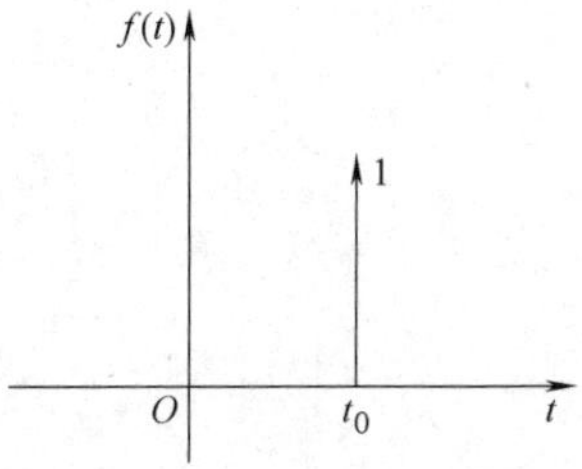

图 7.12

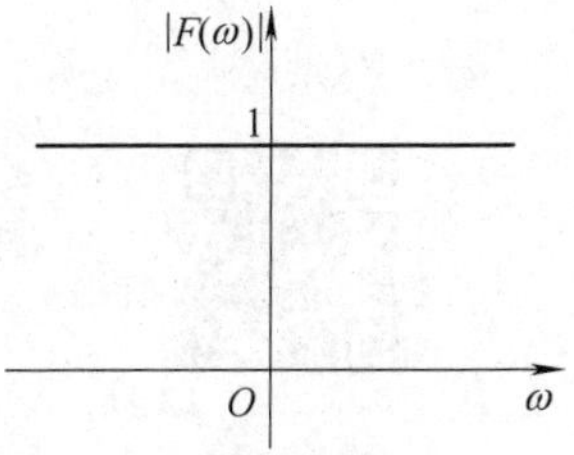

图 7.13

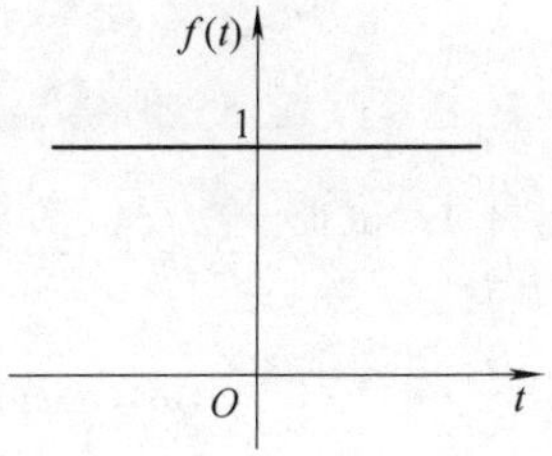

图 7.14

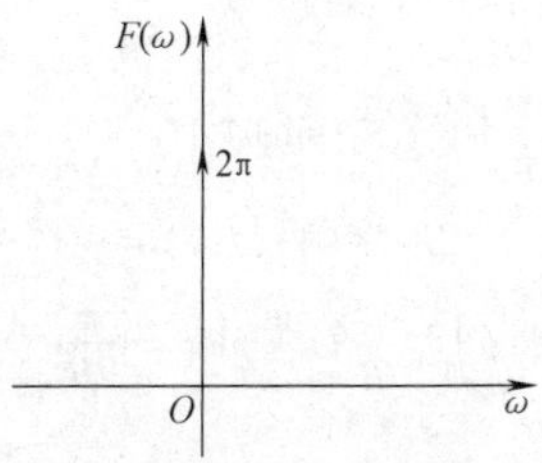

图 7.15

7.4.2 傅氏变换在求解方程中的应用

前面已经说过，傅氏变换在求解方程中应用十分广泛，这里作简单介绍.

例 7.20 求微分积分方程 $ax'(t) + bx(t) + c\int_{-\infty}^{t} x(t)\mathrm{d}t = h(t)$ 的解，其中 $-\infty < t < +\infty$，a，b，c 均为常数.

解：记 $\mathscr{F}[x(t)] = X(\omega)$，$\mathscr{F}[h(t)] = H(\omega)$，根据傅氏变换的微分性质和积分性质，在方程式两边取傅氏变换，可得

$$a\mathrm{j}\omega X(\omega) + bX(\omega) + \frac{c}{\mathrm{j}\omega} X(\omega) = H(\omega)$$

$$X(\omega) = \frac{H(\omega)}{b + \mathrm{j}\left(a\omega - \dfrac{c}{\omega}\right)},$$

取上式的傅氏逆变换，可得

$$x(t) = \frac{1}{2\pi}\int_{-\infty}^{+\infty} X(\omega) \mathrm{e}^{\mathrm{j}\omega t} \mathrm{d}\omega.$$

例 7.21 求微分积分方程 $x'(t) - 4\int_{-\infty}^{t} x(t)\mathrm{d}t = \mathrm{e}^{-|t|}$ 的解，其中 $-\infty < t < +\infty$.

解：记 $\mathscr{F}[x(t)] = X(\omega)$，根据傅氏变换的微分性质和积分性质，在方程式两边取傅氏变换，可得

$$\mathrm{j}\omega X(\omega) - \frac{4}{\mathrm{j}\omega} X(\omega) = \mathscr{F}[\mathrm{e}^{-|t|}],$$

其中

$$\mathscr{F}[\mathrm{e}^{-|t|}] = \int_{-\infty}^{+\infty} \mathrm{e}^{-|t|} \mathrm{e}^{-\mathrm{j}\omega t} \mathrm{d}t = \frac{2}{1 + \omega^2},$$

所以

$$X(\omega) = \frac{-2\omega \mathrm{j}}{(1 + \omega^2)(\omega^2 + 4)}.$$

取上式的傅氏逆变换，可得

$$
\begin{aligned}
x(t) &= \frac{1}{2\pi}\int_{-\infty}^{+\infty} X(\omega)\mathrm{e}^{\mathrm{j}\omega t}\mathrm{d}\omega \\
&= \frac{1}{2\pi}\int_{-\infty}^{+\infty} \frac{-2\omega\mathrm{j}}{(1+\omega^2)(\omega^2+4)}\mathrm{e}^{\mathrm{j}\omega t}\mathrm{d}\omega = \frac{1}{\mathrm{j}\pi}\int_{-\infty}^{+\infty} \frac{\omega\mathrm{e}^{\mathrm{j}\omega t}}{(1+\omega^2)(\omega^2+4)}\mathrm{d}\omega \\
&= \begin{cases} \dfrac{1}{\mathrm{j}\pi}\cdot 2\pi\mathrm{j}\left\{\operatorname{Res}\left[\dfrac{\omega\mathrm{e}^{\mathrm{j}\omega t}}{(1+\omega^2)(\omega^2+4)},\omega=-\mathrm{j}\right]+\operatorname{Res}\left[\dfrac{\omega\mathrm{e}^{\mathrm{j}\omega t}}{(1+\omega^2)(\omega^2+4)},\omega=-2\mathrm{j}\right]\right\}, & t<0 \\ 0, & t=0 \\ \dfrac{1}{\mathrm{j}\pi}\cdot 2\pi\mathrm{j}\left\{\operatorname{Res}\left[\dfrac{\omega\mathrm{e}^{\mathrm{j}\omega t}}{(1+\omega^2)(\omega^2+4)},\omega=\mathrm{j}\right]+\operatorname{Res}\left[\dfrac{\omega\mathrm{e}^{\mathrm{j}\omega t}}{(1+\omega^2)(\omega^2+4)},\omega=2\mathrm{j}\right]\right\}, & t>0 \end{cases} \\
&= \begin{cases} \dfrac{1}{3}(\mathrm{e}^{2t}-\mathrm{e}^{t}), & t<0, \\ 0, & t=0, \\ \dfrac{1}{3}(\mathrm{e}^{-t}-\mathrm{e}^{-2t}), & t>0. \end{cases}
\end{aligned}
$$

当然也可以对 $X(\omega)$ 进行部分分式分解，得到

$$X(\omega) = \frac{-2\omega\mathrm{j}}{(1+\omega^2)(\omega^2+4)} = \frac{1}{3}\left(\frac{1}{2-\mathrm{j}\omega}-\frac{1}{2+\mathrm{j}\omega}-\frac{1}{1-\mathrm{j}\omega}+\frac{1}{1+\mathrm{j}\omega}\right).$$

从而有

$$x(t) = \frac{1}{3}[(\mathrm{e}^{2t}u(-t)-\mathrm{e}^{-2t}u(t)-\mathrm{e}^{t}u(-t)+\mathrm{e}^{-t}u(t)],$$

经过化简，可以得到同样的结果.

习 题 七

1. 试证：若 $f(t)$ 满足傅氏积分定理的条件，则有

$$f(t) = \int_0^{+\infty} a(\omega)\cos\omega t\mathrm{d}\omega + \int_0^{+\infty} b(\omega)\sin\omega t\mathrm{d}\omega$$

其中 $a(\omega) = \dfrac{1}{\pi}\int_{-\infty}^{+\infty} f(\tau)\cos\omega\tau\mathrm{d}\tau$，$b(\omega) = \dfrac{1}{\pi}\int_{-\infty}^{+\infty} f(\tau)\sin\omega\tau\mathrm{d}\tau$.

2. 求函数 $f(t)=\mathrm{e}^{-\beta|t|}\ (\beta>0)$ 的傅氏积分，并证明：$\displaystyle\int_0^{+\infty}\frac{\cos\omega t}{\beta^2+\omega^2}\mathrm{d}\omega = \frac{\pi}{2\beta}\mathrm{e}^{-\beta|t|}$.

3. 求下列函数的傅氏积分.

(1) $f(t)=\begin{cases}0, & t<0\\ \mathrm{e}^{-t}\sin 2t, & t\geqslant 0\end{cases}$;

(2) $f(t)=\begin{cases}1-t^2, & |t|<1\\ 0, & |t|>1\end{cases}$.

4. 求下列函数的傅氏变换.

(1) $\operatorname{sgn}t=\dfrac{t}{|t|}=\begin{cases}-1, & t<0\\ 1, & t>0\end{cases}$;

(2) $f(t)=\dfrac{1}{2}\left[\delta(t+a)+\delta(t-a)+\delta\left(t+\dfrac{a}{2}\right)+\right.$

$\delta\left(t-\frac{a}{2}\right)\Big]$.

5. 求下列函数的傅氏反变换.

(1) $F(\omega)=\frac{\sin\omega}{\omega}$

(2) $F(\omega)=\pi[\delta(\omega+\omega_0)+\delta(\omega-\omega_0)]$

6. 求下列函数的傅氏变换，并推证下列积分结果.

(1) $f(t)=\begin{cases}1,|t|\leqslant 1\\0,|t|>1\end{cases}$，证明：$\int_0^{+\infty}\frac{\sin\omega\cos\omega t}{\omega}\mathrm{d}\omega=\begin{cases}\frac{\pi}{2}, & |t|<1\\\frac{\pi}{4}, & |t|=1\\0, & |t|>1\end{cases}$；

(2) $f(t)=\mathrm{e}^{-|t|}\cos t$，证明：$\int_0^{+\infty}\frac{\omega^2+2}{\omega^4+4}\cos\omega t\mathrm{d}\omega=\frac{\pi}{2}\mathrm{e}^{-|t|}\cos t$.

7. 设 $F(\omega)=\mathscr{F}[f(t)]$，利用傅氏变换的性质求下列函数的傅氏变换.

(1) $f(2t)$；　　(2) $(t-2)f(t)$；

(3) $tf'(t)$；　　(4) $f(1-t)$；

(5) $(t-2)f(-2t)$；　　(6) $\mathrm{e}^{-2\mathrm{j}t}f(t+2)$.

8. 求下列函数的傅氏变换.

(1) $f(t)=3+2\cos 5t$；

(2) $f(t)=\begin{cases}0, & t<0\\\mathrm{e}^{-3t}\sin 2t, & t\geqslant 0\end{cases}$；

(3) $f(t)=\sin\left(5t+\frac{\pi}{3}\right)$.

9. 若 $F(\omega)=\mathscr{F}[f(t)]$，则有

$\mathscr{F}\left\{\frac{1}{2}[f(t+a)+f(t-a)]\right\}=F(\omega)\cos a\omega$

$\mathscr{F}\left\{\frac{1}{2\mathrm{j}}[f(t+a)-f(t-a)]\right\}=F(\omega)\sin a\omega$

10. 若 $f_1(t)=\begin{cases}0, & t<0\\\mathrm{e}^{-t}, & t\geqslant 0\end{cases}$ 与 $f_2(t)=\begin{cases}\sin t, & 0\leqslant t\leqslant\frac{\pi}{2}\\0, & 其他\end{cases}$，求 $f_1(t)*f_2(t)$.

11. 求下列函数的傅氏变换.

(1) $f(t)=\sin\omega_0 t\cdot u(t)$；

(2) $f(t)=\mathrm{e}^{-\beta t}\sin\omega_0 t\cdot u(t)$；

(3) $f(t)=\mathrm{e}^{-\beta t}\cos\omega_0 t\cdot u(t)$；

(4) $f(t)=\mathrm{e}^{\mathrm{j}\omega_0 t}u(t)$；

(5) $f(t)=\mathrm{e}^{\mathrm{j}\omega_0 t}u(t-t_0)$；

(6) $f(t)=\mathrm{e}^{\mathrm{j}\omega_0 t}\cdot t\cdot u(t)$.

12. 求如图 7.16 所示的三角形脉冲的频谱函数.

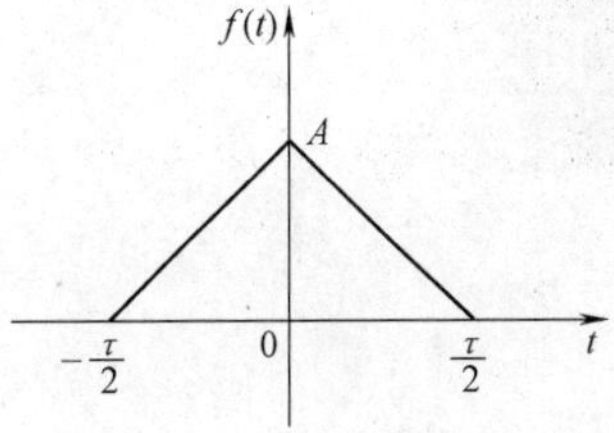

图 7.16

小 结 七

本章我们介绍了傅氏变换的起源，由周期函数的傅氏级数展开式简单的从形式上推导出了非周期函数的傅氏积分公式，从而分解出了傅氏变换和傅氏逆变换，进而探讨了一些傅氏变换的基本性质.

周期函数的傅氏级数展开从某种意义上可以理解为，在一个无穷维线性空间里，$\sin kt,\cos kt\ (k=0,\pm1,\pm2,\cdots)$就是它的一组正交规范基，周期函数的傅氏级数展开就是分解为正交规范基的线性表示，各系数即为该函数与各个基的内积.

严谨的傅氏积分定理要求函数是绝对可积的，导

致傅氏变换的应用受到限制，工程师们为此引入了 δ -函数（单位脉冲函数），并提出了广义傅氏变换的概念，从而放宽了对函数的要求．

运用傅氏变换的性质去求函数的傅氏变换和逆变换是一个重要手段，当然也是本章的重点．读者在学习时首先应该注意的是每个性质在求傅氏变换时的形式是什么，在求傅氏逆变换时又是什么形式．然后对于一些常见的简单函数逐一去试用每个性质，在试用过程中去体味，去回味．

给出 δ-函数的简单表达形式以及引入相应的一些广义积分结果，是本章的一个创新，同时也是一个“鸡肋”．本意是帮助读者快速的理解 δ -函数，并运用这些结果进行计算，去求函数的傅氏变换和逆变换，使得从某种意义上某些运算好像可以有迹可循，但是形式上的不严谨和繁琐的计算也是其败笔所在．所以初学者可以忽略掉这些广义积分结果．

正如前面所说，周期函数可以看作是有许多不同频率的正、余弦分量合成，而非周期函数则包含了从 0 到 ∞ 的所有频率分量，其傅氏变换则是其在各频率分量的分布密度．由此读者可以初步的理解傅氏变换的频谱．

傅氏变换的应用是广泛的，本章所涉及的频谱和解方程只是其冰山一角，还有待读者进一步去挖掘．

8

第 8 章 拉普拉斯变换

8.1 拉氏变换的概念

8.1.1 问题的提出

在第 7 章的学习中，我们可以看出傅氏变换存在着两个缺点：第一，一个函数当它满足了狄氏条件以外，还要满足在（$-\infty$，$+\infty$）内绝对可积的条件时，就一定存在古典意义下的傅氏变换. 但是绝对可积的条件是比较强的，许多常见的函数即使是很简单的函数（如单位阶跃函数、正弦、余弦函数以及线性函数等）都不满足这个条件. 第二，可以进行傅氏变换的函数必须在整个数轴上有定义，但在物理、无线电技术以及线性控制等实际应用中，许多以时间 t 作为自变量的函数往往在 $t<0$ 时是无意义的或者是不必要考虑的，像这样的函数都不能取傅氏变换. 因此，傅氏变换对于函数的要求还是比较强的，这就使其在实际应用中受到了相当大的限制.

对此，我们解决的方法是：对于任意一个函数 $\varphi(t)$，经过适当的改造以使其具有古典意义下的傅氏变换. 首先将 $\varphi(t)$ 乘以单位阶跃函数 $u(t)=\begin{cases}0, t<0\\1, t>0\end{cases}$，得到 $\varphi(t)u(t)$，此时若对其求傅氏变换

$$\int_{-\infty}^{+\infty}\varphi(t)u(t)\mathrm{e}^{-\mathrm{j}\omega t}\mathrm{d}t=\int_{0}^{+\infty}\varphi(t)\mathrm{e}^{-\mathrm{j}\omega t}\mathrm{d}t,$$

可以看出积分区间就从（$-\infty$，$+\infty$）变成了 $[0, +\infty)$. 这样当 $t<0$时，在$\varphi(t)$没有定义或者不需要知道的情况下问题就解决了. 但是仍不能回避在$(-\infty, +\infty)$上绝对可积的限制. 为此，我们再考虑当 $t\to+\infty$时，衰减速度很快的函数，即指数衰减函数 $\mathrm{e}^{-\beta t}$（$\beta>0$），与 $\varphi(t)u(t)$ 相乘，可得 $\varphi(t)u(t)\mathrm{e}^{-\beta t}(\beta>0)$. 一般说来，只要 β 选

取得适当，这个函数的傅氏变换总是存在的. 对函数 $\varphi(t)$ 进行先乘以 $u(t)\mathrm{e}^{-\beta t}$ （$\beta>0$），再取傅氏变换的运算，就产生了拉普拉斯（Laplace）变换.

对函数 $\varphi(t)u(t)\mathrm{e}^{-\beta t}$ （$\beta>0$）取傅氏变换，可得

$$G_\beta(\omega) = \int_{-\infty}^{+\infty}\varphi(t)u(t)\mathrm{e}^{-\beta t}\mathrm{e}^{-\mathrm{j}\omega t}\mathrm{d}t$$

$$= \int_0^{+\infty}f(t)\mathrm{e}^{-(\beta+\mathrm{j}\omega)t}\mathrm{d}t = \int_0^{+\infty}f(t)\mathrm{e}^{-st}\mathrm{d}t,$$

其中 $$s=\beta+\mathrm{j}\omega,\ f(t)=\varphi(t)u(t).$$

如果再设 $$F(s)=G_\beta\left(\frac{s-\beta}{\mathrm{j}}\right),$$

于是 $$F(s) = \int_0^{+\infty}f(t)\mathrm{e}^{-st}\mathrm{d}t,$$

这样，我们就得到了一种新的变换，称之为拉普拉斯变换.

$F(s)=\mathscr{L}[f(t)] = \int_0^{+\infty}f(t)\mathrm{e}^{-st}\mathrm{d}t.$

定义 8.1 设函数 $f(t)$ 当 $t\geqslant0$ 时有定义，而且积分

$$\int_0^{+\infty}f(t)\mathrm{e}^{-st}\mathrm{d}t,\quad (s\text{ 是一个复参量}),$$

在 s 的某一个邻域内收敛，则由此积分所确定的函数可写为

$$F(s) = \int_0^{+\infty}f(t)\mathrm{e}^{-st}\mathrm{d}t, \tag{8.1}$$

我们称之为函数 $f(t)$ 的**拉普拉斯变换式**（简称拉氏变换式），记为

$$F(s)=\mathscr{L}[f(t)].$$

$F(s)$ 称为 $f(t)$ 的**拉氏变换**（或称为**象函数**）. 若 $F(s)$ 是 $f(t)$ 的拉氏变换，则称 $f(t)$ 为 $F(s)$ 的**拉氏逆变换**（或称为**象原函数**），记为

$$f(t)=\mathscr{L}^{-1}[F(s)].$$

由定义可以看出，$f(t)$（$t\geqslant0$）的拉氏变换实际上就是 $f(t)u(t)\mathrm{e}^{-\beta t}$ 的傅氏变换.

$\mathscr{L}[u(t)]=\mathscr{L}[1]=\dfrac{1}{s}.$

例 8.1 求单位阶跃函数 $u(t)=\begin{cases}0 & t<0\\ 1 & t>0\end{cases}$ 的拉氏变换.

解： $\mathscr{L}[u(t)] = \int_0^{+\infty}\mathrm{e}^{-st}\mathrm{d}t = -\frac{1}{s}\mathrm{e}^{-st}\Big|_0^{+\infty} = \frac{1}{s},\ \mathrm{Re}(s)>0.$

因为在拉氏变换中，不必考虑 $t<0$ 时的情况，所以可记为 $\mathscr{L}[1]=\dfrac{1}{s}.$

k 可以扩展为任意复数，$\mathscr{L}[\mathrm{e}^{kt}]=\dfrac{1}{s-k}.$

例 8.2 求指数函数 $f(t)=\mathrm{e}^{kt}$ 的拉氏变换（k 为实数）.

解： $\mathscr{L}[f(t)]=\int_0^{+\infty}e^{kt}e^{-st}dt=\int_0^{+\infty}e^{-(s-k)t}dt=\frac{1}{s-k}$, $Re(s)>k$.

8.1.2 拉氏变换的存在定理

从上面的例题可知，拉氏变换存在的条件要比傅氏变换存在的条件要弱得多. 但是一个函数存在拉氏变换仍然是需要满足一定条件的. 这个问题就由下面这个定理来解决.

定理8.1（拉氏变换的存在定理） 若函数$f(t)$满足下列条件：

（1）在$t\geqslant 0$的任一有限区间上分段连续；

（2）当$t\to+\infty$时，$f(t)$的增长速度不超过某一指数函数，亦即存在常数$M>0$及$c\geqslant 0$，使得$|f(t)|\leqslant Me^{ct}$，$0\leqslant t<+\infty$成立（满足此条件的函数，称它的增大是指数级的，c为它的增长指数）.

则$f(t)$的拉氏变换$F(s)=\int_0^{+\infty}f(t)e^{-st}dt$在半平面$Re(s)>c$上一定存在，右端的积分在$Re(s)\geqslant c_1>c$上绝对收敛而且一致收敛，并且在$Re(s)>c$的半平面内，$F(s)$为解析函数.

证明：（略）.

虽然我们没有给出证明，但是需要说明的是，物理学和工程技术中常见的函数大都能满足这两个条件，而且一个函数的增大是指数级的与函数绝对可积相比，显然前者的条件要弱得多. 如$u(t)$，$\cos kt$，t^m等函数都不满足傅氏积分中绝对可积的条件，但它们都能满足拉氏变换存在定理中的条件（2）：

$|u(t)|\leqslant 1\cdot e^{0t}$，此处$M=1$，$c=0$；

$|\cos kt|\leqslant 1\cdot e^{0t}$，此处$M=1$，$c=0$；

$|t^m|\leqslant 1\cdot e^{t}$，此处$M=1$，$c=1$（当$t\to+\infty$时）.

由此可见，拉氏变换的应用就更广泛（如在线性系统分析中）. 而且，拉氏变换存在定理的条件是充分的，但不是必要的. 可以推证$\mathscr{L}[t^{-\frac{1}{2}}]$是存在的，但是$f(t)=t^{-\frac{1}{2}}$在$t=0$点不是第一类间断点，因而在$t\geqslant 0$上不是逐段连续的.

下面再求一些常用函数的拉氏变换.

例8.3 求正弦函数$f(t)=\sin kt$（k为实数）的拉氏变换.

$\mathscr{L}[\sin kt]=\frac{k}{s^2+k^2}$,

$\mathscr{L}[\cos kt]=\frac{s}{s^2+k^2}$.

解： $\mathscr{L}[\sin kt]=\int_0^{+\infty}\sin kt e^{-st}dt$

$$= \frac{e^{-st}}{s^2+k^2}(-s\sin kt - k\cos kt)\Big|_0^{+\infty}$$

$$= \frac{k}{s^2+k^2},\ \mathrm{Re}(s) > 0.$$

同理可得余弦函数的拉氏变换

$$\mathscr{L}[\cos kt] = \frac{s}{s^2+k^2},\ \mathrm{Re}(s) > 0.$$

我们直接引入幂函数$f(t)=t^m$（常数$m>-1$）的拉氏变换

$$\mathscr{L}[t^m] = \int_0^{+\infty} t^m e^{-st}dt = \frac{\Gamma(m+1)}{s^{m+1}},\ \mathrm{Re}(s) > 0.$$

$\mathscr{L}[t^m] = \dfrac{\Gamma(m+1)}{s^{m+1}}$，

当m为正整数时，有

$$\mathscr{L}[t^m] = \frac{m!}{s^{m+1}},\ \mathrm{Re}(s) > 0.$$

当 $m\in\mathbb{N}$ 时，$\mathscr{L}[t^m] = \dfrac{m!}{s^{m+1}}$.

例 8.4 求周期性三角波$f(t)=\begin{cases}t, & 0\leqslant t<b\\ 2b-t, & b\leqslant t<2b\end{cases}$，且$f(t+2b)=f(t)$的拉氏变换.

解： $\mathscr{L}[f(t)] = \int_0^{+\infty} f(t)e^{-st}dt$

$$= \sum_{k=0}^{+\infty}\int_{2kb}^{2(k+1)b} f(t)e^{-st}dt.$$

令$t=\tau+2kb$，则

$$\int_{2kb}^{2(k+1)b} f(t)e^{-st}dt = \int_0^{2b} f(\tau+2kb)e^{-s(\tau+2kb)}d\tau$$

$$= e^{-2kbs}\int_0^{2b} f(\tau)e^{-st}d\tau.$$

而
$$\int_0^{2b} f(t)e^{-st}dt = \frac{1}{s^2}(1-e^{-bs})^2,$$

所以
$$\mathscr{L}[f(t)] = \sum_{k=0}^{+\infty} e^{-2kbs}\int_0^{2b} f(\tau)e^{-s\tau}d\tau$$

$$= \int_0^{2b} f(\tau)e^{-s\tau}d\tau\Big(\sum_{k=0}^{+\infty} e^{-2kbs}\Big).$$

由于当$\mathrm{Re}(s)>0$时，$|e^{-2bs}| = e^{-\beta 2b} < 1$，

$\dfrac{1}{1-z} = \sum_{k=0}^{+\infty} e^{-kz}\ |z|<1.$

所以
$$\sum_{k=0}^{+\infty} e^{-2kbs} = \frac{1}{1-e^{-2bs}}.$$

从而
$$\mathscr{L}[f(t)]=\frac{1}{1-e^{-2bs}}\int_0^{2b}f(t)e^{-st}dt$$
$$=\frac{1}{1-e^{-2bs}}(1-e^{-bs})^2\frac{1}{s^2}$$
$$=\frac{1}{s^2}\tanh\frac{bs}{2}.$$

$$\tanh z=\frac{e^z-e^{-z}}{e^z+e^{-z}}=\frac{1-e^{-2z}}{1+e^{-2z}}.$$

一般地，以 T 为周期的函数 $f(t)$，即 $f(t+T)=f(t)$，$t>0$，当 $f(t)$ 在一个周期分段连续时，则有
$$\mathscr{L}[f(t)]=\frac{1}{1-e^{-sT}}\int_0^{T}f(t)e^{-st}dt.$$

8.1.3 广义拉氏变换

还要指出的是，满足拉氏变换存在定理条件的函数 $f(t)$ 在 $t=0$ 处为有界时，积分
$$\mathscr{L}[f(t)]=\int_0^{+\infty}f(t)e^{-st}dt$$
中的下限取 0^+ 或 0^- 不会影响其结果，但当 $f(t)$ 在 $t=0$ 时包含了脉冲函数时，则拉氏变换的积分下限必须明确指出是 0^+ 还是 0^-，因此
$$\mathscr{L}_+[f(t)]=\int_{0^+}^{+\infty}f(t)e^{-st}dt$$
称为 0^+ 系统，在电路上表示换路后初始时刻；
$$\mathscr{L}_-[f(t)]=\int_{0^-}^{+\infty}f(t)e^{-st}dt$$
称为 0^- 系统，在电路上表示换路前终止时刻.
$$\mathscr{L}_-[f(t)]=\int_{0^-}^{+\infty}f(t)e^{-st}dt=\int_{0^-}^{0^+}f(t)e^{-st}dt+\mathscr{L}_+[f(t)]$$
可以发现，当 $f(t)$ 在 $t=0$ 附近有界时，则
$$\int_{0^-}^{0^+}f(t)e^{-st}dt=0,$$
即
$$\mathscr{L}_-[f(t)]=\mathscr{L}_+[f(t)].$$
但是，当 $f(t)$ 在 $t=0$ 处包含一个脉冲函数时，则
$$\int_{0^-}^{0^+}f(t)e^{-st}dt\neq 0,$$
即
$$\mathscr{L}_-[f(t)]\neq\mathscr{L}_+[f(t)].$$

为了考虑这一情况，我们需要将进行拉氏变换的函数，当 $t\geqslant 0$

$$\mathscr{L}[f(t)]=\int_0^{+\infty}f(t)\mathrm{e}^{-st}\mathrm{d}t=\int_{0^-}^{+\infty}f(t)\mathrm{e}^{-st}\mathrm{d}t.$$

$$\mathscr{L}[\delta(t)]=1.$$

时有定义扩大为当 $t>0$ 及 $t=0$ 的任意一个邻域内有定义. 这样, 我们就需要将拉氏变换的定义

$$\mathscr{L}[f(t)]=\int_0^{+\infty}f(t)\mathrm{e}^{-st}\mathrm{d}t,$$

改为

$$\mathscr{L}_-[f(t)]=\int_{0^-}^{+\infty}f(t)\mathrm{e}^{-st}\mathrm{d}t,$$

但为了书写方便, 仍沿用原形式.

例 8.5 求单位脉冲函数 $\delta(t)$ 的拉氏变换.

解:

$$\begin{aligned}\mathscr{L}[\delta(t)]&=\int_0^{+\infty}\delta(t)\mathrm{e}^{-st}\mathrm{d}t\\&=\int_{0^-}^{+\infty}\delta(t)\mathrm{e}^{-st}\mathrm{d}t\\&=\int_{-\infty}^{+\infty}\delta(t)\mathrm{e}^{-st}\mathrm{d}t\\&=\mathrm{e}^{-st}\Big|_{t=0}=1.\end{aligned}$$

例 8.6 求函数 $f(t)=\mathrm{e}^{-\beta t}\delta(t)-\beta\mathrm{e}^{-\beta t}u(t)\ (\beta>0)$ 的拉氏变换.

解:

$$\begin{aligned}\mathscr{L}[f(t)]&=\int_0^{+\infty}f(t)\mathrm{e}^{-st}\mathrm{d}t=\int_0^{+\infty}[\mathrm{e}^{-\beta t}\delta(t)-\beta\mathrm{e}^{-\beta t}u(t)]\mathrm{e}^{-st}\mathrm{d}t\\&=\int_0^{+\infty}\delta(t)\mathrm{e}^{-(s+\beta)t}\mathrm{d}t-\beta\int_0^{+\infty}\mathrm{e}^{-(s+\beta)t}\mathrm{d}t\\&=\mathrm{e}^{-(s+\beta)t}\Big|_{t=0}+\frac{\beta\mathrm{e}^{-(s+\beta)t}}{s+\beta}\Big|_0^{+\infty}\\&=1-\frac{\beta}{s+\beta}=\frac{s}{s+\beta}.\end{aligned}$$

在今后的实际工作中, 我们并不要求用广义积分的方法来求函数的拉氏变换, 有现成的拉氏变换表可查, 就如同使用三角函数表, 对数表及积分表一样. 通过查表可以很容易知道由原函数到象函数的变换. 我们已将工程实际中常遇到的一些函数及其拉氏变换列于附录Ⅲ中, 以备读者查用.

例 8.7 求 $\sin2t\sin3t$ 的拉氏变换.

解: 根据附录Ⅲ中第 20 式, 在 $a=2$, $b=3$ 时, 可以很方便地得到

$$\mathscr{L}[\sin2t\sin3t]=\frac{12s}{(s^2+5^2)(s^2+1^2)}=\frac{12s}{(s^2+25)(s^2+1)}.$$

例 8.8 求$\frac{e^{-bt}}{\sqrt{2}}$（$\cos bt - \sin bt$）的拉氏变换.

解：

$$\begin{aligned}\frac{e^{-bt}}{\sqrt{2}}(\cos bt - \sin bt) &= \frac{e^{-bt}}{\sqrt{2}}\left[\cos bt - \cos\left(\frac{\pi}{2} - bt\right)\right] \\ &= \frac{e^{-bt}}{\sqrt{2}}\left[-2\sin\frac{\pi}{4}\sin\left(bt - \frac{\pi}{4}\right)\right] \\ &= e^{-bt}\sin\left(-bt + \frac{\pi}{4}\right).\end{aligned}$$

此时，根据附录Ⅲ中第17式，在$a = -b$，$c = \frac{\pi}{4}$时，可以得到

$$\begin{aligned}\mathscr{L}\left[\frac{e^{-bt}}{\sqrt{2}}(\cos bt - \sin bt)\right] &= \mathscr{L}\left[e^{-bt}\sin(-bt + \frac{\pi}{4})\right] \\ &= \frac{(s+b)\sin\frac{\pi}{4} + (-b)\cos\frac{\pi}{4}}{(s+b)^2 + (-b)^2} \\ &= \frac{\sqrt{2}s}{2(s^2 + 2bs + 2b^2)}.\end{aligned}$$

总之，查表求函数的拉氏变换要比按定义去做方便得多，特别是掌握了拉氏变换的性质，再使用查表的方法，就能更快地找到所求函数的拉氏变换. 如例8.7和例8.8就会更方便了.

8.2 拉氏变换的性质

我们假定在本节叙述的性质中，凡是要求拉氏变换的函数都满足拉氏变换存在定理中的条件，并把这些函数的增长指数都统一取为c. 为叙述方便，我们不再重述这些条件.

8.2.1 拉氏变换的基本性质

性质8.1（线性性质） 若α，β是常数，$\mathscr{L}[f_1(t)] = F_1(s)$，$\mathscr{L}[f_2(t)] = F_2(s)$，则有

$$\mathscr{L}[\alpha f_1(t) + \beta f_2(t)] = \alpha\mathscr{L}[f_1(t)] + \beta\mathscr{L}[f_2(t)],$$

或 $$\mathscr{L}^{-1}[\alpha F_1(s) + \beta F_2(s)] = \alpha\mathscr{L}^{-1}[F_1(s)] + \beta\mathscr{L}^{-1}[F_2(s)]. \tag{8.2}$$

这个性质表明函数的线性组合的拉氏变换等于各函数的拉氏变换的相应的线性组合.

例 8.9 求函数 $f(t)=\cos 3t+6\mathrm{e}^{-3t}$ 的拉氏变换.

解： $\mathscr{L}[f(t)]=\mathscr{L}[\cos 3t]+6\mathscr{L}[\mathrm{e}^{-3t}]=\dfrac{s}{s^2+3^2}+\dfrac{6}{s+3}.$

例 8.10 求函数 $F(s)=\dfrac{1}{(s-a)(s-b)}$ $(a>0,\ b>0,\ a\neq b)$ 的拉氏逆变换.

解： 由 $F(s)=\dfrac{1}{(s-a)(s-b)}=\dfrac{1}{a-b}\cdot\dfrac{1}{s-a}+\dfrac{1}{b-a}\cdot\dfrac{1}{s-b}$,

得到

$$\mathscr{L}^{-1}[F(s)]=\frac{1}{a-b}\cdot\mathscr{L}^{-1}\left[\frac{1}{s-a}\right]+\frac{1}{b-a}\cdot\mathscr{L}^{-1}\left[\frac{1}{s-b}\right]$$
$$=\frac{1}{a-b}\cdot\mathrm{e}^{at}+\frac{1}{b-a}\cdot\mathrm{e}^{bt}=\frac{1}{a-b}(\mathrm{e}^{at}-\mathrm{e}^{bt}).$$

$\mathscr{L}[f'(t)]=sF(s)-f(0)$,
$\mathscr{L}[tf(t)]=-F'(s)$.

性质 8.2（微分性质） 若 $\mathscr{L}[f(t)]=F(s)$，则有

$$\mathscr{L}[f'(t)]=sF(s)-f(0), \tag{8.3}$$
$$F'(s)=\mathscr{L}[-tf(t)]. \tag{8.4}$$

式（8.3）的证明：根据拉氏变换的定义，有

$$\mathscr{L}[f'(t)]=\int_0^{+\infty}f'(t)\mathrm{e}^{-st}\mathrm{d}t.$$

对右端积分利用分部积分法，可得

$$\int_0^{+\infty}f'(t)\mathrm{e}^{-st}\mathrm{d}t=f(t)\mathrm{e}^{-st}\Big|_0^{+\infty}+s\int_0^{+\infty}f(t)\mathrm{e}^{-st}\mathrm{d}t$$
$$=s\mathscr{L}[f(t)]-f(0),\mathrm{Re}(s)>c,$$

所以有
$$\mathscr{L}[f'(t)]=sF(s)-f(0).$$

这个性质表明了一个函数求导后取拉氏变换等于这个函数的拉氏变换乘以参变数 s，再减去函数的初值.

推论 8.1 若 $\mathscr{L}[f(t)]=F(s)$，则有

$$\mathscr{L}[f^{(n)}(t)]=s^nF(s)-s^{n-1}f(0)-s^{n-2}f'(0)-\cdots-f^{(n-1)}(0)$$
$$(\mathrm{Re}(s)>c). \tag{8.5}$$

特别地，当初值 $f(0)=f'(0)=\cdots=f^{(n-1)}(0)=0$ 时，有

$$\mathscr{L}[f'(t)]=sF(s),\mathscr{L}[f''(t)]=s^2F(s),\cdots,\mathscr{L}[f^{(n)}(t)]=s^nF(s). \tag{8.6}$$

这个性质使我们在求解 $f(t)$ 的微分方程时有可能转化为 $F(s)$ 的

代数方程，因此它对分析线性系统有着重要的作用.

例 8.11 利用式（8.5），求函数 $f(t)=\cos kt$ 的拉氏变换.

解：由于 $f(0)=1$，$f'(0)=0$，$f''(t)=-k^2\cos kt$，则由式（8.5）有

$$\mathscr{L}[-k^2\cos kt]=\mathscr{L}[f''(t)]=s^2F(s)-sf(0)-f'(0),$$

即
$$-k^2\mathscr{L}[\cos kt]=s^2\mathscr{L}[\cos kt]-s.$$

移项化简得

$$\mathscr{L}[\cos kt]=\frac{s}{s^2+k^2},\ \mathrm{Re}(s)>0.$$

例 8.12 利用式（8.5），求函数 $f(t)=t^m$ 的拉氏变换，其中 m 是正整数.

解：由于 $f(0)=f'(0)=\cdots=f^{(m-1)}(0)=0$，而 $f^{(m)}(t)=m!$，

所以 $\mathscr{L}[m!]=\mathscr{L}[f^{(m)}(t)]$

$$=s^m\mathscr{L}[f(t)]-s^{m-1}f(0)-s^{m-2}f'(0)-\cdots-f^{(m-1)}(0),$$

即
$$\mathscr{L}[m!]=s^m\mathscr{L}[t^m],\ \mathrm{Re}(s)>0.$$

另外
$$\mathscr{L}[m!]=m!\ \mathscr{L}[1]=\frac{m!}{s},$$

所以
$$\mathscr{L}[t^m]=\frac{m!}{s^{m+1}},\ \mathrm{Re}(s)>0.$$

式（8.4）的证明：

$$\begin{aligned}F'(s)&=\frac{\mathrm{d}}{\mathrm{d}s}\left(\int_0^{+\infty}f(t)\mathrm{e}^{-st}\mathrm{d}t\right)\\&=\int_0^{+\infty}\frac{\mathrm{d}}{\mathrm{d}s}[f(t)\mathrm{e}^{-st}]\mathrm{d}t\\&=\int_0^{+\infty}f(t)(-t)\mathrm{e}^{-st}\mathrm{d}t=\mathscr{L}[-tf(t)].\end{aligned}$$

一般地，有

$$F^{(n)}(s)=\mathscr{L}[(-t)^nf(t)],\ \mathrm{Re}(s)>c. \tag{8.7}$$

式（8.4）的常用形式为

$$\mathscr{L}[tf(t)]=-F'(s),\ \mathrm{Re}(s)>c, \tag{8.8}$$

或
$$f(t)=-\frac{1}{t}\cdot\mathscr{L}^{-1}[F'(s)]\quad \mathrm{Re}(s)>c. \tag{8.9}$$

$f(t)=\mathscr{L}^{-1}[F(s)]=-\dfrac{1}{t}\cdot\mathscr{L}^{-1}[F'(s)].$

例 8.13 求函数 $f(t)=t\sin kt$ 的拉氏变换.

解：$\mathscr{L}[\sin kt]=\dfrac{k}{s^2+k^2}$，根据象函数的微分性质可知

$$\mathscr{L}[t\sin kt]=-\frac{\mathrm{d}}{\mathrm{d}s}\left[\frac{k}{s^2+k^2}\right]=\frac{2ks}{(s^2+k^2)^2}.$$

同理可得，$\mathscr{L}[t\cos kt]=-\dfrac{\mathrm{d}}{\mathrm{d}s}\left[\dfrac{k}{s^2+k^2}\right]=\dfrac{s^2-k^2}{(s^2+k^2)^2}.$

例 8.14 求函数 $F(s)=\ln\dfrac{s+1}{s-1}$的拉氏逆变换.

解：因为 $F'(s)=\dfrac{s-1}{s+1}\,\dfrac{s-1-s-1}{(s-1)^2}=\dfrac{1}{s+1}-\dfrac{1}{s-1}$，

运用微分性质，有

$$\begin{aligned}\mathscr{L}^{-1}[F(s)]&=-\frac{1}{t}\cdot\mathscr{L}^{-1}[F'(s)]\\&=-\frac{1}{t}\cdot\left(\mathscr{L}^{-1}\left[\frac{1}{s+1}\right]-\mathscr{L}^{-1}\left[\frac{1}{s-1}\right]\right)\\&=\frac{1}{t}(\mathrm{e}^{t}-\mathrm{e}^{-t})=\frac{2}{t}\sinh t.\end{aligned}$$

性质 8.3（积分性质） 若 $\mathscr{L}[f(t)]=F(s)$，则有

$$\mathscr{L}\left[\int_0^t f(t)\,\mathrm{d}t\right]=\frac{1}{s}F(s),\tag{8.10}$$

$$\mathscr{L}\left[\frac{f(t)}{t}\right]=\int_s^{+\infty}F(s)\,\mathrm{d}s.\tag{8.11}$$

$$\mathscr{L}\left[\int_0^t f(t)\,\mathrm{d}t\right]=\frac{1}{s}F(s),$$

$$\mathscr{L}\left[\frac{f(t)}{t}\right]=\int_s^{+\infty}F(s)\,\mathrm{d}s.$$

式（8.10）的证明：设 $h(t)=\int_0^t f(t)\,\mathrm{d}t$，则有

$$h'(t)=f(t),\ \text{且}\ h(0)=0.$$

由上述微分性质，有

$$\mathscr{L}[h'(t)]=s\mathscr{L}[h(t)]-h(0)=s\mathscr{L}[h(t)],$$

即 $$\mathscr{L}\left[\int_0^t f(t)\,\mathrm{d}t\right]=\frac{1}{s}\mathscr{L}[f(t)]=\frac{1}{s}F(s)\qquad\text{证毕.}$$

这个性质表明了一个函数积分后再取拉氏变换等于这个函数的拉氏变换除以复参数 s.

重复应用式（8.10），就可得到

$$\mathscr{L}\left[\underbrace{\int_0^t\mathrm{d}t\int_0^t\mathrm{d}t\cdots\int_0^t}_{n}f(t)\,\mathrm{d}t\right]=\frac{1}{s^n}F(s).\tag{8.12}$$

式（8.11）的证明：

$$\begin{aligned}\int_s^{+\infty} F(s)\,\mathrm{d}s &= \int_s^{+\infty}\int_0^{+\infty} f(t)\,\mathrm{e}^{-st}\mathrm{d}t\mathrm{d}s\\ &= \int_0^{+\infty}\left[\int_s^{+\infty} f(t)\,\mathrm{e}^{-st}\mathrm{d}s\right]\mathrm{d}t\\ &= \int_0^{+\infty} f(t)\left[\frac{\mathrm{e}^{-st}}{-t}\right]\Bigg|_s^{+\infty}\mathrm{d}t\\ &= \int_0^{+\infty} f(t)\,\frac{\mathrm{e}^{-st}}{t}\mathrm{d}t = \mathscr{L}\left[\frac{f(t)}{t}\right].\end{aligned}$$

重复应用式（8.11），还可得到

$$\mathscr{L}\left[\frac{f(t)}{t^n}\right] = \underbrace{\int_s^{+\infty}\mathrm{d}s\int_s^{+\infty}\mathrm{d}s\cdots\int_s^{+\infty}}_{n} F(s)\,\mathrm{d}s. \tag{8.13}$$

式（8.10）可变形为 $\mathscr{L}^{-1}\left[\frac{1}{s}F(s)\right] = \int_0^t \mathscr{L}^{-1}[F(s)]\,\mathrm{d}t$，式（8.11）还可变为

$$f(t) = t\mathscr{L}^{-1}\left[\int_s^{+\infty} F(s)\,\mathrm{d}s\right].$$

$\mathscr{L}^{-1}\left[\frac{1}{s}F(s)\right] = \int_0^t \mathscr{L}^{-1}[F(s)]\,\mathrm{d}t$，
$\mathscr{L}^{-1}[F(s)] = t\mathscr{L}^{-1}\left[\int_s^{+\infty} F(s)\,\mathrm{d}s\right]$.

例 8.15 计算下列函数的拉氏逆变换.

（1）$F_1(s) = \dfrac{1}{s(s^2+1)}$；（2）$F_2(s) = \dfrac{1}{s(s^2-1)}$.

解：（1）方法一：由于 $\mathscr{L}[\sin t] = \dfrac{1}{s^2+1}$，由象原函数的积分性质得

$$\mathscr{L}^{-1}\left[\frac{1}{s(s^2+1)}\right] = \int_0^t \sin t\,\mathrm{d}t = 1 - \cos t.$$

方法二：$F_1(s) = \dfrac{(s^2+1)-s^2}{s(s^2+1)} = \dfrac{1}{s} - \dfrac{s}{s^2+1}$，

也可得到 $\mathscr{L}^{-1}[F_1(s)] = 1 - \cos t.$

（2）方法一：由于 $\mathscr{L}[\sinh t] = \dfrac{1}{s^2-1}$，由象原函数的积分性质得

$$\mathscr{L}^{-1}\left[\frac{1}{s(s^2-1)}\right] = \int_0^t \sinh t\,\mathrm{d}t = \cosh t\Big|_0^t = \cosh t - 1.$$

方法二：$F_1(s) = \dfrac{s^2-(s^2-1)}{s(s^2-1)} = \dfrac{s}{s^2-1} - \dfrac{1}{s}$，

也可得到 $$\mathscr{L}^{-1}[F_2(s)]=\cosh t-1.$$

例 8.16 计算下列函数的拉氏变换.

(1) $f_1(t)=\dfrac{1-\cos t}{t}$；(2) $f_2(t)=\dfrac{\cosh t-1}{t}$；(3) $f(t)=\dfrac{\sinh t}{t}$.

解：(1) 由于 $\mathscr{L}[1-\cos t]=\dfrac{1}{s(s^2+1)}$，利用象函数的积分性质有

$$\begin{aligned}\mathscr{L}\left[\frac{1-\cos t}{t}\right]&=\int_s^{+\infty}\frac{1}{s(s^2+1)}ds=\int_s^{+\infty}\left(\frac{1}{s}-\frac{s}{s^2+1}\right)ds\\&=\left[\ln s-\frac{1}{2}\ln(s^2+1)\right]\Big|_s^{+\infty}\\&=\frac{1}{2}\ln\frac{s^2}{s^2+1}\Big|_s^{+\infty}=\frac{1}{2}\ln\left(1+\frac{1}{s^2}\right).\end{aligned}$$

(2) 由于 $\mathscr{L}[\cosh t-1]=\dfrac{1}{s(s^2-1)}$，利用象函数的积分性质有

$$\begin{aligned}\mathscr{L}\left[\frac{\cosh t-1}{t}\right]&=\int_s^{+\infty}\frac{1}{s(s^2-1)}ds=\int_s^{+\infty}\left(\frac{s}{s^2-1}-\frac{1}{s}\right)ds\\&=\left[\frac{1}{2}\ln(s^2-1)-\ln s\right]\Big|_s^{+\infty}\\&=\frac{1}{2}\ln\frac{s^2-1}{s^2}\Big|_s^{+\infty}=-\frac{1}{2}\ln\left(1-\frac{1}{s^2}\right).\end{aligned}$$

(3) 因为 $\mathscr{L}[\sinh t]=\dfrac{1}{s^2-1}$，根据象函数的积分性质可知

$$\begin{aligned}\mathscr{L}\left[\frac{\sinh t}{t}\right]&=\int_s^{+\infty}F(s)ds=\int_s^{+\infty}\frac{1}{s^2-1}ds\\&=\frac{1}{2}\ln\frac{s-1}{s+1}\Big|_s^{+\infty}=\frac{1}{2}\ln\frac{s+1}{s-1}.\end{aligned}$$

在 $F(s)=\int_0^{+\infty}f(t)e^{-st}dt$ 的假设下，有

$$\int_0^{+\infty}f(t)e^{-kt}dt=F(k),$$

$$\int_0^{+\infty}f(t)dt=F(0),$$

$$\int_0^{+\infty}tf(t)dt=-F'(0),$$

$$\int_0^{+\infty}\frac{f(t)}{t}dt=\int_0^{+\infty}F(s)ds.$$

例 8.17 利用拉氏变换计算下列积分.

(1) $\displaystyle\int_0^{+\infty}\frac{1-\cos t}{t}e^{-t}dt$ (2) $\displaystyle\int_0^{+\infty}\frac{e^{-t}+e^{-3t}-2e^{-2t}}{2t}dt$

解：(1) 由于 $\mathscr{L}\left[\dfrac{1-\cos t}{t}\right]=\displaystyle\int_0^{+\infty}\frac{1-\cos t}{t}e^{-st}dt=\frac{1}{2}\ln\left(1+\frac{1}{s^2}\right)$，令 $s=1$，可得其积分值为

$$\int_0^{+\infty}\frac{1-\cos t}{t}e^{-t}dt=\frac{1}{2}\ln\left(1+\frac{1}{s^2}\right)\Big|_{s=1}=\frac{1}{2}\ln 2.$$

(2) $\int_0^{+\infty}\frac{e^{-t}+e^{-3t}-2e^{-2t}}{2t}dt=\int_0^{+\infty}\frac{e^{t}+e^{-t}-2}{2t}e^{-2t}dt=\int_0^{+\infty}\frac{\cosh t-1}{t}e^{-2t}dt$,

由于 $\mathscr{L}\left[\frac{\cosh t-1}{t}\right]=\int_0^{+\infty}\frac{\cosh t-1}{t}e^{-st}dt=-\frac{1}{2}\ln\left(1-\frac{1}{s^2}\right)$,

令 $s=2$，可得其积分值为

$$\int_0^{+\infty}\frac{e^{-t}+e^{-3t}-2e^{-2t}}{2t}dt=\frac{1}{2}\ln\frac{4}{3}.$$

如果积分 $\int_0^{+\infty}\frac{f(t)}{t}dt$ 存在，则由式（8.11），即 $\int_0^{+\infty}\frac{f(t)}{t}e^{-st}dt=\int_s^{+\infty}F(s)ds$，取 $s=0$，则有

$$\int_0^{+\infty}\frac{f(t)}{t}dt=\int_0^{+\infty}F(s)ds, \tag{8.14}$$

其中 $\mathscr{L}[f(t)]=F(s)$. 常用上式来计算某些积分，如狄利克雷积分

$$\int_0^{+\infty}\frac{\sin t}{t}dt=\int_0^{+\infty}\frac{1}{s^2+1}ds=\arctan s\Big|_0^{+\infty}=\frac{\pi}{2}.$$

性质 8.4（位移性质） 若 $\mathscr{L}[f(t)]=F(s)$，则有 $\mathscr{L}[e^{at}f(t)]=F(s-a)$.

$$\mathscr{L}[e^{at}f(t)]=F(s-a),\ \mathrm{Re}(s-a)>c. \tag{8.15}$$

证明： $\mathscr{L}[e^{at}f(t)]=\int_0^{+\infty}e^{at}f(t)e^{-st}dt=\int_0^{+\infty}f(t)e^{-(s-a)t}dt$，

由此看出，上式右方只是在 $F(s)$ 中把 s 换成 $s-a$，所以

$$\mathscr{L}[e^{at}f(t)]=F(s-a),\ \mathrm{Re}(s-a)>c.$$

这个性质表明了一个象原函数乘以指数函数 e^{at} 的拉氏变换等于其象函数作位移 a.

例 8.18 求 $\mathscr{L}[e^{at}t^m]$.

解： 由于 $\mathscr{L}[t^m]=\frac{\Gamma(m+1)}{s^{m+1}}$，利用位移性质，可得

$$\mathscr{L}[e^{at}t^m]=\frac{\Gamma(m+1)}{(s-a)^{m+1}}.$$

例 8.19 求 $\mathscr{L}[e^{-at}\sin kt]$.

解： 由于 $\mathscr{L}[\sin kt]=\frac{k}{s^2+k^2}$，利用位移性质，可得

$$\mathscr{L}[e^{-at}\sin kt]=\frac{k}{(s+a)^2+k^2}.$$

$\mathscr{L}[f(t-\tau)u(t-\tau)] = \mathrm{e}^{-s\tau}F(s)$,

$\mathscr{L}^{-1}[\mathrm{e}^{-s\tau}F(s)] = f(t-\tau)u(t-\tau)$.

性质 8.5（延迟性质） 若 $\mathscr{L}[f(t)]=F(s)$，又 $t<0$ 时 $f(t)=0$，即 $f(t)=f(t)u(t)$，则对于任一非负实数τ，有

$$\mathscr{L}[f(t-\tau)u(t-\tau)] = \mathrm{e}^{-s\tau}F(s), \tag{8.16}$$

或 $$\mathscr{L}^{-1}[\mathrm{e}^{-s\tau}F(s)] = f(t-\tau)u(t-\tau).$$

证明：

$$\begin{aligned}\mathscr{L}[f(t-\tau)u(t-\tau)] &= \int_0^{+\infty} f(t-\tau)u(t-\tau)\mathrm{e}^{-st}\mathrm{d}t \\ &= \int_0^{\tau} f(t-\tau)u(t-\tau)\mathrm{e}^{-st}\mathrm{d}t + \\ &\quad \int_{\tau}^{+\infty} f(t-\tau)u(t-\tau)\mathrm{e}^{-st}\mathrm{d}t.\end{aligned}$$

由条件可知，当 $t<\tau$时，$f(t-\tau)u(t-\tau)=0$，所以上式右端第一个积分为零. 对于第二个积分，令 $t-\tau=u$，则

$$\begin{aligned}\mathscr{L}[f(t-\tau)u(t-\tau)] &= \int_0^{+\infty} f(u)\mathrm{e}^{-s(u+\tau)}\mathrm{d}u \\ &= \mathrm{e}^{-s\tau}\int_0^{+\infty} f(u)\mathrm{e}^{-su}\mathrm{d}u \\ &= \mathrm{e}^{-s\tau}F(s).\end{aligned}$$

注： 因子 $u(t-\tau)$不可少. 在拉氏变换中的$f(t-\tau)$与通常意义下的$f(t-\tau)$一般不是同一个函数，为了加以区别和强调，我们在这里加上了 $u(t-\tau)$，即为$f(t-\tau)u(t-\tau)$.

函数$f(t-\tau)$与$f(t)$相比较，$f(t)$是从 $t=0$ 开始有非零数值，而$f(t-\tau)$是从 $t=\tau$时开始才有非零数值，即延迟了一个时间τ. 从它们的图像来看，$f(t-\tau)$的图像是由$f(t)$的图像沿 t 轴向右平移距离τ得到的，如图 8.1 所示. 这个性质表明，时间函数延迟τ的拉氏变换等于它的象函数乘以指数因子 $\mathrm{e}^{-s\tau}$.

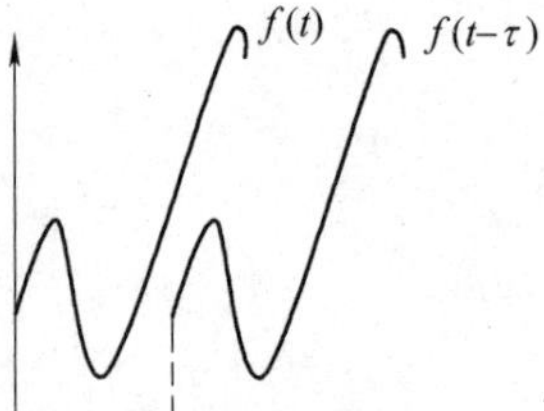

图 8.1

例 8.20 求函数 $u(t-\tau)=\begin{cases}0, & t<\tau \\ 1, & t>\tau\end{cases}$的拉氏变换.

解： 由 $\mathscr{L}[u(t)]=\dfrac{1}{s}$，再根据延迟性质，有

$$\mathscr{L}[u(t-\tau)] = \frac{1}{s}\mathrm{e}^{-s\tau}.$$

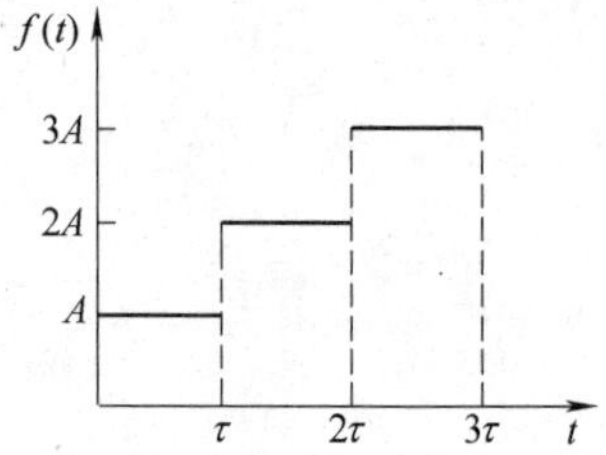

图 8.2

例 8.21 求如图 8.2 所示的阶梯函数$f(t)$的拉氏变换.

解： 利用单位阶跃函数，可将这个阶梯函数表示为

$$f(t)=A[u(t)+u(t-\tau)+u(t-2\tau)+\cdots]=\sum_{k=0}^{+\infty}Au(t-k\tau).$$

上式两边取拉氏变换，并假定右边也可以逐项取拉氏变换，再由拉氏变换的线性性质及延迟性质，可得

$$\mathscr{L}[f(t)]=A\left(\frac{1}{s}+\frac{1}{s}\mathrm{e}^{-s\tau}+\frac{1}{s}\mathrm{e}^{-2s\tau}+\frac{1}{s}\mathrm{e}^{-3s\tau}+\cdots\right).$$

当 $\mathrm{Re}(s)>0$ 时，有 $|\mathrm{e}^{-s\tau}|<1$，所以，上式右端圆括号中为一个公比的模小于1的等比级数，从而

$$\begin{aligned}\mathscr{L}[f(t)]&=\frac{A}{s}\frac{1}{1-\mathrm{e}^{-s\tau}}=\frac{A}{2s}\frac{2\mathrm{e}^{\frac{s\tau}{2}}}{\mathrm{e}^{\frac{s\tau}{2}}-\mathrm{e}^{-\frac{s\tau}{2}}}\\&=\frac{A}{2s}\left(1+\frac{\mathrm{e}^{\frac{s\tau}{2}}+\mathrm{e}^{-\frac{s\tau}{2}}}{\mathrm{e}^{\frac{s\tau}{2}}-\mathrm{e}^{-\frac{s\tau}{2}}}\right)\\&=\frac{A}{2s}\left(1+\coth\frac{s\tau}{2}\right).\end{aligned}$$

一般地，若 $\mathscr{L}[f(t)]=F(s)$，则对任何 $\tau>0$，有

$$\mathscr{L}\left[\sum_{k=0}^{+\infty}f(t-k\tau)\right]=\sum_{k=0}^{+\infty}\mathscr{L}[f(t-k\tau)]=F(s)\cdot\frac{1}{1-\mathrm{e}^{-s\tau}},\ \mathrm{Re}(s)>c$$

例 8.22 求如图8.3所示的单个半正弦波 $f(t)$ 的拉氏变换.

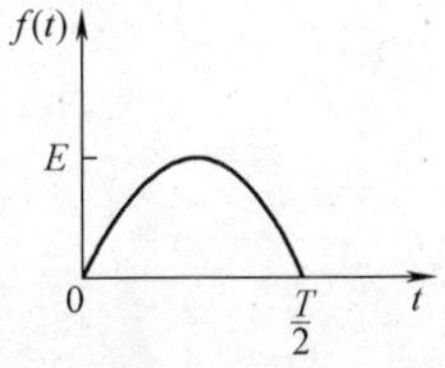

图 8.3

解：由图8.4可知，$f(t)=f_1(t)+f_2(t)$. 其中

$$f_1(t)=E\sin\frac{2\pi}{T}t\cdot u(t),\ f_2(t)=E\sin\frac{2\pi}{T}\left(t-\frac{T}{2}\right)\cdot u\left(t-\frac{T}{2}\right),$$

所以

$$\begin{aligned}\mathscr{L}[f(t)]&=\mathscr{L}[f_1(t)]+\mathscr{L}[f_2(t)]\\&=\frac{E\frac{2\pi}{T}}{s^2+\left(\frac{2\pi}{T}\right)^2}+\mathrm{e}^{-\frac{T}{2}s}\frac{E\frac{2\pi}{T}}{s^2+\left(\frac{2\pi}{T}\right)^2}\\&=\frac{E\frac{2\pi}{T}}{s^2+\left(\frac{2\pi}{T}\right)^2}(1+\mathrm{e}^{-\frac{T}{2}s}),\ \frac{2\pi}{T}=\omega.\end{aligned}$$

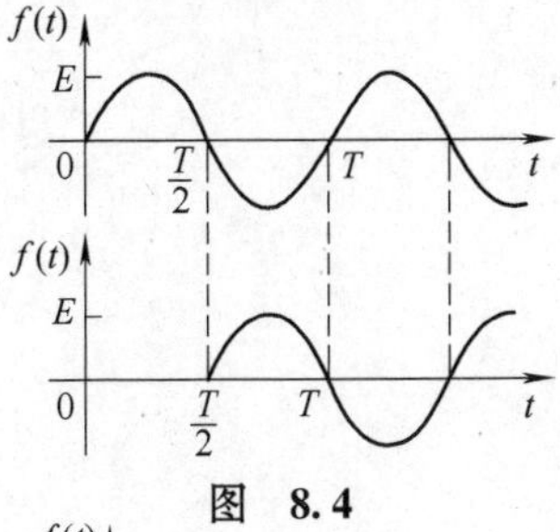

图 8.4

例 8.23 求如图8.5所示的半波正弦函数 $f_T(t)$ 的拉氏变换.

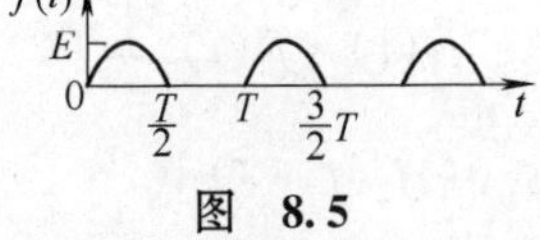

图 8.5

解：这个问题实际上是周期函数的拉氏变换，但是我们也可以用延迟性质来加以解决. 从例8.22可得从 $t=0$ 开始的单个半正弦波

的拉氏变换为

$$F(s)=\frac{E\omega}{s^2+\omega^2}(1+\mathrm{e}^{-\frac{T}{2}s}).$$

从而利用例 8.21 的结果有

$$\mathscr{L}[f_T(t)]=F(s)\cdot\frac{1}{1-\mathrm{e}^{-s\tau}}=\frac{E\omega}{s^2+\omega^2}\cdot\frac{1}{1-\mathrm{e}^{-\frac{T}{2}s}}.$$

这是一个求周期函数拉氏变换的简单方法，即设 $f_T(t)$ $(t>0)$ 是周期为 T 的周期函数，如果

$$f(t)=\begin{cases}f_T(t), & 0\leqslant t<T,\\ 0, & \text{其他},\end{cases}$$

且 $\mathscr{L}[f(t)]=F(s)$，则

$$\mathscr{L}[f_T(t)]=F(s)\cdot\frac{1}{1-\mathrm{e}^{-sT}}.$$

8.2.2 卷积

1. 卷积的定义及性质

在第 7 章我们已经讨论了傅氏变换的卷积性质. 卷积被我们定义为

$$f_1(t)*f_2(t)=\int_{-\infty}^{+\infty}f_1(\tau)f_2(t-\tau)\,\mathrm{d}\tau.$$

如果 $f_1(t)$, $f_2(t)$ 都满足条件：当 $t<0$ 时，$f_1(t)=f_2(t)=0$，则上式可写成

$$\begin{aligned}f_1(t)*f_2(t)&=\int_{-\infty}^{0}f_1(\tau)f_2(t-\tau)\,\mathrm{d}\tau+\int_0^t f_1(\tau)f_2(t-\tau)\,\mathrm{d}\tau+\\&\quad\int_t^{+\infty}f_1(\tau)f_2(t-\tau)\,\mathrm{d}\tau\\&=\int_0^t f_1(\tau)f_2(t-\tau)\,\mathrm{d}\tau.\end{aligned}$$

这样，我们就又得到了拉氏变换的卷积定义. 可以看出，这里的卷积定义和傅氏变换中给出的卷积定义是完全一致的. 今后如果不作特别声明，都假定这些函数在 $t<0$ 时恒为零. 它们的卷积都按下式计算

$f_1(t)*f_2(t)=\int_0^t f_1(\tau)f_2(t-\tau)\,\mathrm{d}\tau.$

$$f_1(t)*f_2(t)=\int_0^t f_1(\tau)f_2(t-\tau)\,\mathrm{d}\tau. \tag{8.17}$$

例 8.24 求函数$f_1(t)=t$和$f_2(t)=\sin t$的卷积，即求$t*\sin t$.

解：$t*\sin t=\int_0^t \tau\sin(t-\tau)\mathrm{d}\tau=\tau\cos(t-\tau)\Big|_0^t-\int_0^t\cos(t-\tau)\mathrm{d}\tau$

$$=\sin(t-\tau)\Big|_0^t+t=t-\sin t.$$

$t*\sin t=t-\sin t.$

例 8.25 设函数$f(t)=\begin{cases}\cos t, & t\geqslant 0\\ 0, & t<0\end{cases}$，求$f(t)*f(t)$.

解：$f(t)*f(t)=\int_0^t\cos\tau\cos(t-\tau)\mathrm{d}\tau=\frac{1}{2}\int_0^t[\cos t+\cos(2\tau-t)]\mathrm{d}\tau$

$$=\frac{1}{2}(t\cos t+\sin t).$$

$\cos t*\cos t=\frac{1}{2}(t\cos t+\sin t).$

拉氏变换的卷积有如下性质：

(1) 交换律：$f_1(t)*f_2(t)=f_2(t)*f_1(t)$；

(2) 结合律：$[f_1(t)*f_2(t)]*f_3(t)=f_1(t)*[f_2(t)*f_3(t)]$；

(3) 分配律：$f_1(t)*[f_2(t)+f_3(t)]=f_1(t)*f_2(t)+f_1(t)*f_3(t)$；

(4) $|f_1(t)*f_2(t)|\leqslant|f_1(t)|*|f_2(t)|$；

(5) $f(t)*\delta(t-t_0)=\begin{cases}f(t-t_0), & t\geqslant t_0\geqslant 0\\ 0, & t_0>t\end{cases}$.

特别地，当$t_0=0$时，$f(t)*\delta(t)=f(t)$

$f(t)*\delta(t-t_0)=f(t-t_0)u(t-t_0)$，

$f(t)*\delta(t)=f(t).$

证明：$\delta(t-t_0)*f(t)=\int_0^t\delta(\tau-t_0)\cdot f(t-\tau)\mathrm{d}\tau$

$$=\begin{cases}\int_{-\infty}^{+\infty}\delta(\tau-t_0)f(t-\tau)\mathrm{d}\tau, & t\geqslant t_0\geqslant 0,\\ 0, & t_0>t,\end{cases}$$

$$=\begin{cases}f(t-t_0), & t\geqslant t_0\geqslant 0,\\ 0, & t_0>t.\end{cases}$$

(6) $u(t-t_0)*f(t)=\begin{cases}\int_0^{t-t_0}f(\tau)\mathrm{d}\tau, & t\geqslant t_0\geqslant 0,\\ 0, & t_0>t.\end{cases}$

$u(t-t_0)*f(t)=u(t-t_0)\cdot\int_0^{t-t_0}f(\tau)\mathrm{d}\tau$，

特别地，当$t_0=0$时，$u(t)*f(t)=\int_0^t f(\tau)\mathrm{d}\tau.$

$u(t)*f(t)=\int_0^t f(\tau)\mathrm{d}\tau.$

证明：方法一：

$u(t-t_0)*f(t)=\int_0^t u(\tau-t_0)f(t-\tau)\mathrm{d}\tau\quad(t_0\geqslant 0)$

$$= \begin{cases} \int_0^{t_0} u(\tau - t_0) f(t-\tau)\mathrm{d}\tau + \int_{t_0}^t u(\tau - t_0) f(t-\tau)\mathrm{d}\tau, & t \geqslant t_0 \geqslant 0 \\ \int_0^t u(\tau - t_0) f(t-\tau)\mathrm{d}\tau, & t_0 > t \end{cases}$$

$$= \begin{cases} \int_{t_0}^t f(t-\tau)\mathrm{d}\tau, & t \geqslant t_0 \geqslant 0 \\ 0, & t_0 > t \end{cases} = \begin{cases} \int_0^{t-t_0} f(\tau)\mathrm{d}\tau, & t \geqslant t_0 \geqslant 0, \\ 0, & t_0 > t. \end{cases}$$

方法二：

$$\begin{aligned} u(t-t_0) * f(t) &= f(t) * u(t-t_0) \\ &= \int_0^t f(\tau) \cdot u(t - t_0 - \tau)\mathrm{d}\tau \\ &= \begin{cases} \int_0^{t-t_0} f(\tau)\mathrm{d}\tau, & t \geqslant t_0 \geqslant 0, \\ 0, & t_0 > t. \end{cases} \end{aligned}$$

2. 卷积定理

$\mathscr{L}[f_1(t) * f_2(t)] = F_1(s) \cdot F_2(s)$，

$f_1(t) * f_2(t) = \mathscr{L}^{-1}[F_1(s) \cdot F_2(s)]$，

$\mathscr{L}^{-1}[F_1(s) \cdot F_2(s)] = f_1(t) * f_2(t)$，

同一公式的三种形式，用途各有不同．

定理 8.2 假定$f_1(t)$, $f_2(t)$满足拉氏变换存在定理中的条件，且$\mathscr{L}[f_1(t)] = F_1(s)$，$\mathscr{L}[f_2(t)] = F_2(s)$，则$f_1(t) * f_2(t)$的拉氏变换一定存在，且

$$\mathscr{L}[f_1(t) * f_2(t)] = F_1(s) \cdot F_2(s)$$

或
$$f_1(t) * f_2(t) = \mathscr{L}^{-1}[F_1(s) \cdot F_2(s)]$$

或
$$\mathscr{L}^{-1}[F_1(s) \cdot F_2(s)] = f_1(t) * f_2(t) \tag{8.18}$$

证明：容易验证$f_1(t) * f_2(t)$满足拉氏变换存在定理的条件．它的变换式为：

$$\begin{aligned} \mathscr{L}[f_1(t) * f_2(t)] &= \int_0^{+\infty} [f_1(t) * f_2(t)] \mathrm{e}^{-st}\mathrm{d}t \\ &= \int_0^{+\infty} \left[\int_0^t f_1(\tau) f_2(t-\tau)\mathrm{d}\tau\right] \mathrm{e}^{-st}\mathrm{d}t. \end{aligned}$$

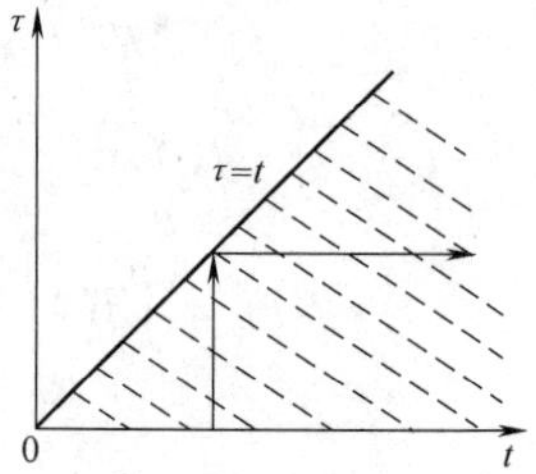

图 8.6

从上面这个积分式子可以看出，积分区域如图 8.6 所示．由于二重积分绝对可积，可以交换积分次序，即

$$\mathscr{L}[f_1(t) * f_2(t)] = \int_0^{+\infty} f_1(\tau) \left[\int_\tau^{+\infty} f_2(t-\tau)\mathrm{e}^{-st}\mathrm{d}t\right]\mathrm{d}\tau.$$

令 $t - \tau = u$，则

$$\left[\int_\tau^{+\infty} f_2(t-\tau)\mathrm{e}^{-st}\mathrm{d}t\right] = \left[\int_0^{+\infty} f_2(u)\mathrm{e}^{-s(u+\tau)}\mathrm{d}u\right] = \mathrm{e}^{-s\tau} \cdot F_2(s),$$

所以

$$\mathscr{L}[f_1(t)*f_2(t)] = \int_0^{+\infty} f_1(\tau)\mathrm{e}^{-s\tau}\cdot F_2(s)\mathrm{d}\tau$$

$$= F_2(s)\int_0^{+\infty} f_1(\tau)\mathrm{e}^{-s\tau}\mathrm{d}\tau = F_1(s)\cdot F_2(s).$$

这个性质表明两个函数卷积的拉氏变换等于这两个函数拉氏变换的乘积.

不难推证，若$f_k(t)(k=1,2,\cdots,n)$满足拉氏变换存在定理中的条件，且$\mathscr{L}[f_k(t)]=F_k(s)(k=1,2,\cdots,n)$，则有

$$\mathscr{L}[f_1(t)*f_2(t)*\cdots*f_n(t)]=F_1(s)\cdot F_2(s)\cdot\cdots\cdot F_n(s). \tag{8.19}$$

利用卷积定理，我们可以很容易地求出任意函数$f(t)$与单位脉冲函数$\delta(t-t_0)$和单位阶跃函数$u(t-t_0)$的卷积.

由于$\mathscr{L}[\delta(t-t_0)]=\mathrm{e}^{-t_0s}$,所以

$$f(t)*\delta(t-t_0)=\mathscr{L}^{-1}[F(s)\cdot\mathrm{e}^{-t_0s}]$$

$$=f(t)\cdot u(t-t_0)=\begin{cases}f(t-t_0), & t\geqslant t_0\geqslant 0,\\ 0, & t_0>t,\end{cases}$$

以及$\mathscr{L}[u(t-t_0)]=\dfrac{1}{s}\mathrm{e}^{-t_0s}$，从而

$$f(t)*u(t-t_0)=\mathscr{L}^{-1}\left[F(s)\cdot\frac{1}{s}\mathrm{e}^{-t_0s}\right].$$

由积分性质可知，$\mathscr{L}^{-1}\left[\dfrac{1}{s}F(s)\right]=\int_0^t f(t)\mathrm{d}t$，不妨设$\int_0^t f(t)\mathrm{d}t=g(t)$，从而再由延迟性质有

$$f(t)*u(t-t_0)=g(t-t_0)u(t-t_0)=\begin{cases}\displaystyle\int_0^{t-t_0} f(\tau)\mathrm{d}\tau, & t\geqslant t_0\geqslant 0,\\ 0, & t_0>t.\end{cases}$$

在拉氏变换的应用中，卷积定理起着十分重要的作用.

例 8.26 若$F(s)=\dfrac{1}{s^2(1+s^2)}$，求$f(t)$.

解：

$$F(s)=\frac{1}{s^2(1+s^2)}=\frac{1}{s^2}\cdot\frac{1}{s^2+1},$$

取

$$F_1(s)=\frac{1}{s^2},\ F_2(s)=\frac{1}{s^2+1},$$

于是

$$f_1(t)=t,\ f_2(t)=\sin t.$$

根据卷积定理和例 8.24，得

$$f(t)=f_1(t)*f_2(t)=t*\sin t=t-\sin t.$$

例 8.27 若 $F(s)=\dfrac{s^2}{(s^2+1)^2}$，求 $f(t)$.

解：

$$F(s)=\frac{s^2}{(s^2+1)^2}=\frac{s}{s^2+1}\cdot\frac{s}{s^2+1},$$

所以

$$f(t)=\mathscr{L}^{-1}\left[\frac{s}{s^2+1}\cdot\frac{s}{s^2+1}\right]=\cos t*\cos t$$

$$=\frac{1}{2}(t\cos t+\sin t)\text{（由前面例 8.25 可知）}.$$

例 8.28 若 $F(s)=\dfrac{1}{(s^2+4s+13)^2}$，求 $f(t)$.

解： 因为

$$F(s)=\frac{1}{(s^2+4s+13)^2}=\frac{1}{[(s+2)^2+3^2]^2}$$

$$=\frac{1}{9}\cdot\frac{3}{(s+2)^2+3^2}\cdot\frac{3}{(s+2)^2+3^2},$$

根据位移性质，

$$\mathscr{L}^{-1}\left[\frac{3}{(s+2)^2+3^2}\right]=e^{-2t}\sin 3t,$$

所以

$$f(t)=\frac{1}{9}(e^{-2t}\sin 3t)*(e^{-2t}\sin 3t)$$

$$=\frac{1}{9}\int_0^t e^{-2\tau}\sin 3\tau\cdot e^{-2(t-\tau)}\sin 3(t-\tau)\,d\tau$$

$$=\frac{1}{54}e^{-2t}(\sin 3t-3t\cos 3t).$$

8.3 拉氏逆变换

8.3.1 引言

由拉氏变换的概念可知，函数 $f(t)$ 的拉氏变换，实际上就是 $f(t)u(t)e^{-\beta t}$ 的傅氏变换. 于是，当 $f(t)u(t)e^{-\beta t}$ 满足傅氏积分定理的条件时，按傅氏积分公式，在 $f(t)$ 的连续点处有

$$f(t)u(t)e^{-\beta t}=\frac{1}{2\pi}\int_{-\infty}^{+\infty}\left[\int_{-\infty}^{+\infty}f(\tau)u(\tau)e^{-\beta\tau}e^{-j\omega\tau}d\tau\right]e^{j\omega t}d\omega$$

$$= \frac{1}{2\pi}\int_{-\infty}^{+\infty} e^{j\omega t} d\omega \left[\int_{0}^{+\infty} f(\tau) e^{-(\beta+j\omega)\tau} d\tau\right]$$

$$= \frac{1}{2\pi}\int_{-\infty}^{+\infty} F(\beta + j\omega) e^{j\omega t} d\omega,\ t > 0,$$

等式两边同乘以 $e^{\beta t}$，并考虑到它与积分变量 ω 无关，则

$$f(t) = \frac{1}{2\pi}\int_{-\infty}^{+\infty} F(\beta + j\omega) e^{(\beta+j\omega)t} d\omega,\ t > 0.$$

令 $\beta + j\omega = s$，有

$$f(t) = \frac{1}{2\pi j}\int_{\beta-j\infty}^{\beta+j\infty} F(s) e^{st} ds,\ t > 0, \tag{8.20}$$

上式右端的积分称为**拉氏反演积分**.

尽管在前面我们利用拉氏变换的一些性质已经推出了某些象原函数和象函数之间的对应关系，但对一些比较复杂的象函数，要实际求出其象原函数，就不得不借助于拉氏反演公式. 它和式（8.1）成为一对互逆的积分变换公式，我们也称 $f(t)$ 和 $F(s)$ 构成了一个拉氏变换对. 由于式（8.20）是一个复变函数的积分，计算复变函数的积分通常比较困难，但当 $F(s)$ 满足一定条件时，可以用留数方法来计算这个反演积分. 特别地，当 $F(s)$ 为有理函数时更为简单.

8.3.2 反演定理和赫维赛德（Heaviside）展开式

定理 8.3 若 $s_1,\ s_2,\ \cdots,\ s_n$ 是函数 $F(s)$ 的所有奇点（适当选取 β 使这些奇点全在 $\mathrm{Re}(s) < \beta$ 的范围内），且当 $s\to\infty$ 时，$F(s)\to 0$，则有

$$\frac{1}{2\pi j}\int_{\beta-j\infty}^{\beta+j\infty} F(s) e^{st} ds = \sum_{k=1}^{n} \mathrm{Res}[F(s) e^{st},\ s_k],$$

即

$$f(t) = \sum_{k=1}^{n} \mathrm{Res}[F(s) e^{st},\ s_k],\ t > 0. \tag{8.21}$$

$$f(t) = \sum_{k=1}^{m} \mathrm{Res}\left[\frac{A(s)}{B(s)} e^{st}, s_k\right].$$

证明：(略).

若 $F(s)$ 是有理函数：$F(s) = \dfrac{A(s)}{B(s)}$，其中 $A(s)$，$B(s)$ 是不可约的多项式，$B(s)$ 的次数是 n，而且 $A(s)$ 的次数小于 $B(s)$ 的次数，在这种情况下它满足定理对 $F(s)$ 所要求的条件，因此式（8.20）成立，即

$$f(t)=\sum_{k=1}^{m}\operatorname{Res}\left[\frac{A(s)}{B(s)}e^{st},\ s_k\right],\ t>0,$$

其中，s_1，s_2，…，s_m 分别是 $B(s)$ 的 r_1，r_2，…，r_m 重根（$r_1+r_2+\cdots+r_m=n$），即为 $\frac{A(s)}{B(s)}$ 的极点，也就是 $F(s)$ 的奇点．由代数知识可知，多项式 $B(s)$ 的次数是 n，在复数范围内就应该有 n 个根，重根按重数计算．下面分情况说明：

情况 1：若 s_k 是 $B(s)$ 的一级零点，即 s_k 是 $\frac{A(s)}{B(s)}$ 的一级极点，根据留数的计算方法，有

$$\operatorname{Res}\left[\frac{A(s)}{B(s)}e^{st},\ s_k\right]=\frac{A(s_k)}{B'(s_k)}e^{s_k t},\tag{8.22}$$

或
$$\operatorname{Res}\left[\frac{A(s)}{B(s)}e^{st},\ s_k\right]=\lim_{s\to s_k}(s-s_k)\frac{A(s)}{B(s)}e^{st}.\tag{8.23}$$

$$\operatorname{Res}\left[\frac{A(s)}{B(s)}e^{st},s_k\right]=\frac{A(s_k)}{B'(s_k)}e^{s_k t},$$

$$\operatorname{Res}\left[\frac{A(s)}{B(s)}e^{st},s_k\right]=\lim_{s\to s_k}(s-s_k)\frac{A(s)}{B(s)}e^{st}.$$

$$\operatorname{Res}\left[\frac{A(s)}{B(s)}e^{st},s_k\right]=\frac{1}{(m-1)!}\lim_{s\to s_k}\frac{d^{m-1}}{ds^{m-1}}\left[(s-s_k)^m\frac{A(s)}{B(s)}e^{st}\right].$$

情况 2：若 s_k 是 $B(s)$ 的一个 m 级零点，即 s_k 是 $\frac{A(s)}{B(s)}$ 的 m 级极点，根据留数的计算方法，有

$$\operatorname{Res}\left[\frac{A(s)}{B(s)}e^{st},\ s_k\right]=\frac{1}{(m-1)!}\lim_{s\to s_k}\frac{d^{m-1}}{ds^{m-1}}\left[(s-s_k)^m\frac{A(s)}{B(s)}e^{st}\right].\tag{8.24}$$

例 8.29 求 $F(s)=\frac{s}{s^2+1}$ 的逆变换.

解：$B(s)=s^2+1$，它有两个一级零点 $s_1=j$，$s_2=-j$，由式（8.22）得

$$f(t)=\mathscr{L}^{-1}\left[\frac{s}{s^2+1}\right]=\frac{s}{2s}e^{st}\Big|_{s=j}+\frac{s}{2s}e^{st}\Big|_{s=-j}$$
$$=\frac{1}{2}(e^{jt}+e^{-jt})=\cos t,\ t>0.$$

例 8.30 求 $F(s)=\frac{1}{s(s-1)^2}$ 的逆变换.

解：$B(s)=s(s-1)^2$，$s=0$ 为一级零点，$s=1$ 为二级零点，由式（8.24）可得

$$f(t)=\frac{1}{(s-1)^2}e^{st}\Big|_{s=0}+\lim_{s\to1}\frac{d}{ds}\left[(s-1)^2\frac{1}{s(s-1)^2}e^{st}\right]$$

$$=1+\lim_{s\to1}\frac{\mathrm{d}}{\mathrm{d}s}\left[\frac{1}{s}\mathrm{e}^{st}\right]=1+\lim_{s\to1}\left(\frac{t}{s}\mathrm{e}^{st}-\frac{1}{s^2}\mathrm{e}^{st}\right)$$

$$=1+(t\mathrm{e}^t-\mathrm{e}^t)=1+\mathrm{e}^t(t-1),\ t>0.$$

例 8.31 求 $F(s)=\dfrac{s}{(s+1)^3(s-1)^2}$的逆变换.

解： $B(s)=(s+1)^3(s-1)^2$，$s_1=-1$ 为三级零点，$s_2=1$ 为二级零点，由式（8.24）可得

$$f(t)=\frac{1}{2}\lim_{s\to-1}\frac{\mathrm{d}^2}{\mathrm{d}s^2}\left[(s+1)^3\frac{1}{(s+1)^3(s-1)^2}\mathrm{e}^{st}\right]+$$

$$\lim_{s\to1}\frac{\mathrm{d}}{\mathrm{d}s}\left[(s-1)^2\frac{1}{(s+1)^3(s-1)^2}\mathrm{e}^{st}\right]$$

$$=\frac{\mathrm{e}^{-t}}{16}(1-2t^2)+\frac{\mathrm{e}^t}{16}(2t-1),\ t>0.$$

此题还可用部分分式和查表的方法来解决.

例 8.32 求 $F(s)=\dfrac{1}{s^2(s+1)}$的逆变换.

解： 因为 $F(s)$为一有理分式，可以利用部分分式的方法将 $F(s)$化成

$$F(s)=\frac{1}{s^2(s+1)}=\frac{-1}{s}+\frac{1}{s^2}+\frac{1}{s+1},$$

所以
$$f(t)=\mathscr{L}^{-1}\left[\frac{1}{s^2(s+1)}\right]=-1+t+\mathrm{e}^{-t}.$$

例 8.33 求 $F(s)=\dfrac{1}{s(s^2+1)^2}$的逆变换.

解： 方法一：查表，根据附录Ⅲ中第 31 式，在 $a=1$ 时，有

$$f(t)=(1-\cos t)-\frac{1}{2}t\sin t.$$

方法二：进行部分分式，设 $F(s)=\dfrac{1}{s(s^2+1)^2}=\dfrac{A}{s}+\dfrac{Bs+C}{(s^2+1)}+\dfrac{Ds+E}{(s^2+1)^2}$，则有

$$A(s^2+1)^2+(Bs+C)s(s^2+1)+(Ds+E)s=1,$$

分别取值代入，则有

$$F(s)=\frac{1}{s(s^2+1)^2}=\frac{1}{s}+\frac{-s}{(s^2+1)}+\frac{-s}{(s^2+1)^2}.$$

同样可以得到

$$f(t)=(1-\cos t)-\frac{1}{2}t\sin t.$$

例 8.34 求 $F(s)=\dfrac{s^2-a^2}{(s^2+a^2)^2}$ 的逆变换.

解: $$F(s)=\frac{s^2-a^2}{(s^2+a^2)^2}=\frac{s^2}{(s^2+a^2)^2}-\frac{a^2}{(s^2+a^2)^2}.$$

查表，根据附录Ⅲ中第 30 式和第 29 式，有

$$\mathscr{L}^{-1}\left[\frac{s^2}{(s^2+a^2)^2}\right]=\frac{1}{2a}(\sin at+at\cos at)$$

$$\mathscr{L}^{-1}\left[\frac{a^2}{(s^2+a^2)^2}\right]=\frac{1}{2a}(\sin at-at\cos at),$$

因此: $$\mathscr{L}^{-1}\left[\frac{s^2-a^2}{(s^2+a^2)^2}\right]=t\cos at.$$

例 8.35 求 $F(s)=\dfrac{1}{(s+1)(s-2)(s+3)}$ 的逆变换.

解: 方法一: 查表，根据附录Ⅲ中第 36 式，可得:

$$f(t)=\frac{e^{-t}}{(-2-1)(3-1)}+\frac{e^{2t}}{(1+2)(3+2)}+\frac{e^{-3t}}{(1-3)(-2-3)}$$

$$=-\frac{1}{6}e^{-t}+\frac{1}{15}e^{2t}+\frac{1}{10}e^{-3t}.$$

方法二: 注意到 $s_1=-1$，$s_2=2$，$s_3=-3$ 是 $B(s)$ 的三个一级零点，可以运用公式得到

$$f(t)=\lim_{s\to-1}\frac{1}{(s-2)(s+3)}e^{st}+\lim_{s\to2}\frac{1}{(s+1)(s+3)}e^{st}+\lim_{s\to-3}\frac{1}{(s+1)(s-2)}e^{st}$$

$$=-\frac{e^{-t}}{(-1-2)(-1+3)}+\frac{e^{2t}}{(2+1)(2+3)}+\frac{e^{-3t}}{(-3+1)(-3-2)}$$

$$=-\frac{1}{6}e^{-t}+\frac{1}{15}e^{2t}+\frac{1}{10}e^{-3t}.$$

方法三: 利用部分分式的方法，有:

$$F(s)=\frac{1}{(s+1)(s-2)(s+3)}=\frac{-\frac{1}{6}}{(s+1)}+\frac{\frac{1}{15}}{(s-2)}+\frac{\frac{1}{10}}{(s+3)}$$

同样可以得到： $f(t) = -\frac{1}{6}e^{-t} + \frac{1}{15}e^{2t} + \frac{1}{10}e^{-3t}$.

在以上的讨论中，我们都假定 $F(s) = \frac{A(s)}{B(s)}$ 表达式中 $A(s)$ 的次数小于 $B(s)$ 的次数. 如果不符合这个条件，可以用长除法将分子中的高次项提出，其剩下部分正好满足条件，再按上述方法进行分析.

例 8.36 求 $F(s) = \frac{s^3+5s^2+9s+7}{(s+1)(s+2)}$ 的逆变换.

解：用分子除以分母得到

$$F(s) = s+2+\frac{s+3}{(s+1)(s+2)},$$

利用部分分式法有

$$F(s) = s+2+\frac{2}{(s+1)}-\frac{1}{(s+2)},$$

从而有
$$f(t) = \delta'(t)+2\delta(t)+2e^{-t}-e^{-2t},$$
其中，$\delta'(t)$ 是单位脉冲函数 $\delta(t)$ 的导数.

对此我们可以稍微地多讨论一些：

$$\begin{aligned}\mathscr{L}[\delta'(t)] &= \int_{0-}^{+\infty}\delta'(t)e^{-st}dt = \int_{-\infty}^{+\infty}\delta'(t)e^{-st}dt = \int_{-\infty}^{+\infty}e^{-st}d\delta(t)\\ &= \delta(t)e^{-st}\Big|_{-\infty}^{+\infty} - \int_{-\infty}^{+\infty}(-s)\delta(t)e^{-st}dt = s\int_{-\infty}^{+\infty}\delta(t)e^{-st}dt = s\end{aligned}$$

$$\begin{aligned}\mathscr{L}[\delta''(t)] &= \int_{0-}^{+\infty}\delta''(t)e^{-st}dt = \int_{-\infty}^{+\infty}\delta''(t)e^{-st}dt = \int_{-\infty}^{+\infty}e^{-st}d\delta'(t)\\ &= \delta'(t)e^{-st}\Big|_{-\infty}^{+\infty} - \int_{-\infty}^{+\infty}(-s)\delta'(t)e^{-st}dt = s\int_{-\infty}^{+\infty}\delta'(t)e^{-st}dt = s^2.\end{aligned}$$

依次类推，可以得到

$$\mathscr{L}[\delta^{(n)}(t)] = \int_{0-}^{+\infty}\delta(t)^{(n)}e^{-st}dt = s^n.$$

8.4 拉氏变换的应用

拉普拉斯变换在线性系统的分析和研究中起着重要的作用. 一个线性系统，一般地，它的数学模型可以用一个线性微分方程来描述，或者说是满足叠加原理的一类系统. 这类系统在电路原理和自动控制理论中，都占有重要地位. 限于水平，我们这里着重介绍利用拉氏变换求解线性常微分方程和方程组的方法，而拉普拉斯变换在线性控制系统中的应用我们留给相关专业教科书.

在讨论常系数线性常微分方程的初值问题的解法时，拉氏变换是一个十分有力的工具. 其基本思路就是，对所给方程的两端进行拉氏变换，然后根据拉氏变换的性质，例如线性性质、微分性质等，得出有关象函数的代数方程，根据这个代数方程求出未知函数的象函数. 最后通过求其逆变换的方法得出所给方程的解. 由于在取拉氏变换时，方程和初始条件同时用到，故用拉氏变换解微分方程的初值问题特别方便. 这种解法的示意图如图 8.7 所示.

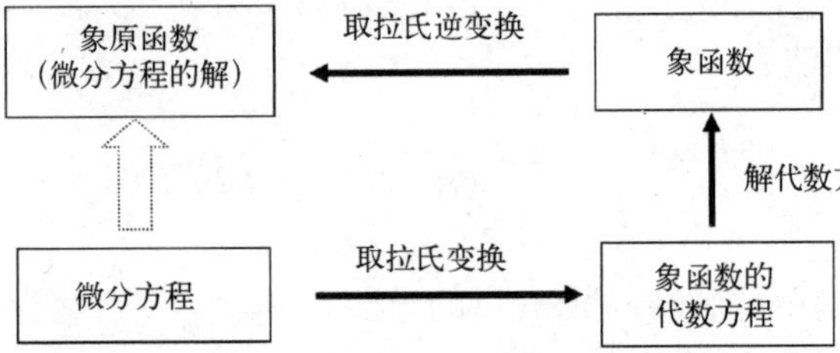

图 8.7

例 8.37 求方程 $y''+2y'-3y=\mathrm{e}^{-t}$ 满足初始条件 $y|_{t=0}=0$，$y'|_{t=0}=1$ 的解.

解：设 $\mathscr{L}[y(t)]=Y(s)$，对方程两边取拉氏变换，并考虑到初始条件，则得

$$s^2Y(s)-1+2sY(s)-3Y(s)=\frac{1}{s+1},$$

整理后解出 $Y(s)$，得

$$Y(s)=\frac{s+2}{(s+1)(s-1)(s+3)}.$$

取它的逆变换便可以得出所求函数 $y(t)$. 由于

$$Y(s)=\frac{s+2}{(s+1)(s-1)(s+3)}=\frac{-\frac{1}{4}}{(s+1)}+\frac{\frac{3}{8}}{(s-1)}+\frac{-\frac{3}{8}}{(s+3)},$$

所以有

$$y(t)=-\frac{1}{4}\mathrm{e}^{-t}+\frac{3}{8}\mathrm{e}^{t}-\frac{1}{8}\mathrm{e}^{-3t}.$$

例 8.38 求方程 $y''+y=t$ 满足初始条件 $y(0)=1$，$y'(0)=-2$ 的解.

解：设 $\mathscr{L}[y(t)]=Y(s)$. 对方程两边取拉氏变换，并考虑到初始条件，则有

$$s^2Y(s)-sy(0)-y'(0)+Y(s)=\frac{1}{s^2},$$

$$s^2Y(s)-s+2+Y(s)=\frac{1}{s^2},$$

这是含未知量 $Y(s)$ 的代数方程，整理后解出 $Y(s)$，得

$$Y(s)=\frac{1}{s^2(s^2+1)}+\frac{s-2}{s^2+1}=\frac{1}{s^2}+\frac{s}{s^2+1}-\frac{3}{s^2+1},$$

这是所求函数的拉氏变换，取它的逆变换便可以得出所求函数 $y(t)$，故

$$y(t)=\mathscr{L}^{-1}\left[\frac{1}{s^2}+\frac{s}{s^2+1}-\frac{3}{s^2+1}\right]=t+\cos t-3\sin t,$$

这就是所求微分方程的解.

例 8.39 求常系数线性微分方程的初值问题

$\begin{cases}x''(t)-2x'(t)+2x(t)=2\mathrm{e}^t\cos t\\x(0)=x'(0)=0\end{cases}$ 的解.

解：设 $\mathscr{L}[x(t)]=X(s)$，对方程两边取拉氏变换，并考虑到初始条件，则得

$$s^2X(s)-2sX(s)+2X(s)=\frac{2(s-1)}{(s-1)^2+1},$$

得

$$X(s)=\frac{2(s-1)}{[(s-1)^2+1]^2}=-\left[\frac{1}{(s-1)^2+1}\right]',$$

所以

$$x(t)=\mathscr{L}^{-1}\left[\frac{2(s-1)}{[(s-1)^2+1]^2}\right]=\mathscr{L}^{-1}\left[-\left[\frac{1}{(s-1)^2+1}\right]'\right]=t\mathrm{e}^t\sin t.$$

例 8.40 求方程组 $\begin{cases}y''-x''+x'-y=\mathrm{e}^t-2\\2y''-x''-2y'+x=-t\end{cases}$ 满足初始条件

$\begin{cases}y(0)=y'(0)=0\\x(0)=x'(0)=0\end{cases}$ 的解.

解：对方程组两个方程两边取拉氏变换，设 $\mathscr{L}[x(t)]=X(s)$，$\mathscr{L}[y(t)]=Y(s)$，并考虑到初始条件，则得

$$\begin{cases}s^2Y(s)-s^2X(s)+sX(s)-Y(s)=\dfrac{1}{s-1}-\dfrac{2}{s},\\[2mm] 2s^2Y(s)-s^2X(s)-2sY(s)+X(s)=-\dfrac{1}{s^2},\end{cases}$$

整理化简后为

$$\begin{cases}(s+1)Y(s)-sX(s)=\dfrac{-s+2}{s(s-1)^2},\\[2mm] 2sY(s)-(s+1)X(s)=-\dfrac{1}{s^2(s-1)},\end{cases}$$

解这个代数方程组，即得

$$\begin{cases}Y(s)=\dfrac{1}{s(s-1)^2},\\[2mm] X(s)=\dfrac{2s-1}{s^2(s-1)^2}.\end{cases}$$

利用所学的方法来求解它们的逆变换.

对于 $Y(s)=\dfrac{1}{s(s-1)^2}$，根据前面的例 8.30 可得

$$y(t)=1+te^t-e^t,$$

$X(s)=\dfrac{2s-1}{s^2(s-1)^2}$具有两个二级极点：$s=0$，$s=1$. 所以

$$\begin{aligned}x(t)&=\lim_{s\to 0}\frac{\mathrm{d}}{\mathrm{d}s}\left[\frac{2s-1}{(s-1)^2}e^{st}\right]+\lim_{s\to 1}\frac{\mathrm{d}}{\mathrm{d}s}\left[\frac{2s-1}{s^2}e^{st}\right]\\&=-t+te^t,\end{aligned}$$

故
$$\begin{cases}y(t)=1+te^t-e^t,\\ x(t)=-t+te^t.\end{cases}$$

这便是所求方程组的解.

从以上的例子可以看出它们都有一个共同的特点：利用拉氏变换求解常系数微分方程和方程组时，初始条件也同时用了上去，所得的解就是满足初始条件的特解. 避免了微分方程的一般解法中，先求通解，再求特解的复杂运算过程. 这个方法对高阶方程组也有效，对有些变系数方程组也能利用拉氏变换求解.

习 题 八

1. 求下列函数的拉氏变换，并用查表的方法来验证结果.

(1) $f(t)=\sin\dfrac{t}{2}$;　　(2) $f(t)=\mathrm{e}^{-2t}$;

(3) $f(t)=t^3$;　　(4) $f(t)=\sin t\cdot\cos t$;

(5) $f(t)=\cosh kt$;　　(6) $f(t)=\sin^2 t$.

2. 求下列函数的拉氏变换.

(1) $f(t)=\begin{cases}3, & 0\leqslant t<2\\ -1, & 2\leqslant t<4;\\ 0, & t\geqslant 4\end{cases}$

(2) $f(t)=\begin{cases}3, & t<\dfrac{\pi}{2}\\ \cos t, & t>\dfrac{\pi}{2}\end{cases}$;

(3) $f(t)=\mathrm{e}^{2t}+5\delta(t)$;

(4) $f(t)=\cos t\cdot\delta(t)-\sin t\cdot u(t)$.

3. 设 $f(t)$ 是以 2π 为周期的函数，且在一个周期内的表达式为 $f(t)=\begin{cases}\sin t; & 0<t\leqslant\pi\\ 0; & \pi<t<2\pi\end{cases}$，求 $\mathscr{L}[f(t)]$.

4. 求图 8.8 所示周期函数的拉氏变换.

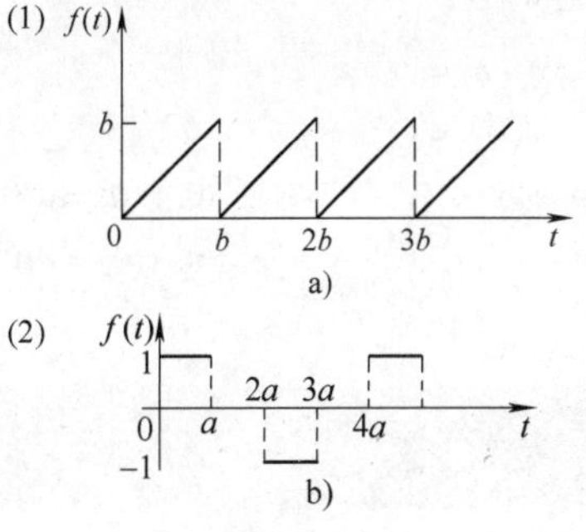

图 8.8

5. 求下列函数的拉氏变换.

(1) $f(t)=t^3-2t+2$;　　(2) $f(t)=1-t\mathrm{e}^t$;

(3) $f(t)=(t-1)^2\mathrm{e}^t$;　　(4) $f(t)=\dfrac{t}{2a}\sin(at)$;

(5) $f(t)=t\sin(at)$;　　(6) $f(t)=\mathrm{e}^{-2t}\sin 6t$;

(7) $f(t)=t^n\mathrm{e}^{at}$;　　(8) $f(t)=u(1-\mathrm{e}^{-t})$.

6. 利用象函数的微分、积分公式计算下列各式.

(1) $f(t)=t\mathrm{e}^{-3t}\sin 2t$，求 $F(s)$;

(2) $f(t)=t\int_0^t \mathrm{e}^{-3t}\sin 2t\mathrm{d}t$，求 $F(s)$;

(3) $f(t)=\dfrac{\sin kt}{t}$，求 $F(s)$;

(4) $f(t)=\int_0^t \dfrac{\mathrm{e}^{-3t}\cdot\sin 2t}{t}\mathrm{d}t$，求 $F(s)$;

(5) $F(s)=\ln\dfrac{s+1}{s-1}$，求 $f(t)$;

(6) $F(s)=\dfrac{s}{(s^2-1)^2}$，求 $f(t)$.

7. 计算下列积分.

(1) $\int_0^{+\infty}\dfrac{\mathrm{e}^{-t}-\mathrm{e}^{-2t}}{t}\mathrm{d}t$;　　(2) $\int_0^{+\infty}\dfrac{1-\cos t}{t}\mathrm{e}^{-t}\mathrm{d}t$;

(3) $\int_0^{+\infty}\mathrm{e}^{-3t}\cos 2t\mathrm{d}t$;　　(4) $\int_0^{+\infty}t\mathrm{e}^{-2t}\mathrm{d}t$;

(5) $\int_0^{+\infty}t\mathrm{e}^{-3t}\sin 2t\mathrm{d}t$;　　(6) $\int_0^{+\infty}\dfrac{\mathrm{e}^{-t}\sin^2 t}{t}\mathrm{d}t$.

8. 求下列函数的拉氏逆变换.

(1) $F(s)=\dfrac{2}{s^2+4}$;　　(2) $F(s)=\dfrac{1}{s^4}$;

(3) $F(s)=\dfrac{1}{(s+1)^4}$;　　(4) $F(s)=\dfrac{1}{s+3}$;

(5) $F(s)=\dfrac{2s+3}{s^2+9}$;　　(6) $F(s)=\dfrac{s+1}{s^2+s-6}$.

9. 求下列函数的拉氏逆变换（象原函数），并用另一种方法加以验证.

(1) $F(s)=\dfrac{1}{s^2+a^2}$;

(2) $F(s)=\dfrac{s}{(s-a)(s-b)}$;

(3) $F(s)=\dfrac{1}{(s^2+a^2)s^3}$;

(4) $F(s)=\dfrac{s^2+2a^2}{(s^2+a^2)^2}$;

(5) $F(s)=\dfrac{s}{(s^2+1)(s^2+4)}$;

(6) $F(s)=\dfrac{1}{s(s+a)(s+b)}$.

10. 求如图 8.9 所示函数 $f(t)$ 的拉氏变换.

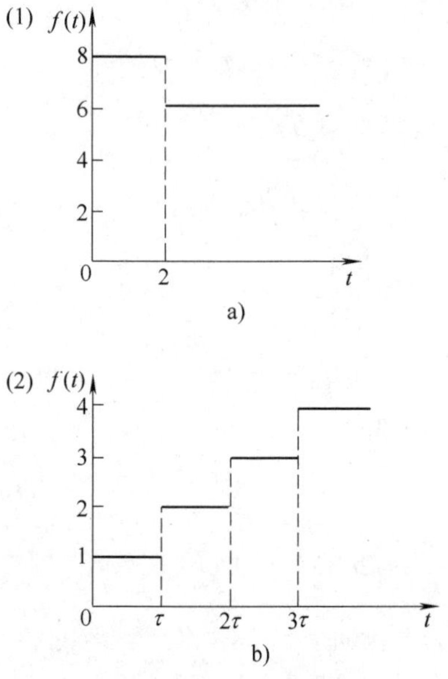

图 8.9

11. 求下列函数的拉氏逆变换.

(1) $F(s)=\dfrac{1}{(s^2+4)^2}$;

(2) $F(s)=\dfrac{s}{s+2}$;

(3) $F(s)=\dfrac{2s+1}{s(s+1)(s+2)}$;

(4) $F(s)=\dfrac{1}{s^4+5s^2+4}$;

(5) $F(s)=\dfrac{s+2}{(s^2+4s+5)^2}$;

(6) $F(s)=\ln\dfrac{s^2-1}{s^2}$.

12. 求下列卷积:

(1) $1*1$; (2) $t*t$;

(3) t^m*t^n; (4) $\sin t*\cos t$.

13. 利用卷积定理, 证明: $\mathscr{L}\left[\int_0^t f(t)\,\mathrm{d}t\right]=\dfrac{F(s)}{s}$.

14. 求下列微分方程式及方程组的解.

(1) $y''+4y'+3y=\mathrm{e}^{-t}$,
$y(0)=y'(0)=1$;

(2) $y''-y=4\sin t+5\cos 2t$,
$y(0)=-1,\ y'(0)=-2$;

(3) $y''-2y'+2y=2\mathrm{e}^t\cos t$,
$y(0)=y'(0)=0$;

(4) $y''+4y'+5y=f(t)$,
$y(0)=c_1, y'(0)=c_2$ (c_1, c_2 为常数);

(5) $y'''+y'=\mathrm{e}^{2t}$,
$y(0)=y'(0)=y''(0)=0$;

(6) $\begin{cases}x'+x-y=\mathrm{e}^t\\ y'+3x-2y=2\mathrm{e}^t\end{cases}$,
$x(0)=y(0)=1$;

(7) $\begin{cases}2x''-x'+9x-(y''+y'+3y)=0, & x(0)=x'(0)=1\\ (2x''+x'+7x)-(y''-y'+5y)=0, & y(0)=y'(0)=0\end{cases}$.

小 结 八

拉氏变换源于傅氏变换. 尽管引入广义傅氏变换, 使傅氏变换的运用得到拓展, 但还是不尽如人意. 在傅氏变换的基础上, 通过引入指数衰减函数和单位阶跃函数, 得到拉氏变换. 从而彻底放宽了傅氏变换对函数的要求, 也更符合工程实际的情况及其要求.

拉氏变换的性质也保留了傅氏变换的许多较好的性质, 当然也有一些新的变化. 运用拉氏变换的性质去求函数的拉氏变换和逆变换是一个重要手段，也是本章的重点之一．读者在学习时和上一章一样，首先应该注意的是每个性质在求拉氏变换时的形式是什么，在求拉氏逆变换时又是什么形式．然后对于一些常见的简单函数逐一去试用每个性质，在试用过程中去体味，去回味．

和上一章不一样的地方还有求拉氏逆变换的反演积分公式，虽然可以作为一种通用的方法，但是对于初学者是不适用的．我们这里主要推荐的是赫维赛德展开式，它可以作为一个通用方法，当然也要注意其适用范围．

求函数的拉氏变换和逆变换的方法是多种多样的，还需要读者去耐心的揣摩，细心的钻研和大胆的开拓．

拉氏变换的应用是广泛的，本章所涉及的求解方程只是从数学的角度简单地进行探讨．

作为本章的后续，读者可以去研究双边拉氏变换和 z 变换．

附　　录

附录 I　部分习题答案

习题一答案

1. (1) $\frac{1}{5}+\frac{3}{5}\mathrm{i}$, $\frac{1}{5}$, $\frac{3}{5}$, $\frac{1}{5}-\frac{3}{5}\mathrm{i}$, $\frac{\sqrt{10}}{5}$, $\arctan(3)+2k\pi(k=0,\pm1,\pm2,\cdots)$

(2) $-\frac{3}{2}-\frac{1}{2}\mathrm{i}$, $-\frac{3}{2}$, $-\frac{1}{2}$, $-\frac{3}{2}+\frac{1}{2}\mathrm{i}$, $\frac{\sqrt{10}}{2}$, $\arctan\left(\frac{1}{3}\right)-\pi+2k\pi(k=0,\pm1,\pm2,\cdots)$

(3) $-3-4\mathrm{i}$, -3, -4, $-3+4\mathrm{i}$, 5, $\arctan\left(\frac{4}{3}\right)-\pi+2k\pi(k=0,\pm1,\pm2,\cdots)$

(4) 1, 1, 0, 1, 1, $2k\pi(k=0,\pm1,\pm2,\cdots)$

2. (1) $\cos\frac{3}{4}\pi+\mathrm{i}\sin\frac{3}{4}\pi$, $\cos\frac{7}{4}\pi+\mathrm{i}\sin\frac{7}{4}\pi$

(2) $\sqrt[6]{2}\left[\cos\frac{\left(2k+\frac{3}{4}\right)\pi}{3}+\mathrm{i}\sin\frac{\left(2k+\frac{3}{4}\right)\pi}{3}\right]$ $(k=0,1,2)$

(3) $\sqrt{2}\left[\cos\frac{k\pi}{3}+\mathrm{i}\sin\frac{k\pi}{3}\right]$ $(k=0,1,2,3,4,5)$

3. (1) $\cos\frac{2}{3}\pi+\mathrm{i}\sin\frac{2}{3}\pi$, $\mathrm{e}^{\frac{2}{3}\pi\mathrm{i}}$, $\frac{2}{3}\pi$

(2) $\frac{\sqrt{2}}{4}\left(\cos\frac{3}{4}\pi-\mathrm{i}\sin\frac{3}{4}\pi\right)$, $\frac{\sqrt{2}}{4}\mathrm{e}^{-\frac{3}{4}\pi\mathrm{i}}$, $-\frac{3}{4}\pi$

(3) $2\sin\frac{\theta}{2}\left[\cos\frac{\pi-\theta}{2}+\mathrm{i}\sin\frac{\pi-\theta}{2}\right]$, $2\sin\frac{\theta}{2}\mathrm{e}^{\frac{\pi-\theta}{2}\mathrm{i}}$, $\frac{\pi-\theta}{2}$

(4) $-\sec\theta\left[\cos\left(\frac{\pi}{2}+\theta\right)+\mathrm{i}\sin\left(\frac{\pi}{2}+\theta\right)\right]$, $-\sec\theta\mathrm{e}^{\left(\frac{\pi}{2}+\theta\right)\mathrm{i}}$, $\frac{\pi}{2}+\theta$

4. (1) $z_1=\frac{3\sqrt{2}}{2}+\left(2-\frac{3\sqrt{2}}{2}\right)\mathrm{i}$, $z_2=-\frac{3\sqrt{2}}{2}+\left(2+\frac{3\sqrt{2}}{2}\right)\mathrm{i}$

(2) $z=\mathrm{i}\tan\frac{\alpha}{2}$, $\alpha=0,\frac{2\pi}{5},\frac{4\pi}{5},\frac{6\pi}{5},\frac{8\pi}{5}$

6. $x^2+y^2=1$

7. (1) 焦点在 $z=\pm 2$，长半轴为$\frac{5}{2}$的椭圆

(2) 抛物线 $y^2=2x+1$

(3) 焦点在 $z=\pm 2$，实半轴为$\frac{3}{2}$的双曲线左支的内部

(4) 圆周$\left|z+\frac{5}{2}\right|=\frac{3}{2}$的外部

8. (1) 以 $\mathrm{Re}(z)=1$ 为边界的右半平面，是无界的单连通区域

(2) 由 $x^2+y^2=4$ 与 $x^2+y^2=9$ 所组成的圆环域，包括圆周在内，是有界的多连通区域

(3) $x<0$，$x^2+y^2>1$，$(x+1)^2+y^2>2$，是无界的单连通区域

(4) 圆 $(x-2)^2+(y+1)^2=9$ 及其内部，是有界的单连通区域

11. (1) 圆周 $u^2+v^2-\frac{u}{c}=0$（$c=0$ 时为轴 $u=0$）

(2) 圆周 $u^2+v^2+\frac{v}{c}=0$（$c=0$ 时为轴 $v=0$）

(3) 圆周$|w|=\frac{1}{R}$

(4) 直线 $u=\frac{1}{2}$

12. $\frac{u^2}{\left(\frac{17}{8}\right)^2}+\frac{v^2}{\left(\frac{15}{8}\right)^2}=1$

15. (1) $-7+2\mathrm{i}$　　(2) $2-\mathrm{i}$

17. (1) $f(z)$在复平面除去原点外连续，在原点处不连续

(2) $f(z)$在复平面处处连续

习题二答案

1. (1) 在直线$\sqrt{2}\,x\pm\sqrt{3}\,y=0$ 上可导，但在复平面上处处不解析

(2) 在复平面上处处可导，处处解析

(3) 只在 $z=0$ 处可导，但在复平面上处处不解析

(4) 在直线 $y=x$ 上可导，但在复平面上处处不解析

2. $f'(0)=0$

3. $\frac{27}{4}-\frac{27}{4}\mathrm{i}$

4. $\sqrt[8]{2}\left(\cos\dfrac{\dfrac{\pi}{4}+2k\pi}{4}+\mathrm{i}\sin\dfrac{\dfrac{\pi}{4}+2k\pi}{4}\right)$ $(k=0,1,2,3)$

7. (1) $c=1$, $b=-a$ (2) $a=2$

8. (1) $\frac{1}{2}e^{\frac{2}{3}}(1-\sqrt{3}i)$, $e^{\frac{2}{3}}$, $-\frac{\pi}{3}$ (2) $-ie$, e, $-\frac{\pi}{2}$

(3) $\ln5+i\left[(2k+1)\pi-\arctan\frac{4}{3}\right](k=0,\pm1,\pm2,\cdots)$, $\ln5+i[\pi-\arctan\frac{4}{3}]$

(4) $\ln3+i(2k+1)\pi(k=0,\pm1,\pm2,\cdots)$, $\ln3+i\pi$

(5) $e^{-2k\pi}[\cos(\ln3)+i\sin(\ln3)](k=0,\pm1,\pm2,\cdots)$, $\ln3$

(6) $\frac{1-i}{\sqrt{2}}e^{\left(\frac{\pi}{4}-2k\pi\right)}$ $(k=0,\pm1,\pm2,\cdots)$, $-\frac{\pi}{4}$

(7) $\cos1\cosh1-i\sin1\sinh1$ (8) $\cosh3\sin2+i\sinh3\cos2$

(9) $\dfrac{\sin4-i\sinh2}{2(\cosh1)^2-2(\sin2)^2}$

9. $\frac{1}{3}\pi$, $12\pi i$

11. (1) $2k\pi i(k=0,\pm1,\pm2,\cdots)$ (2) $z=-2k\pi+i\ln4(k=0,\pm1,\pm2,\cdots)$

习题三答案

1. (1) $1+\frac{i}{2}$ (2) $2+\frac{i}{2}$

2. (1) $\frac{\sqrt{2}}{2}(1+i)$ (2) 0

3. (1) $-\frac{1}{3}+\frac{i}{3}$ (2) $-\frac{1}{2}+\frac{5}{6}i$ (3) $-\frac{1}{2}-\frac{1}{6}i$

4. (1) $2\pi i$ (2) $4\pi i$

5. (1) 0 (2) πi (3) 0 (4) 0 (5) 0 (6) 0

6. (1) $2\pi i$ (2) $2\pi i$ (3) 0 (4) 0 (5) 0 (6) 0 (7) 0

7. (1) $2\pi ei$ (2) $-2\pi i$ (3) 0 (4) $\frac{\pi}{3}i$

8. (1) $-\frac{\pi}{3}i$ (2) θ (3) 0 (4) πi

9. (1) $\frac{\sqrt{2}}{2}\pi i$ (2) $\frac{\sqrt{2}}{2}\pi i$ (3) θ

10. $\pi i\left(e+\frac{1}{e}-2\right)$

11. (1) $\frac{5}{16}\pi i$　(2) $-\frac{5}{16}\pi i$　(3) 0

12. $2\pi(-6+13i)$

13. (1) a，$-a$ 都不在 C 内时，积分值为 0

(2) a，$-a$ 中有一个在 C 内时，积分值为 πi

(3) a，$-a$ 都在 C 内时，积分值为 $2\pi i$

14. (1) 0，1 都不在 C 内部时，积分为 0

(2) 1 在 C 内部，0 在 C 外部时，积分为 $2\pi ei$

(3) 0 在 C 内部，1 在 C 外部时，积分为 $-5\pi i$

(4) 0，1 都在 C 内部时，积分为 $(2e-5)\pi i$

15. (1) n 为负整数或零时，积分为 0

(2) $n=1$ 时，积分为 $2\pi i$

(3) $n>1$ 时，积分为 $\frac{2\pi i}{(n-1)!}$

16. (1) $\frac{2-e^{-2\pi}-e^{2\pi}}{4}$　(2) $e^{-1}-1$　(3) $3(\sin 1+\cos 1)-4$ 或 $3e^{i}-4$

(4) 0　(5) 0　(6) $2ie^{1+2i}$

(7) $-\frac{1}{2}\sin\pi^2$　(8) $\frac{7i}{3}$　(9) $-\sin 1-i\cos 1$

17. (1) $f(z)=z^2+2z+C$　(2) $f(z)=z^2+3iz+C$

(3) $f(z)=(1-i)z^3+iC$　(4) $f(z)=\ln z+iC$

(5) $f(z)=-i(z-1)^2$

18. $k=6$，　$v=3x^2y+6xy^2-y^3-2x^3$，　$f(z)=(1-2i)z^3$

19. (1) $f(z)=\left(1-\frac{i}{2}\right)z^2+\frac{i}{2}$　(2) $f(z)=ze^z$

习题四答案

1. (1) 不收敛　(2) $\lim\limits_{n\to\infty}z_n=0$　(3) $\lim\limits_{n\to\infty}z_n=0$　(4) $\lim\limits_{n\to\infty}z_n=0$

(5) $\lim\limits_{n\to\infty}z_n=-1$　(6) 不收敛

2. (1) 发散　(2) 发散　(3) 收敛　(4) 收敛

3. (1) 绝对收敛　(2) 发散　(3) 发散　(4) 绝对收敛

(5) 条件收敛

5. 不能

6. (1) $R=1$ (2) $R=\infty$ (3) $R=1$ (4) $R=\frac{1}{e}$

(5) $R=\sqrt{2}$ (6) $R=\frac{1}{\sqrt{2}}$ (7) $R=1$ (8) $R=0$

7. (1) $f(z)=\frac{1}{(1-z)^2}$, $|z|<1$ (2) $f(z)=\frac{1}{(1-2z)(1-z)}$, $|z|<\frac{1}{2}$

(3) $f(z)=\cos z$, $|z|<\infty$

8. (1) $\sum_{n=0}^{\infty}(-1)^n z^{3n}$, $|z|<1$ (2) $\sum_{n=1}^{\infty}(-1)^{n-1}nz^{2n-2}$, $|z|<1$

(3) $-\frac{1}{2}\sum_{n=1}^{\infty}\frac{(-1)^n 2^n z^n}{(2n)!}$, $|z|<\infty$ (4) $\sum_{n=2}^{\infty}nz^{n-1}$, $|z|<1$

(5) $\frac{1}{3}\sum_{n=0}^{\infty}\left(\frac{2}{3}z\right)^n$, $|z|<\frac{3}{2}$ (6) $z+z^2+\frac{5}{6}z^3+\frac{1}{2}z^4+\cdots$, $|z|<1$

9. $\sum_{n=0}^{\infty}\frac{z^{2n}}{n!}$, $|z|<\infty$

10. (1) $\sum_{n=1}^{\infty}(-1)^{n-1}\frac{(z-1)^n}{2^n}$, $R=2$ (2) $1-z-\frac{z^2}{2!}-\frac{z^3}{3!}+\cdots$, $R=1$

(3) $\sum_{n=0}^{\infty}(-1)^{n-1}n(z-1)^{n-1}$, $R=1$ (4) $\sum_{n=0}^{\infty}(-1)^n\left(\frac{1}{2^{2n+1}}-\frac{1}{3^{n+1}}\right)(z-2)^n$, $R=2$

(5) $\sum_{n=0}^{\infty}\frac{2^n}{5^{n+1}}(z+1)^n$, $R=\frac{5}{2}$ (6) $\sum_{n=0}^{\infty}\frac{3^n[z-(1+i)]^n}{(1-3i)^{n+1}}$, $R=\frac{\sqrt{10}}{3}$

11. $2\sum_{n=0}^{\infty}(-1)^n\left(\frac{z}{2}\right)^n+\sum_{n=0}^{\infty}(-1)^{n+1}\frac{n}{3^{n+1}}z^{n-1}$, $|z|<2$

12. (1) $\sum_{n=-1}^{\infty}(n+2)i^{n+3}(z-i)^n$, $0<|z-i|<1$

(2) $\sum_{n=-\infty}^{-3}(-n-2)i^{-3(n+3)}(z-i)^n$, $1<|z-i|<\infty$

13. (1) $-\sum_{n=0}^{\infty}\frac{(z-3)^n}{2^{n+1}}$ (2) $\sum_{n=0}^{\infty}\frac{2^n}{(z-3)^{n+1}}$

(3) $-\sum_{n=0}^{\infty}\frac{(z-1)^n}{4^{n+1}}$ (4) $\sum_{n=0}^{\infty}\frac{4^n}{(z-1)^{n+1}}$

14. (1) $\frac{1}{a-b}\left(\sum_{n=0}^{\infty}\frac{a^n}{z^{n+1}}+\sum_{n=0}^{\infty}\frac{z^n}{b^{n+1}}\right)$ (2) $\frac{1}{a-b}\sum_{n=0}^{\infty}\frac{a^n-b^n}{z^{n+1}}$

15. (1) $\sum_{n=0}^{\infty}\frac{z^{2-n}}{n!}$ (2) $\frac{1}{z^2}+\sum_{n=0}^{\infty}\frac{2}{z^{n+3}}$

(3) $-\sum_{n=0}^{\infty}\frac{z^n}{2^{n+1}}+\sum_{n=0}^{\infty}(-1)^{n+1}\frac{2}{z^{2n+2}}$ (4) $\sum_{n=0}^{\infty}\frac{(-1)^{n+1}}{(2n+1)!(z-1)^{2n+1}}$

(5) $\sum_{n=-1}^{\infty}(n+2)z^n$, $\sum_{n=-2}^{\infty}(-1)^n(z-1)^n$

16. $0<|z-1|<1$ 时, $f(z)=-\sum_{n=0}^{\infty}(z-1)^{n-1}$,

$|z-1|>1$ 时, $f(z)=\sum_{n=0}^{\infty}\frac{1}{(z-1)^{n+2}}$

习题五答案

1. (1) $z=0$, 一级极点; $z=\pm\mathrm{i}$, 二级极点

(2) $z=0$, 二级极点

(3) $z=\pm\mathrm{i}$, 二级极点; $z_k=(2k+1)\mathrm{i}(k=1, \pm2, \cdots)$, 一级极点

(4) $z=1$, 本性奇点

(5) $z=0$, 三级极点; $z_k=2k\pi\mathrm{i}(k=\pm1, \pm2, \cdots)$, 一级极点

(6) $z=0$, 二级极点; $\pm\sqrt{k\pi}$, $\pm\mathrm{i}\sqrt{k\pi}$, $(k=1, 2, \cdots)$, 均为一级极点

3. (1) $\mathrm{Res}[f(z), 0]=-\frac{1}{2}$, $\mathrm{Res}[f(z), 2]=\frac{3}{2}$

(2) $\mathrm{Res}[f(z), 0]=-\frac{4}{3}$

(3) $\mathrm{Res}[f(z), k\pi+\frac{\pi}{2}]=(-1)^{k+1}(k\pi+\frac{\pi}{2})$

(4) $\mathrm{Res}[f(z), 0]=2$, $\mathrm{Res}[f(z), 1]=\frac{1}{2}$, $\mathrm{Res}[f(z), -1]=-\frac{1}{2}$

(5) $\mathrm{Res}[f(z), \mathrm{i}]=-\frac{\mathrm{i}}{4}$, $\mathrm{Res}[f(z), -\mathrm{i}]=\frac{\mathrm{i}}{4}$

(6) $\mathrm{Res}[f(z), k\pi]=(-1)^k(k=0, \pm1, \pm2, \cdots)$

4. (1) 0 (2) $4\pi e^2\mathrm{i}$

(3) $2\pi\mathrm{i}$ (4) $-2\pi\mathrm{i}$

5. (1) $2\pi\mathrm{i}$ (2) 0

(3) $\frac{2\pi}{\sqrt{a^2-1}}$

习题六答案

1. 伸缩率：$|w'(\mathrm{i})|=2$，旋转角：$\mathrm{Arg}w'(\mathrm{i})=\dfrac{\pi}{2}$

2. （1）以 $w_1=-1$，$w_2=-\mathrm{i}$，$w_3=\mathrm{i}$ 为顶点的三角形

（2）圆域：$|w-\mathrm{i}|\leqslant 1$

3. $w=-\mathrm{i}\dfrac{z-\mathrm{i}}{z+\mathrm{i}}$

4. $w=\dfrac{2z-1}{z-2}$

5. $w=\mathrm{e}^{\mathrm{i}\theta}\left(\dfrac{z-\overline{\alpha}}{z+\alpha}\right)$，$\mathrm{Re}(\alpha)>0$，$\theta$ 为任意实数

习题七答案

2. $f(t)=\dfrac{2\beta}{\pi}\displaystyle\int_0^{+\infty}\dfrac{\cos\omega t}{\beta^2+\omega^2}\mathrm{d}\omega$

3. （1）$f(t)=\dfrac{2}{\pi}\displaystyle\int_0^{+\infty}\dfrac{(5-\omega^2)\cos\omega t+2\omega\sin\omega t}{25-6\omega^2+\omega^4}\mathrm{d}\omega$

（2）$f(t)=\dfrac{4}{\pi}\displaystyle\int_0^{+\infty}\dfrac{\sin\omega-\omega\cos\omega}{\omega^3}\cos\omega t\mathrm{d}\omega$

4. （1）$F(\omega)=\dfrac{A}{\mathrm{j}\omega}(1-\mathrm{e}^{-\mathrm{j}\omega\tau})$　　（2）$F(\omega)=\dfrac{2}{\mathrm{j}\omega}$

（3）$F(\omega)=\cos\omega a+\cos\dfrac{\omega a}{2}$

5. （1）$f(t)=\begin{cases}\dfrac{1}{2}[u(1+t)+u(1-t)-1], & |t|\neq 1\\ \dfrac{1}{4}, & |t|=1\end{cases}=\begin{cases}\dfrac{1}{2}, & |t|<1\\ \dfrac{1}{4}, & |t|=1\\ 0, & |t|>1\end{cases}$

（2）$f(t)=\cos\omega_0 t$

6. （1）$\dfrac{2\sin\omega}{\omega}$　　（2）$F(\omega)=\dfrac{2(2+\omega^2)}{4+\omega^4}$

7. （1）$\dfrac{1}{2}F\left(\dfrac{\omega}{2}\right)$　　（2）$\mathrm{j}F'(\omega)-2F(\omega)$

（3）$-F(\omega)-\omega F'(\omega)$　　（4）$\mathrm{e}^{\mathrm{j}\omega}F(-\omega)$

（5）$-\dfrac{\mathrm{j}}{4}F'(-\dfrac{\omega}{2})-F(\dfrac{-\omega}{2})$　　（6）$\mathrm{e}^{2\mathrm{j}(\omega+2)}F(\omega+2)$

8. (1) $F(\omega)=6\pi\delta(\omega)+2\pi[\delta(\omega+5)+\delta(\omega-5)]$

(2) $F(\omega)=\frac{1}{2j}\left[\frac{1}{3+j(\omega-2)}-\frac{1}{3+j(\omega+2)}\right]$

(3) $F(\omega)=\frac{\pi}{2}[(\sqrt{3}+j)\delta(\omega+5)+(\sqrt{3}-j)\delta(\omega-5)]$

10. $f_1(t)*f_2(t)=\begin{cases}0, & t\leqslant 0\\ \frac{1}{2}(\sin t-\cos t+e^{-t}), & 0<t\leqslant\frac{\pi}{2}\\ \frac{1}{2}e^{-t}(1+e^{\frac{\pi}{2}}), & t>\frac{\pi}{2}\end{cases}$

11. (1) $F(\omega)=\frac{\omega_0}{\omega_0^2-\omega^2}+\frac{\pi j}{2}[\delta(\omega+\omega_0)-\delta(\omega-\omega_0)]$

(2) $F(\omega)=\frac{\omega_0}{(\beta+j\omega)^2+\omega_0^2}$

(3) $F(\omega)=\frac{\beta+j\omega}{(\beta+j\omega)^2+\omega_0^2}$

(4) $F(\omega)=\frac{1}{j(\omega-\omega_0)}+\pi\delta(\omega-\omega_0)$

(5) $F(\omega)=e^{-j(\omega-\omega_0)t_0}\left[\frac{1}{j(\omega-\omega_0)}+\pi\delta(\omega-\omega_0)\right]$

(6) $F(\omega)=\frac{-1}{(\omega-\omega_0)^2}+\pi j\delta'(\omega-\omega_0)$

12. $F(\omega)=\frac{4A}{\tau\omega^2}(1-\cos\frac{\omega\tau}{2})$

习题八答案

1. (1) $F(s)=\frac{2}{4s^2+1}$ $(\mathrm{Re}(s)>0)$　(2) $F(s)=\frac{1}{s+2}$ $(\mathrm{Re}(s)>-2)$

(3) $F(s)=\frac{6}{s^4}$ $(\mathrm{Re}(s)>0)$　(4) $F(s)=\frac{1}{s^2+4}$ $(\mathrm{Re}(s)>0)$

(5) $F(s)=\frac{s}{s^2-k^2}$ $(\mathrm{Re}(s)>|\mathrm{Re}(k)|)$

(6) $F(s)=\frac{2}{s(s^2+4)}$ $(\mathrm{Re}(s)>0)$

2. (1) $F(s)=\frac{1}{s}(3-4e^{-2s}+e^{-4s})$　(2) $F(s)=\frac{3}{s}(1-e^{-\frac{\pi}{2}s})-\frac{1}{s^2+1}\cdot e^{-\frac{\pi}{2}s}$

(3) $F(s)=\dfrac{5s-9}{s-2}$　　(4) $F(s)=\dfrac{s^2}{s^2+1}$

3. $F(s)=\dfrac{1}{(1-e^{-\pi s})(s^2+1)}$

4. (1) $F(s)=\dfrac{1+bs}{s^2}-\dfrac{b}{s(1-e^{-sb})}$　　(2) $F(s)=\dfrac{1}{s(1+e^{-as})}\cdot\tanh as$

5. (1) $F(s)=\dfrac{1}{s^4}(s^3-2s^2+6)$　　(2) $F(s)=\dfrac{1}{s}-\dfrac{1}{(s-1)^2}$

(3) $F(s)=\dfrac{s^2-4s+5}{(s-1)^3}$　　(4) $F(s)=\dfrac{s}{(s^2+a^2)^2}$

(5) $F(s)=\dfrac{2as}{(s^2+a^2)^2}$　　(6) $F(s)=\dfrac{6}{(s+2)^2+36}$

(7) $F(s)=\dfrac{n!}{(s-a)^{n+1}}$　　(8) $F(s)=\dfrac{1}{s}$

6. (1) $F(s)=\dfrac{4(s+3)}{[(s+3)^2+4]^2}$　　(2) $F(s)=\dfrac{2(3s^2+12s+13)}{s^2[(s+3)^2+4]^2}$

(3) $F(s)=\operatorname{arccot}\dfrac{s}{k}$　　(4) $F(s)=\dfrac{1}{s}\operatorname{arccot}\dfrac{s+3}{2}$

(5) $f(t)=\dfrac{2}{t}\sinh t$　　(6) $f(t)=\dfrac{t}{2}\sinh t$

7. (1) $\ln 2$　　(2) $\dfrac{1}{2}\ln 2$　　(3) $\dfrac{3}{13}$

(4) $\dfrac{1}{4}$　　(5) $\dfrac{12}{169}$　　(6) $\dfrac{1}{4}\ln 5$

8. (1) $f(t)=\dfrac{1}{2}\sin 2t$　　(2) $f(t)=\dfrac{1}{3!}t^3$

(3) $f(t)=\dfrac{1}{3!}t^3e^{-t}$　　(4) $f(t)=e^{-3t}$

(5) $f(t)=2\cos 3t+\sin 3t$　　(6) $f(t)=\dfrac{3}{5}e^{2t}+\dfrac{2}{5}e^{-3t}$

9. (1) $f(t)=\dfrac{1}{a}\sin at$　　(2) $f(t)=\dfrac{ae^{at}-be^{bt}}{a-b}$

(3) $f(t)=\dfrac{1}{2a^2}t^2-\dfrac{1}{a^4}+\dfrac{1}{a^4}\cos at$　　(4) $f(t)=\dfrac{3}{2a}\sin at-\dfrac{1}{2}t\cos at$

(5) $f(t)=\dfrac{1}{3}\cos t-\dfrac{1}{3}\cos 2t$　　(6) $f(t)=\dfrac{1}{ab}+\dfrac{be^{-at}-ae^{-bt}}{a(a-b)}$

10. (1) $F(s)=\frac{2}{s}(4-e^{-2s})$　　(2) $F(s)=\frac{1}{2s}(1+\coth\frac{s\tau}{2})$

11. (1) $f(t)=\frac{1}{16}(\sin 2t-2t\cos 2t)$　　(2) $f(t)=\delta(t)-2e^{-2t}$

(3) $f(t)=\frac{1}{2}+e^{-t}-\frac{3}{2}e^{-2t}$　　(4) $f(t)=\frac{1}{3}\sin t-\frac{1}{6}\sin 2t$

(5) $f(t)=\frac{1}{2}te^{-2t}\sin t$　　(6) $f(t)=\frac{2}{t}(1-\cosh t)$

12. (1) t　　(2) $\frac{t^3}{6}$

(3) $\frac{m!\ n!}{(m+n+1)!}t^{m+n+1}$　　(4) $\frac{1}{2}t\sin t$

14. (1) $y(t)=\frac{1}{4}[(7+2t)e^{-t}-3e^{-3t}]$

(2) $y(t)=-2\sin t-\cos 2t$

(3) $y(t)=e^t\cdot t\cdot\sin t$

(4) $y(t)=f(t)*(e^{-2t}\cdot\sin t)+C_1e^{-2t}\cos t+(2C_1+C_2)e^{-2t}\sin t$

(5) $y(t)=\frac{1}{10}e^{2t}-\frac{1}{2}+\frac{1}{5}(2\cos t-\sin t)$

(6) $x(t)=e^t$, $y(t)=e^t$

(7) $x(t)=\frac{1}{3}(e^t+2\cos 2t+\sin 2t)$, $y(t)=\frac{1}{3}(2e^t-2\cos 2t-\sin 2t)$

附录Ⅱ　傅氏变换简表

	$f(t)$	$F(\omega)$
1	矩形单脉冲 $f(t)=\begin{cases}E, & \lvert t\rvert\leqslant\frac{\tau}{2}\\0, & 其他\end{cases}$	$2E\frac{\sin\frac{\omega\tau}{2}}{\omega}$
2	指数衰减函数 $f(t)=\begin{cases}0, & t<0\\e^{-\beta t}, & t\geqslant 0\end{cases}\ (\beta>0)$	$\frac{1}{\beta+j\omega}$
3	三角形脉冲 $f(t)=\begin{cases}\frac{2A}{\tau}\left(\frac{\tau}{2}+t\right), & -\frac{\tau}{2}\leqslant t<0\\\frac{2A}{\tau}\left(\frac{\tau}{2}-t\right), & 0\leqslant t<\frac{\tau}{2}\end{cases}$	$\frac{4A}{\tau\omega^3}\left(1-\cos\frac{\omega\tau}{2}\right)$
4	钟形脉冲 $f(t)=Ae^{-\beta t^2}(\beta>0)$	$\sqrt{\frac{\pi}{\beta}}Ae^{-\frac{\omega^2}{4\beta}}$

（续）

	$f(t)$	$F(\omega)$
5	傅里叶核 $f(t)=\dfrac{\sin\omega_0 t}{\pi t}$	$F(\omega)=\begin{cases}1, & \|\omega\|\leqslant\omega_0\\0, & 其他\end{cases}$
6	高斯分布函数 $f(t)=\dfrac{1}{\sqrt{2\pi}\sigma}e^{-\frac{t^2}{2\sigma^2}}$	$e^{-\frac{\sigma^2\omega^2}{2}}$
7	矩形射频脉冲 $f(t)=\begin{cases}E\cos\omega_0 t, & \|t\|\leqslant\dfrac{\tau}{2}\\0, & 其他\end{cases}$	$\dfrac{E\tau}{2}\left[\dfrac{\sin(\omega-\omega_0)\frac{\tau}{2}}{(\omega-\omega_0)\frac{\tau}{2}}+\dfrac{\sin(\omega+\omega_0)\frac{\tau}{2}}{(\omega+\omega_0)\frac{\tau}{2}}\right]$
8	单位脉冲函数 $f(t)=\delta(t)$	1
9	周期性脉冲函数 $f(t)=\sum\limits_{n=-\infty}^{+\infty}\delta(t-nT)$ （T 为脉冲函数的周期）	$\dfrac{2\pi}{T}\sum\limits_{n=-\infty}^{+\infty}\delta\left(\omega-\dfrac{2n\pi}{T}\right)$
10	$f(t)=\cos\omega_0 t$	$\pi[\delta(\omega+\omega_0)+\delta(\omega-\omega_0)]$
11	$f(t)=\sin\omega_0 t$	$j\pi[\delta(\omega+\omega_0)-\delta(\omega-\omega_0)]$
12	单位阶跃函数 $u(t)=\begin{cases}1, & t\geqslant 0\\0, & t<0\end{cases}$	$\dfrac{1}{j\omega}+\pi\delta(\omega)$
13	$u(t-\tau)$	$\dfrac{1}{j\omega}e^{-j\omega\tau}+\pi\delta(\omega)$
14	$u(t)\cdot t$	$-\dfrac{1}{\omega^2}+\pi j\delta'(\omega)$
15	$u(t)\cdot t^n$	$\dfrac{n!}{(j\omega)^{n+1}}+\pi j^n\delta^{(n)}(\omega)$
16	$u(t)\sin at$	$\dfrac{a}{a^2-\omega^2}+\dfrac{\pi}{2j}[\delta(\omega-\omega_0)-\delta(\omega+\omega_0)]$
17	$u(t)\cos at$	$\dfrac{j\omega}{a^2-\omega^2}+\dfrac{\pi}{2}[\delta(\omega-\omega_0)+\delta(\omega+\omega_0)]$
18	$u(t)\cdot e^{jat}$	$\dfrac{1}{j(\omega-a)}+\pi\delta(\omega-a)$
19	$u(t-c)\cdot e^{jat}$	$\dfrac{1}{j(\omega-a)}e^{-j(\omega-a)t}+\pi\delta(\omega-a)$
20	$u(t)\cdot e^{jat}t^n$	$\dfrac{n!}{[j(\omega-a)]^{n+1}}+\pi j^n\delta^{(n)}(\omega-a)$
21	$e^{a\|t\|}$, $\mathrm{Re}(a)<0$	$\dfrac{-2a}{\omega^2+a^2}$
22	$\delta(t-c)$	$e^{-j\omega c}$

（续）

	$f(t)$	$F(\omega)$
23	$\delta'(t)$	$\mathrm{j}\omega$
24	$\delta^{(n)}(t)$	$(\mathrm{j}\omega)^n$
25	$\delta^{(n)}(t-c)$	$(\mathrm{j}\omega)^n\mathrm{e}^{-\mathrm{j}\omega c}$
26	1	$2\pi\delta(\omega)$
27	t	$2\pi\mathrm{j}\delta'(\omega)$
28	t^n	$2\pi\mathrm{j}^n\delta^{(n)}(\omega)$
29	$\mathrm{e}^{\mathrm{j}at}$	$2\pi\delta(\omega-a)$
30	$t^n\cdot\mathrm{e}^{\mathrm{j}at}$	$2\pi\mathrm{j}^n\delta^{(n)}(\omega-a)$
31	$\dfrac{1}{a^2+t^2}$, $\mathrm{Re}(a)<0$	$-\dfrac{\pi}{a}\mathrm{e}^{a\vert\omega\vert}$
32	$\dfrac{t}{(a^2+t^2)^2}$, $\mathrm{Re}(a)<0$	$\dfrac{\mathrm{j}\omega\pi}{2a}\mathrm{e}^{a\vert\omega\vert}$
33	$\dfrac{\mathrm{e}^{\mathrm{j}bt}}{a^2+t^2}$, $\mathrm{Re}(a)<0$, b 为实数	$-\dfrac{\pi}{a}\mathrm{e}^{a\vert\omega-b\vert}$
34	$\dfrac{\cos bt}{a^2+t^2}$, $\mathrm{Re}(a)<0$, b 为实数	$-\dfrac{\pi}{2a}[\mathrm{e}^{a\vert\omega-b\vert}+\mathrm{e}^{a\vert\omega+b\vert}]$
35	$\dfrac{\sin bt}{a^2+t^2}$, $\mathrm{Re}(a)<0$, b 为实数	$-\dfrac{\pi}{2a\mathrm{j}}[\mathrm{e}^{a\vert\omega-b\vert}-\mathrm{e}^{a\vert\omega+b\vert}]$
36	$\dfrac{\sinh at}{\sinh\pi t}$, $-\pi<a<\pi$	$\dfrac{\sin a}{\cosh\omega+\cos a}$
37	$\dfrac{\sinh at}{\cosh\pi t}$, $-\pi<a<\pi$	$-2\mathrm{j}\dfrac{\sin\dfrac{a}{2}\sinh\dfrac{\omega}{2}}{\cosh\omega+\cos a}$
38	$\dfrac{\cosh at}{\cosh\pi t}$, $-\pi<a<\pi$	$2\dfrac{\cos\dfrac{a}{2}\cosh\dfrac{\omega}{2}}{\cosh\omega+\cos a}$
39	$\dfrac{1}{\cosh at}$	$\dfrac{\pi}{a}\dfrac{1}{\cosh\dfrac{\pi\omega}{2a}}$
40	$\sin at^2$	$\sqrt{\dfrac{\pi}{a}}\cdot\cos\left(\dfrac{\omega^2}{4a}+\dfrac{\pi}{4}\right)$
41	$\cos at^2$	$\sqrt{\dfrac{\pi}{a}}\cdot\cos\left(\dfrac{\omega^2}{4a}-\dfrac{\pi}{4}\right)$
42	$\dfrac{1}{t}\sin at$	$\begin{cases}\pi, & \vert\omega\vert\leqslant a\\ 0, & \vert\omega\vert>a\end{cases}$
43	$\dfrac{1}{t^2}\sin^2 at$	$\begin{cases}\pi\left(a-\dfrac{\vert\omega\vert}{2}\right), & \vert\omega\vert\leqslant 2a\\ 0, & \vert\omega\vert>2a\end{cases}$
44	$\dfrac{\sin at}{\sqrt{\vert t\vert}}$	$\mathrm{j}\sqrt{\dfrac{\pi}{2}}\cdot\left(\dfrac{1}{\sqrt{\vert\omega+a\vert}}-\dfrac{1}{\sqrt{\vert\omega-a\vert}}\right)$

（续）

	$f(t)$	$F(\omega)$
45	$\frac{\cos at}{\sqrt{\|t\|}}$	$\sqrt{\frac{\pi}{2}}\cdot\left(\frac{1}{\sqrt{\|\omega+a\|}}+\frac{1}{\sqrt{\|\omega-a\|}}\right)$
46	$\frac{1}{\sqrt{\|t\|}}$	$\sqrt{\frac{2\pi}{\|\omega\|}}$
47	$\mathrm{sgn}t$	$\frac{2}{\mathrm{j}\omega}$
48	e^{-at^2}, $\mathrm{Re}(a)>0$	$\sqrt{\frac{\pi}{2}}\cdot e^{-\frac{\omega^2}{4a}}$
49	$\|t\|$	$\frac{-2}{\omega^2}$
50	$\frac{1}{\|t\|}$	$\frac{\sqrt{2\pi}}{\|\omega\|}$

附录Ⅲ　拉氏变换简表

	$f(t)$	$F(s)$
1	1	$\frac{1}{s}$
2	e^{at}	$\frac{1}{s-a}$
3	t^m　$(m>-1)$	$\frac{\Gamma(m+1)}{s^{m+1}}$
4	$t^m e^{at}$　$(m>-1)$	$\frac{\Gamma(m+1)}{(s-a)^{m+1}}$
5	$\sin at$	$\frac{a}{s^2+a^2}$
6	$\cos at$	$\frac{s}{s^2+a^2}$
7	$\sinh at$	$\frac{a}{s^2-a^2}$
8	$\cosh at$	$\frac{s}{s^2-a^2}$
9	$t\cdot\sin at$	$\frac{2as}{(s^2+a^2)^2}$
10	$t\cdot\cos at$	$\frac{s^2-a^2}{(s^2+a^2)^2}$
11	$t\cdot\sinh at$	$\frac{2as}{(s^2-a^2)^2}$
12	$t\cdot\cosh at$	$\frac{s^2+a^2}{(s^2-a^2)^2}$

（续）

	$f(t)$	$F(s)$
13	$t^m \cdot \sin at \quad (m > -1)$	$\frac{\Gamma(m+1)}{2j(s^2+a^2)^{m+1}} \cdot [(s+ja)^{m+1} - (s-ja)^{m+1}]$
14	$t^m \cdot \cos at \quad (m > -1)$	$\frac{\Gamma(m+1)}{2(s^2+a^2)^{m+1}} \cdot [(s+ja)^{m+1} + (s-ja)^{m+1}]$
15	$e^{-bt} \cdot \sin at$	$\frac{a}{(s+b)^2+a^2}$
16	$e^{-bt} \cdot \cos at$	$\frac{s+b}{(s+b)^2+a^2}$
17	$e^{-bt} \cdot \sin(at+c)$	$\frac{(s+b)\sin c + a\cos c}{(s+b)^2+a^2}$
18	$\sin^2 t$	$\frac{1}{2}\left(\frac{1}{s} - \frac{s}{s^2+4}\right)$
19	$\cos^2 t$	$\frac{1}{2}\left(\frac{1}{s} + \frac{s}{s^2+4}\right)$
20	$\sin at \cdot \sin bt$	$\frac{2abs}{[s^2+(a+b)^2][s^2+(a-b)^2]}$
21	$e^{at} - e^{bt}$	$\frac{a-b}{(s-a)(s-b)}$
22	$ae^{at} - be^{bt}$	$\frac{(a-b)s}{(s-a)(s-b)}$
23	$\frac{1}{a}\sin at - \frac{1}{b}\sin bt$	$\frac{b^2-a^2}{(s^2+a^2)(s^2+b^2)}$
24	$\cos at - \cos bt$	$\frac{(b^2-a^2)s}{(s^2+a^2)(s^2+b^2)}$
25	$\frac{1}{a^2}(1-\cos at)$	$\frac{1}{s(s^2+a^2)}$
26	$\frac{1}{a^3}(at - \sin at)$	$\frac{1}{s^2(s^2+a^2)}$
27	$\frac{1}{a^4}(\cos at - 1) + \frac{1}{2a^2}t^2$	$\frac{1}{s^3(s^2+a^2)}$
28	$\frac{1}{a^4}(\cosh at - 1) - \frac{1}{2a^2}t^2$	$\frac{1}{s^3(s^2-a^2)}$
29	$\frac{1}{2a^3}(\sin at - at\cos at)$	$\frac{1}{(s^2+a^2)^2}$
30	$\frac{1}{2a}(\sin at + at\cos at)$	$\frac{s^2}{(s^2+a^2)^2}$

（续）

	$f(t)$	$F(s)$
31	$\frac{1}{a^4}(1-\cos at)-\frac{1}{2a^3}t\sin at$	$\frac{1}{s(s^2+a^2)^2}$
32	$(1-at)\mathrm{e}^{-at}$	$\frac{s}{(s+a)^2}$
33	$t\left(1-\frac{a}{2}t\right)\mathrm{e}^{-at}$	$\frac{s}{(s+a)^3}$
34	$\frac{1}{a}(1-\mathrm{e}^{-at})$	$\frac{1}{s(s+a)}$
35①	$\frac{1}{ab}+\frac{1}{b-a}\left(\frac{\mathrm{e}^{-bt}}{b}-\frac{\mathrm{e}^{-at}}{a}\right)$	$\frac{1}{s(s+a)(s+b)}$
36①	$\frac{\mathrm{e}^{-at}}{(b-a)(c-a)}+\frac{\mathrm{e}^{-bt}}{(a-b)(c-b)}+\frac{\mathrm{e}^{-ct}}{(a-c)(b-c)}$	$\frac{1}{(s+a)(s+b)(s+c)}$
37①	$\frac{a\mathrm{e}^{-at}}{(c-a)(a-b)}+\frac{b\mathrm{e}^{-bt}}{(a-b)(b-c)}+\frac{c\mathrm{e}^{-ct}}{(b-c)(c-a)}$	$\frac{s}{(s+a)(s+b)(s+c)}$
38①	$\frac{a^2\mathrm{e}^{-at}}{(c-a)(b-a)}+\frac{b^2\mathrm{e}^{-bt}}{(a-b)(c-b)}+\frac{c^2\mathrm{e}^{-ct}}{(b-c)(a-c)}$	$\frac{s^2}{(s+a)(s+b)(s+c)}$
39①	$\frac{\mathrm{e}^{-at}-\mathrm{e}^{-bt}[1-(a-b)t]}{(a-b)^2}$	$\frac{1}{(s+a)(s+b)^2}$
40①	$\frac{[a-b(a-b)t]\mathrm{e}^{-bt}-a\mathrm{e}^{-at}}{(a-b)^2}$	$\frac{s}{(s+a)(s+b)^2}$
41	$\mathrm{e}^{-at}-\mathrm{e}^{-\frac{at}{2}}\left(\cos\frac{\sqrt{3}at}{2}-\sqrt{3}\sin\frac{\sqrt{3}at}{2}\right)$	$\frac{3a^2}{s^3+a^3}$
42	$\sin at\cosh at-\cos at\sinh at$	$\frac{4a^3}{s^4+4a^4}$
43	$\frac{1}{2a^2}\sin at\sinh at$	$\frac{s}{s^4+4a^4}$
44	$\frac{1}{2a^3}(\sinh at-\sin at)$	$\frac{1}{s^4-a^4}$
45	$\frac{1}{2a^2}(\cosh at-\cos at)$	$\frac{s}{s^4-a^4}$
46	$\frac{1}{\sqrt{\pi t}}$	$\frac{1}{\sqrt{s}}$
47	$2\sqrt{\frac{t}{\pi}}$	$\frac{1}{s\sqrt{s}}$
48	$\frac{1}{\sqrt{\pi t}}\mathrm{e}^{at}(1+2at)$	$\frac{s}{(s-a)\sqrt{s-a}}$
49	$\frac{1}{2\sqrt{\pi t^3}}(\mathrm{e}^{bt}-\mathrm{e}^{at})$	$\sqrt{s-a}-\sqrt{s-b}$
50	$\frac{1}{\sqrt{\pi t}}\cos 2\sqrt{at}$	$\frac{1}{\sqrt{s}}\mathrm{e}^{-\frac{a}{s}}$

（续）

	$f(t)$	$F(s)$
51	$\frac{1}{\sqrt{\pi t}}\cosh 2\sqrt{at}$	$\frac{1}{\sqrt{s}}e^{\frac{a}{s}}$
52	$\frac{1}{\sqrt{\pi t}}\sin 2\sqrt{at}$	$\frac{1}{s\sqrt{s}}e^{-\frac{a}{s}}$
53	$\frac{1}{\sqrt{\pi t}}\sinh 2\sqrt{at}$	$\frac{1}{s\sqrt{s}}e^{\frac{a}{s}}$
54	$\frac{1}{t}(e^{bt}-e^{at})$	$\ln\frac{s-a}{s-b}$
55	$\frac{2}{t}\sinh at$	$\ln\frac{s+a}{s-a}=2\operatorname{arctanh}\frac{a}{s}$
56	$\frac{2}{t}(1-\cos at)$	$\ln\frac{s^2+a^2}{s^2}$
57	$\frac{2}{t}(1-\cosh at)$	$\ln\frac{s^2-a^2}{s^2}$
58	$\frac{1}{t}\sin at$	$\arctan\frac{a}{s}$
59	$\frac{1}{t}(\cosh at-\cos bt)$	$\ln\sqrt{\frac{s^2+b^2}{s^2-a^2}}$
60②	$\frac{1}{\pi t}\sin(2a\sqrt{t})$	$\operatorname{erf}\left(\frac{a}{\sqrt{s}}\right)$
61②	$\frac{1}{\sqrt{\pi t}}e^{-2a\sqrt{t}}$	$\frac{1}{\sqrt{s}}e^{\frac{a^2}{s}}\operatorname{erfc}\left(\frac{a}{\sqrt{s}}\right)$
62	$\operatorname{erfc}\left(\frac{a}{2\sqrt{t}}\right)$	$\frac{1}{s}e^{-a\sqrt{s}}$
63	$\operatorname{erf}\left(\frac{t}{2a}\right)$	$\frac{1}{s}e^{a^2s^2}\operatorname{erfc}(as)$
64	$\frac{1}{\sqrt{\pi t}}e^{-2\sqrt{at}}$	$\frac{1}{\sqrt{s}}e^{\frac{a}{s}}\operatorname{erfc}\left(\sqrt{\frac{a}{s}}\right)$
65	$\frac{1}{\sqrt{\pi(t+a)}}$	$\frac{1}{\sqrt{s}}e^{as}\operatorname{erfc}(\sqrt{as})$
66	$\frac{1}{\sqrt{a}}\operatorname{erf}(\sqrt{at})$	$\frac{1}{s\sqrt{s+a}}$
67	$\frac{1}{\sqrt{a}}e^{at}\operatorname{erf}(\sqrt{at})$	$\frac{1}{\sqrt{s}(s-a)}$

（续）

	$f(t)$	$F(s)$
68	$u(t)$	$\frac{1}{s}$
69	$tu(t)$	$\frac{1}{s^2}$
70	$t^m u(t)\quad(m>-1)$	$\frac{1}{s^{m+1}}\Gamma(m+1)$
71	$\delta(t)$	1
72	$\delta^{(n)}(t)$	s^n
73	$\mathrm{sgn}t$	$\frac{1}{s}$
74③	$J_0(at)$	$\frac{1}{\sqrt{s^2+a^2}}$
75③	$I_0(at)$	$\frac{1}{\sqrt{s^2-a^2}}$
76	$J_0(2\sqrt{at})$	$\frac{1}{s}e^{-\frac{a}{s}}$
77	$e^{-bt}I_0(at)$	$\frac{1}{\sqrt{(s+b)^2-a^2}}$
78	$tJ_0(at)$	$\frac{s}{(s^2+a^2)^{\frac{3}{2}}}$
79	$tI_0(at)$	$\frac{s}{(s^2-a^2)^{\frac{3}{2}}}$
80	$J_0(a\sqrt{t(t+2b)})$	$\frac{1}{\sqrt{s^2+a^2}}e^{b(s-\sqrt{s^2+a^2})}$
81	$\frac{1}{at}J_1(at)$	$\frac{1}{s+\sqrt{s^2+a^2}}$
82	$J_1(at)$	$\frac{1}{a}\left(1-\frac{s}{\sqrt{s^2+a^2}}\right)$
83	$J_n(t)$	$\frac{1}{\sqrt{s^2+1}}(\sqrt{s^2+1}-s)^n$

（续）

	$f(t)$	$F(s)$
84	$t^{\frac{n}{2}}J_n(2\sqrt{t})$	$\frac{1}{s^{n+1}}e^{-\frac{1}{s}}$
85	$\frac{1}{t}J_n(at)$	$\frac{1}{na^n}(\sqrt{s^2+a^2}-s)^n$
86	$\int_t^{\infty}\frac{I_0(t)}{t}dt$	$\frac{1}{s}\ln(s+\sqrt{s^2+1})$
87④	$\mathrm{si}t$	$\frac{1}{s}\mathrm{arccot}s$
88⑤	$\mathrm{ci}t$	$\frac{1}{s}\ln\frac{1}{\sqrt{s^2+1}}$

① 式中 a, b, c 为不相等的常数.

② $\mathrm{erf}(x)=\frac{2}{\sqrt{\pi}}\int_0^x e^{-t^2}dt$，称为误差函数.

$\mathrm{erfc}(x)=1-\mathrm{erf}(x)=\frac{2}{\sqrt{\pi}}\int_x^{+\infty}e^{-t^2}dt$，称为余误差函数.

③ $J_n(x)=\sum_{k=0}^{\infty}\frac{(-1)^k}{k!\Gamma(n+k+1)}\left(\frac{x}{2}\right)^{n+2k}$，$I_n(x)=j^{-n}J_n(jx)$，$J_n$ 称为第一类 n 阶 Bessel 函数. I_n 称为第一类 n 阶变形的 Bessel 函数，或称为虚宗量的 Bessel 函数.

④ $\mathrm{si}t=\int_0^t\frac{\sin t}{t}dt$ 称为正弦积分.

⑤ $\mathrm{ci}t=\int_{-\infty}^t\frac{\cos t}{t}dt$ 称为余弦积分.

参 考 文 献

[1] 西安交通大学高等数学教研室. 复变函数 [M]. 北京：高等教育出版社，2005.
[2] 蔡敏，石磊，王丽媛. 复变函数与积分变换 [M]. 北京：机械工业出版社，2007.
[3] 华中科技大学数学系. 复变函数与积分变换 [M]. 北京：高等教育出版社，2006.
[4] 盖云英，包革军. 复变函数与积分变换 [M]. 北京：科学出版社，2001.
[5] 苏变萍，陈东立. 复变函数与积分变换 [M]. 北京：高等教育出版社，2003.
[6] 高宗升，滕岩梅. 复变函数与积分变换 [M]. 北京：北京航空航天大学出版社，2006.
[7] 宋叔尼，孙涛，张国伟. 复变函数与积分变换 [M]. 北京：科学出版社，2006.
[8] 杨巧林. 复变函数与积分变换 [M]. 北京：机械工业出版社，2002.
[9] 路见可，等. 复变函数 [M]. 武汉：武汉大学出版社，2006.
[10] 孙清华，等. 新编复变函数题解 [M]. 武汉：华中科技大学出版社，2001.
[11] 李建林. 复变函数与积分变换典型题分析解集 [M]. 西安：西北工业大学出版社，1999.
[12] 张元林. 积分变换 [M]. 北京：高等教育出版社，2003.
[13] 祝同江. 工程数学·积分变换 [M]. 北京：高等教育出版社，2001.
[14] 齐民友，吴方同. 广义函数与数学物理方程 [M]. 北京：高等教育出版社，1999.
[15] 西安通信学院. 复变函数电子教案 [M]. 北京：高等教育出版社，2003.